连续切片扫描电子显微术在硅酸盐水泥单矿物水化研究中的应用

杨 飞 李永涛 著

黄河水利出版社
· 郑 州 ·

内 容 提 要

连续切片扫描电子显微镜(SBFSEM)是一种具有高分辨能力的三维成像技术,其在水泥领域的应用尚属于空白,将其拓展应用到该领域,可以弥补其他研究方法的不足。本书从样品的制备、测试条件的优化及图像处理的精度控制等角度探索性研究了该技术在建筑材料领域的应用,并辅助其他方法对该技术的精确性进行分析,系统研究了不同水化龄期硬化浆体的微观结构变化规律,并建立其微观结构与宏观性能之间的关系,为最终扩大该技术在水泥基材料领域的应用打下基础。

本书可为从事水泥基材料微观结构研究的技术人员、科研人员提供参考。

图书在版编目(CIP)数据

连续切片扫描电子显微术在硅酸盐水泥单矿物水化研究中的应用/杨飞,李永涛著. --郑州:黄河水利出版社,2024.4

ISBN 978-7-5509-3879-3

Ⅰ.①连… Ⅱ.①杨…②李… Ⅲ.①扫描电子显微术-应用-硅酸盐水泥-水合-研究 Ⅳ.①TQ172.71

中国国家版本馆 CIP 数据核字(2024)第 083577 号

组稿编辑:王志宽 电话:0371-66024331 E-mail:278773941@qq.com

责任编辑 冯俊娜 责任校对 鲁 宁
封面设计 李思璇 责任监制 常红昕
出版发行 黄河水利出版社
地址:河南省郑州市顺河路 49 号 邮政编码:450003
网址:www.yrcp.com E-mail:hhslcbs@126.com
发行部电话:0371-66020550
承印单位 河南新华印刷集团有限公司
开 本 787 mm×1 092 mm 1/16
印 张 9.75
字 数 232 千字
版次印次 2024 年 4 月第 1 版 2024 年 4 月第 1 次印刷

定 价 78.00 元

前 言

水泥基材料的微观结构尤其是孔结构对其性能具有极大的影响,因此国内外学者一直试图通过各种方法来揭示其微观结构与宏观性能的关系。但是,常规的测试技术手段无法从三维空间上直接观察、分析水化产物及微观结构的特征分布。本书以硅酸盐水泥单矿物为研究出发点,将连续切片扫描电子显微术这一新的三维成像分析技术引入水泥基材料领域,从定性和定量分析的角度出发,研究在三维空间内硅酸盐水泥单矿物水化过程中的水化程度和微观结构变化特征及规律,并在此基础上进一步建立其与宏观性能的关系。一方面补充并丰富水泥硬化浆体微观结构表征的方法,另一方面则从三维空间分析的角度进一步深化水泥水化机制及其微观结构演变的研究内容。本书成果包括:

(1)确立了针对水泥单矿物硬化浆体的样品制备技术。针对水泥样品的特征,通过研究样品的制备对成像质量的影响,确立了针对水泥样品的制备工艺。通过环氧树脂对水泥样品进行包埋和通过超薄切片机对包埋样品进行修整,不仅有利于在后期样品测试过程中保持稳定性,而且可以有效避免其在连续切片成像过程中发生结构破坏;真空包埋技术可以提高后期通过连续切片成像获取的图像质量;在环氧树脂中添加导电碳粉可以在一定程度上改善样品的放电现象,但是也容易破坏环氧树脂的稳定性。

(2)阐明了适合水泥样品的测试条件。加速电压(EHT)为 1 kV 时,二维(2D)图像的质量和分辨率能满足图像 3D 重建分析的要求;连续切片成像过程中,切片速度为 0.6 mm/s、切片厚度为 20~50 nm 时,能有效避免切片过程中对图像质量的影响和对样品的破坏;像素扫描时间为 2 μs 时,所获得图像的信噪比能达到数据分析的要求,而且成像过程中图像也不容易发生漂移;针对水泥样品的 2D 连续切片图像,其 *XY* 平面方向可达到的分辨率为 0.4 nm,3D 图像中 *Z* 轴的分辨率受切片厚度的影响,较适宜的分辨率为 20~30 nm。

(3)阐明了针对水泥样品的数据处理方法。通过观察法和切线法对 2D 图像进行阈值分割,通过 align slices 模块处理解决图像漂移的问题;通过 median filter,non-local means filter 和 unsharp masking 等算法对图像进行降噪和平滑处理,从而达到对原始图像进行优化的目的;运用 fill holes 算法对通过二值化处理后的图像进行精修;通过 label analysis 模块对分割对象进行定量分析。

(4)验证了 SBFSEM 测试分析结果的精确性。与通过氢氧化钙(CH)含量法计算硅酸三钙(C_3S)水化程度的结果相比,SBFSEM 定量分析方法计算的水化程度具有较好的相关性,同时其结果也受到图像分辨率的影响,分辨率越高,相关性越好;与计算机断层扫描成像(CT)测试分析结果相比,SBFSEM 测试分析在研究水化程度和孔结构方面的精确性更好;与压汞法(MIP)测试分析结果相比,SBFSEM 不仅可以定量表征总孔的特征参数,而且可以对开口孔、闭口孔等特征孔的参数进行定性和定量分析。

通过 SBFSEM 测试技术初步研究了不同水化龄期条件下 C_3S 硬化浆体的水化程度和微观结构的变化规律。随着水化反应的进行,未水化 C_3S 颗粒的直径逐渐递减,同时未水

化 C_3S 颗粒的形貌逐渐趋于椭球形;C_3S 硬化浆体中总孔的平均直径随着水化龄期的增大呈降低趋势,同时总孔的伸长度会变差;总孔和开口孔的孔隙率随着水化龄期的增大不断下降,但是闭口孔的孔隙率呈波动性降低趋势,并且其降低速度较总孔和开口孔更慢;随着水化反应的进行,直径 200 nm 以上的孔的孔隙率持续性降低,直径 50~200 nm 的孔的孔隙率波动性降低,直径 20~50 nm 的孔的孔隙率波动性增大。

通过 SBFSEM 测试技术初步研究了不同水化龄期条件下铝酸三钙(C_3A)硬化浆体的水化程度和微观结构的变化规律。随着水化反应的进行,C_3A 硬化浆体中总孔的平均直径呈降低趋势;总孔和开口孔的孔隙率随着水化龄期的增大而减小,闭口孔的孔隙率随着水化龄期的增大而增大;随着水化反应的进行,直径 200 nm 以上的孔的孔隙率持续性降低,直径 50~200 nm 的孔的孔隙率波动性降低,直径 20~50 nm 的孔的孔隙率不断增大。

初步探索了 SBFSEM 在 C_3S-C_2S-C_3A-C_4AF-$2H_2O \cdot CaSO_4$ 多元体系硬化浆体研究中的应用,并构建其微观结构和宏观性能的关系。随着水化反应的进行,多元体系硬化浆体开口孔的平均直径及中位直径呈降低趋势,并且其整体的伸长度也呈现减小趋势,趋于椭球形;开口孔的孔隙率随着水化龄期的增大不断减小。总孔和闭口孔的平均直径和中位直径随着水化龄期的增大不断减小,但是总孔的孔隙率不断减小,而闭口孔的孔隙率不断增大。随着水化反应的进行,直径在 200 nm 以上的孔的孔隙率持续性降低,直径 50~200 nm 的孔的孔隙率波动性降低,而直径 20~50 nm 的孔的孔隙率持续性增大;通过多元体系不同水化龄期硬化浆体的孔隙率、平均孔径和平均长宽比与抗压强度和吸水率进行曲线拟合的结果证明:孔的平均孔径和孔隙率与抗压强度的相关性优于孔的平均长宽比与抗压强度的相关性;孔的平均孔径及平均长宽比与吸水率的相关性优于孔的孔隙率与吸水率之间的相关性。

本书第 1~5 章由杨飞撰写(约 16.5 万字),第 6、7 章及附文部分由李永涛撰写(约 6.7 万字)。历经两年,经过数十次讨论,最终完成此书。其中,撰写过程中也得到许多同行的指导,在此表示衷心的感谢!

由于作者水平有限,书中难免存在不妥之处,敬请读者批评指正。

作 者

2024 年 3 月

符号说明

SBFSEM——serial block-face scanning electron microscopy

C_3S——$3CaO \cdot SiO_2$

C_2S——$2CaO \cdot SiO_2$

C_3A——$3CaO \cdot Al_2O_3$

C_4AF——$4CaO \cdot Al_2O_3\ Fe_2O_3$

C-S-H——Calcium Silicate Hydrate Gel

CH——$Ca(OH)_2$

C/S——Ca/Si

AFt——$3CaO \cdot Al_2O_3 \cdot 3CaSO_4 \cdot 32H_2O$

EHT ——Acceleration Voltage

XRD ——X-Ray Diffraction

SEM ——Scanning Electron Microscope

MIP——Mercury Intrusion Porosimetry

BSE——Backscattered Electron

3D——three dimensional

2D——two dimensional

TG-DSC——Thermogravimetric-differential scanning calorimetry Analysis

CT——Computed Tomography

目 录

第1章 绪 论 …………………………………………………………………… (1)
1.1 研究背景及意义 …………………………………………………………… (1)
1.2 研究现状 ………………………………………………………………… (2)
1.3 研究思路及研究内容 …………………………………………………… (14)
第2章 试 验 …………………………………………………………………… (16)
2.1 试验原材料 ……………………………………………………………… (16)
2.2 试验方法 ………………………………………………………………… (20)
第3章 SBFSEM 样品制备及成像 ……………………………………………… (23)
3.1 概 述 …………………………………………………………………… (23)
3.2 SBFSEM 样品制备 ……………………………………………………… (23)
3.3 SBFSEM 成像 …………………………………………………………… (27)
3.4 本章小结 ………………………………………………………………… (39)
第4章 SBFSEM 测试数据处理及分析 ………………………………………… (41)
4.1 概 述 …………………………………………………………………… (41)
4.2 数据处理 ………………………………………………………………… (42)
4.3 SBFSEM 测试数据的定量分析 ………………………………………… (47)
4.4 SBFSEM 测试技术与其他测试方法的对比 …………………………… (57)
4.5 本章小结 ………………………………………………………………… (65)
第5章 水泥单矿物硬化浆体研究 ……………………………………………… (67)
5.1 概 述 …………………………………………………………………… (67)
5.2 不同水化龄期的 C_3S 硬化浆体 3D 重建分析 …………………………… (67)
5.3 不同水化龄期的 C_3A 硬化浆体 3D 重建分析 …………………………… (90)
5.4 本章小结 ………………………………………………………………… (110)
第6章 水泥单矿物多元体系硬化浆体研究 …………………………………… (112)
6.1 概 述 …………………………………………………………………… (112)
6.2 不同水化龄期的多元体系硬化浆体的 3D 重建分析 …………………… (112)
6.3 抗压强度 ………………………………………………………………… (133)
6.4 吸水率 …………………………………………………………………… (134)
6.5 本章小结 ………………………………………………………………… (135)

第 7 章 结论与展望 …… (137)
7.1 结 论 …… (137)
7.2 展 望 …… (138)
参考文献 …… (140)

第 1 章　绪　论

1.1　研究背景及意义

自从 1824 年英国的建筑工人 Aspdin 首次以石灰石和黏土为原料,烧制出水泥以后,水泥作为一种工业化原材料逐步推广应用开来。常用的硅酸盐水泥是通过加热石灰石和黏土的混合物或其他具有类似成分并且具有足够活性的材料,最终在约 1 450 ℃的温度下,发生部分融合产生熟料,并将熟料与一定比例的硫酸钙混合并且细磨后制成的。硅酸盐水泥熟料主要由硅酸三钙($3CaO \cdot SiO_2/C_3S$)、硅酸二钙($2CaO \cdot SiO/C_2S$)、铝酸三钙($3CaO \cdot Al_2O_3/C_3A$)和铁铝酸四钙($4CaO \cdot Al_2O_3 \cdot Fe_2O_3/C_4AF$)等 4 种单矿物组成。这 4 种单矿物在硅酸盐水泥中所占的比例各不相同,其中 C_3S 的含量最高,占总质量的 44%~62%;C_2S 占总质量的 18%~30%;C_3A 占总质量的 5%~12%;C_4AF 占总质量的 10%~18%。这 4 种单矿物之间的结构有所不同且性质也不一样,因此它们遇水后所发生化学反应的速率也就各不相同,C_3S 是硅酸盐水泥中含量最高且最重要的水化矿物相,但是 C_3A 却是水化反应中速度最快的。因此,在硅酸盐水泥刚开始水化阶段,它的浆体强度受 C_3A 和 C_3S 两种矿物水化影响比较大,同时硅酸盐水泥水化产物的微观结构及水化情况也在较大程度上影响水泥的物理性能和化学性能,这些性能主要包括浆体硬化早期阶段强度的发展、水化产物的微观结构、孔结构等。由于水泥水化的微观形貌特征差异很大,而且其内部的孔结构分布也会因为内在环境和外在环境的原因而具有极大的无规律性,这些情况均会在极大程度上决定着水泥基材料的强度发展、耐久性及体积稳定性等性能。所以水泥基材料包括其熟料单矿物的水化机制和微观结构仍然是目前研究的一个重点。

对于水泥硬化浆体的微观结构而言,孔结构是影响其最终强度需要考虑的主要因素之一,目前,已经有大量的文献对孔结构和宏观性能之间的关系进行过系统的研究。孔隙度曾经一度被认为是保持水泥基材料强度需要唯一考虑的因素,但是随着研究的深入,发现孔的直径分布也会对强度产生一定的影响。目前,已经有人针对孔不同的参数与强度之间的关系展开研究讨论,但是这些表征孔特征的参数仍然不能精确模拟孔结构与强度之间的关系,因此许多课题组也开始尝试努力挖掘孔直径与强度之间的关系,从而建立微观孔参数与抗压强度之间的关系。因此,为了能够进一步有效利用孔结构参数(孔隙率、孔径分布、中位直径等)来对水泥基材料的宏观结构进行模拟,以水泥基材料为着手点,分析微观结构的变化特征与宏观性能之间的关系仍然具有重要的研究意义。

目前,通过不同的测试技术对水泥基材料在水化硬化过程中微观结构的特征及变化规律进行定性和定量表征。SEM 主要是用来对水泥基材料硬化浆体的水化产物及局部区域的微观结构形貌特征进行观察分析;水化产物的种类可以通过 X 射线衍射分析和 X

射线能谱分析来实现；针对水化产物中某物相的含量可以通过热分析的方法来进行确定；通过压汞法、氮气吸附法等来对不同类型的孔结构进行表征分析。但是所有上述测试技术手段无法从3D空间上直接观察分析水化产物及微观结构的特征分布。

本书以硅酸盐水泥熟料单矿物为研究出发点，将连续切片扫描电子显微镜（serial block-face scanning electron microscopy，SBFSEM）这一新的3D成像分析技术引入水泥基材料领域，从定性和定量分析的角度出发，研究在3D空间内水泥单矿物水化过程中的水化程度和微观结构变化特征及规律，并在此基础上进一步建立其与宏观性能的关系。通过引入新的测试分析技术手段，一方面补充并丰富水泥硬化浆体微观结构表征的方法，另一方面则从3D分析的角度进一步深化水泥水化机制及其微观结构演变的研究内容，为进一步建立水泥基材料微观结构与宏观性能之间的关系打下理论基础。

1.2 研究现状

1.2.1 硅酸盐水泥的水化

硅酸盐水泥与水结合后所发生的化学反应即为水化反应，通过一系列复杂的水化反应可以使得粉末状的水泥与水形成一个稳定的固相结构，该结构的微观形貌特征复杂并且会有固态、液态和气态3种物相共存。通常在对材料进行微观结构分析时，视该微观结构为固相和孔两相结构，其中未水化的固体颗粒和水化产物等都归于固相结构，而气相和液相均包含在孔隙结构中。水化硅酸钙凝胶（C-S-H）是水泥硬化浆体的固相中最主要的成分。同时，该凝胶的结晶度差，含量高，并且凝胶本身也呈纤维状，因此在整个固相结构中，C-S-H凝胶容易相互交错在一起，形成网状结构。需要指出的是，C-S-H凝胶也是水泥硬化浆体强度的最主要来源。C-S-H凝胶的结晶度差，并且常常交叠在一起，因此通常情况下需要借助电子显微镜来对其进行形貌特征的观察与分析。水泥硬化浆体的固相结构中的另外一种主要成分为氢氧化钙（CH），相对于C-S-H凝胶，其结晶度好，并且通常以六方层状结构呈现。如果水泥水化环境不同，温度不同，而且杂质环境不一样，那么某些生成的CH就会因为这些因素的影响而交错堆叠，从而难以通过观察的方法对其形貌进行区分。同时，C-S-H凝胶和CH的平均原子序数比较接近，因此在通过依靠平均原子序数差异来进行物相区分的背散射电子图像中很难将二者区分开来。

水泥浆体在搅拌成型的过程中会引入大量空气，因此会在水泥硬化浆体内部引入一些较大的气孔。除这些气孔外，还会存在其他大量的孔。在水泥水化的过程中，由于水泥颗粒与水是均匀混合并且呈离散分散状态，在其水化过程中体积会发生膨胀，从而会不断填充本来由水所填充的空间，而那些没有被填充的空间就会形成毛细孔。毛细孔是填充水的空间位置遗留下来的，因此水灰比越高，毛细孔的含量也就会越高，并且毛细孔的空间形貌特征及分布特点也会受到水化程度的直接影响。最后一种则是凝胶颗粒相互连通而形成的凝胶孔，通常凝胶孔的直径在几个纳米左右，其遍布在硅酸钙水化凝胶的内部。这些固相成分和孔隙结构就组成了硬化水泥浆体的微观结构。

因此，水泥的水化研究是一个复杂的过程，而针对水泥单矿物的水化研究也必将为水泥的相关研究提供理论支撑。硅酸盐水泥熟料矿物成分及其特性比较如表1-1所示。

表1-1 硅酸盐水泥熟料矿物成分及其特性比较

矿物成分		C_3S	C_2S	C_3A	C_4AF
含量/%		44~62	18~30	5~12	10~18
水化速度		较快	慢	最快	慢于C_3A
水化热		中	最小	最大	大
强度发展	早期	大	小	大	小
	后期	大	大	小	小
耐化学腐蚀		中	中	最差	最好
干缩		中	小	最大	小

1.2.1.1 硅酸盐水泥水化历程研究

对于水泥水化研究方面,尽管其水化机制复杂,并且因此导致的水化现象也各不相同,同时当外界环境发生变化时,水化机制导致的微观结构也会随之发生改变。但是很多研究者还是试图从客观的角度进行假设、建模和构建方程等,从而可以更加具体地描述水泥水化过程中水化的进展情况以及水化产物的状态等。

Taylor等在水泥水化研究的过程中,通过水化过程中Ca^{2+}浓度的改变量和水化放热速率与相应水化时间的关系,将水化反应的整个过程统一划分为5个阶段:诱导前期、诱导期、加速期、减速期和稳定期等,而后来通过将诱导前期和诱导期合并、加速期和减速期合并,将水泥水化过程中分成了早期、中期和后期3个阶段。

斯坦因(H. Y. Stein)等通过系统的研究,提出了保护膜假说。该假说认为C_3S颗粒在水化发生的初期阶段所形成的水化物会在尚未发生水化的C_3S颗粒外表面形成一层结构比较致密的保护膜,因此降低了C_3S颗粒与外界环境接触的概率,使得水化反应的速度降低,同时使Ca^{2+}向溶液中溶出的速率明显降低,从而导致诱导期开始。但是当初始水化物发生相变等使得保护区层的渗透率提高,因而水及溶出离子又会逐渐通过膜层而使水化速率加快,从而导致诱导期结束而进入加速期。

Kantro D. L、Stein H. N等通过对C_3S水化进行系统的研究以后提出如下观点:水泥在水化的初始阶段,C/S的值比较高,大约为3,当Ca^{2+}进入液相后,C/S的值降低到0.8~1.5,重新水化的生成物允许离子群通过,反应加快,这种理论与许多研究相吻合,但是仍然有部分研究者对该理论持否定态度,他们认为实际水化产物的C/S的值较小。

泰卓斯(Tadros)等通过系统的研究提出延迟成核假说,该假说认为当水泥中C_3S与水接触后很快水解,Ca^{2+}与SiO_4^{4-}离子进入溶液。由于C_3S为不一致溶解,溶液中C/S的比值远超过3,因此C_3S粒子表面形成了缺钙的富硅层,然后Ca^{2+}被吸附在富硅层表面使其带正电荷,因而形成双电层。随着双电层的形成,C_3S的溶解开始变慢,导致诱导期开始,但是在此阶段C_3S仍然缓慢溶解,以生成富有Ca^{2+}和OH^-离子的溶液,由于溶液中SiO_4^{4-}离子的存在,抑制了$Ca(OH)_2$的析晶,延迟了$Ca(OH)_2$晶核的形成过程,当

$Ca(OH)_2$ 晶核达到一定尺寸，并具有足够的数量时，液相中的 Ca^{2+} 和 OH^- 离子迅速沉淀析出 $Ca(OH)_2$ 晶核，随之溶解加速。这时诱导期结束，加速期开始。

鲍维斯（Powers T. C）、Taplip 等通过对水泥水化进行系统研究后提出了“内部水化产物”和“外部水化产物”的理论，该观点把生长在颗粒原始周界以内的产物称为内部水化产物，把生长在颗粒原始周界以外的产物称为外部水化产物。这种分类方法已被后来的研究者们所接受，并且大多数高分辨率的透射电子显微镜也可以用来证明这一论断。

罗奇（F. W. Locher）通过近年来的系统研究结果得出如下论断，水泥的凝结硬化主要取决于 C_3A 与硫酸钙水化作用后，水化反应生成的物质彼此交叉搭接在一起，从而形成错综复杂的网状结构。坎特罗认为水泥水化过程中之所以能够快速凝结硬化是因为水泥内 C_3A 作用的结果，同时他认为 C_3A 在水中具有较高的溶解度，才导致其能够快速水化。

斯坦因（H. Y. Stein）通过系统的研究提出 C_3A 的溶解度大于其水化产物的溶解度，这一观点也进一步说明了前期学者水化模型假设的合理性。同时，有研究者在此基础上提出新的观点，即在水泥水化的早期阶段，水泥浆体的快速凝结硬化才导致钙矾石的生成。

达博（Double）等通过系统研究，提出了半渗透膜假说。早期首先形成的水化物会在尚未发生水化的粒子表面形成一个半渗透性质的膜，诱导期则是由于该半渗透膜的形成而真正开始。溶液能通过半渗透膜，因此 H_2O 分子或 OH^- 离子可以提前透过半渗透包覆层进入内侧与尚未发生反应的粒子接触，从而保证水化反应的进一步推进，随着水化反应的进行，半渗透膜内的 Ca^{2+} 和 SiO_3^{2-} 离子的浓度也会随之继续增加。半渗透膜内外的浓度不一样，从而会导致渗透压发生改变，在压力差的作用下半渗透膜会发生破裂，而此时诱导期就宣告结束，水泥水化的加速期也从此时开始。

保护层理论认为：$Ca(OH)_2$ 溶液的浓度过高，从而致使无定形钙矾石就此形成，在水化反应第一个阶段的末期，水泥浆体中的未水化颗粒会被一层水化产物包裹着，而这层包裹层会导致反应物和未反应物的彼此隔离，从而阻碍了反应物的扩散，这样也就导致了反应速率的降低，诱导期也就会因此延长。

1.2.1.2　孔结构的模型及分类

水泥基材料中的孔结构参数主要包括：孔体积、孔隙率、孔级配、分形维数以及孔形貌等。水泥基复合材料中的孔从纳米级到微米级大小不等，其中包括成型时振捣不密实产生的气泡、水泥浆体中的毛细孔和凝胶孔，以及水泥浆体的干燥收缩和温度变化而引起的微裂纹等，它们都是水泥基材料显微结构的重要组成部分。水泥基材料中大小尺寸不同的孔在水泥基材料中所起的作用也不同。目前，孔隙率、孔形貌、孔径分布、孔的状态及其测试与评价已成为水泥基材料科学研究的重要内容。各国学者根据水泥基材料微观结构模型，以不同假设为前提，从不同侧面对孔结构进行广泛的探索，其中较为典型的模型包括以下几种。

（1）Powers-Brunauer 模型：水泥单矿物 C_3S 和 βC_2S 水化产物大致一样是这个模型使用的前提条件，它们的水化产物结晶较差，称为托勃莫来石变体，因此也将该水化产物称为“托勃莫来石”凝胶。未水化的水泥颗粒和水在空间上离散分布，由于体积膨胀，随着水化反应的进行,水泥颗粒水化的产物除占据原来水泥颗粒的空间体积位置外,还要占据一部分本来由水所填充的空间体积。随着水化程度的不断加深,水化浆体中由水填充的空间会不断减少,最后会以一些尺寸较小的孔隙形式存在,这即为 Powers-Brunauer 模型中所谓的毛细孔。由于水泥水化的水灰比和外界环境条件的差异以及水化程度的不同,该类型毛细孔的尺寸和数量波动范围较大,一般情况下大于 100 nm。同时,有一部分孔隙是存在于水泥水化产物所占据的空间范围内。水泥颗粒水化的产物又可以分为内部水化产物和外部水化产物,而且内部水化产物和外部水化产物的密实程度不一样,因此它们之间的孔尺寸也会有较大差异。因为内部水化产物属于本来水泥颗粒所在位置的界限以内,而且主要以 C-S-H 凝胶为主,因此其结构整体比较密实。外部水化产物则处于水泥颗粒的空间范围外,除含有大量的 C-S-H 凝胶外,还会有大量的 AFt 和 CH 等,因此它的整体结构偏疏松。孔尺寸在内部水化产物和外部水化产物之间也会有较大的差异,这类孔一般被称为过渡孔。Powers 和 Brunauer 同时指出了,水泥水化硬化浆体中的凝胶孔含量较高,一般占到 28%。

(2)Feldman-Sereda 模型:该硅酸盐水泥水化凝胶模型首先将凝胶假定为层状硅酸盐结晶比较差的不完整的变体。但是与 Powers-Brunauer 模型相比,Feldman-Sereda 模型中视水的作用更加错综复杂,其具体模型可见图 1-1。其中的水会直接以物理作用的形式附着在凝胶表面或者以氢键的形式存在于凝胶表面。当环境的相对湿度降低时,水便会通过破坏的层状结构进入内部。当环境的相对湿度提升时,由于毛细孔的凝聚吸附作用,水便会进入较大的孔内。由此可知,存在于层状结构水化产物内的水应当被可看作其整体结构的一部分,同时这部分水也会对材料的变形能力产生影响。与上述 Powers-Brunauer 模型不同的是,该模型认为该结构里面并没有含有大量的凝胶孔,因此在进行水泥硬化浆体孔隙率测定的时候,只能选用一些不会引起结构内部渗流的液体或者气体来测定,比如液态氮或者气态氮。

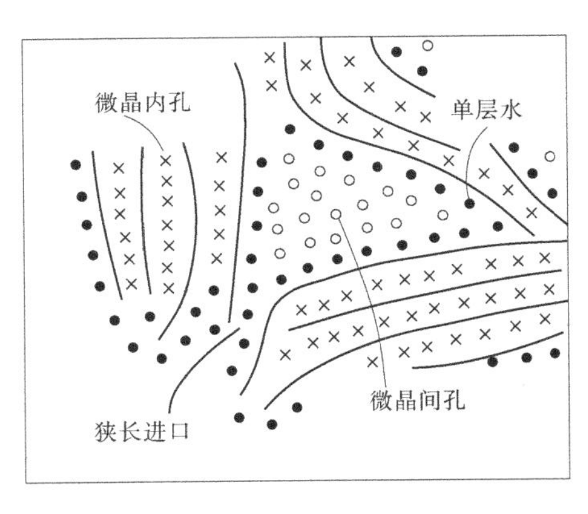

图 1-1 Feldman-Sereda 模型

(3)München 模型:由 Wittmann 于 1976 年提出的 München 模型最初的目的是解释水化硅酸盐水泥凝胶的力学性能,该模型需要以以下假设为前提:水的吸附等温线是理想的,并且没有时效性、层与层之间的夹入、其他形式的异常作用和弯月面的收缩力等。该模型可以让研究者从定量分析的角度预测出水和固体物相之间的作用而引起水泥基宏观行为的变化。

(4)近腾连一-大门正机模型:日本的近腾连一和大门正机在1976年第六届国际水泥化学会议上提出了基于Feldman-Sereda模型的近腾连一-大门正机模型,该模型将水泥硬化浆体中的各类孔结构做如下分类和定义:水泥硬化浆体内最小的孔是层间水引起的,称为凝胶微晶内孔;Powers-Brunauer模型中的凝胶孔,在这里被称为凝胶微晶间孔,这类孔内的水一般都包含结构水或者非蒸发水;Powers-Brunauer模型中的毛细孔为该模型中的过渡孔,另外包含有大孔(毛细孔)。近藤连一-大门正机模型孔级分类见表1-2。

表1-2 近藤连一-大门正机模型孔级分类

孔分类名称	孔直径 D/nm
凝胶微晶内孔	<1.2
凝胶微晶间孔	0.6~1.6
凝胶粒子间孔(过渡孔)	3.2~200
毛细孔或大孔	>200

Ю.M布特等后来也对水泥硬化浆体的孔结构进行了系统的研究,他们按照孔径尺寸的大小将其分为4类,具体如表1-3所示。通过该孔级分类可以看出,与其他孔结构分类方法相比,布特等对凝胶孔的尺寸范围界定较大,如果该类孔不仅包含凝胶粒子之间的孔,而且包含了凝胶粒子内部的孔,那么该孔级分类是可以接受的。

表1-3 布特孔级分类

孔分类名称	孔直径 D/nm
凝胶孔	<10
过渡孔	10~100
毛细孔	100~1 000
大孔	>1 000

1973年我国的吴中伟院士根据孔尺寸的大小特征,将其分为了无害孔、少害孔、有害孔和多害孔,如表1-4所示。同时系统探讨了不同尺寸孔的孔隙率对混凝土性能的影响,他指出增加50 nm以下的无害孔或者少害孔,减小100 nm以上的有害孔或者多害孔,可以有效改善混凝土材料的宏观力学性能和耐久性。

表1-4 吴中伟孔级分类

孔直径 D/nm	<20	20~50	50~200	>200
孔级分类	无害孔	少害孔	有害孔	多害孔

通过对上述孔结构模型分类及相关大量文献的综述,可以知道以水泥基材料为研究对象进行孔结构分析的成果很多,不过归根结底都是通过对孔结构的研究分类来建立其

与材料宏观性能之间的关系。

1.2.1.3　孔结构的表征方法

随着对水泥基材料研究的深入,需要通过各种技术来表征水泥基材料的孔结构,从而更加有助于了解水泥水化过程中微观结构的变化,以便于采取相应的措施来改善水泥的性能。孔结构作为水泥硬化浆体微观结构的重要组成部分,其尺寸范围一般横跨多个数量级,从零点几纳米到十多微米,因此在平时的研究工作中,试验人员会根据具体的需要选用不同的测试方法来进行孔结构的表征,而且同时要保证该方法能满足自己对测试孔覆盖范围的要求。目前,在水泥基领域,常用的主要有以下几种方法:

(1)显微镜观察法。主要是依据统计学原理和体视学方法来进行研究分析的,根据观察到的不同尺寸的孔在整个视阈范围内所占的比例,结合相关的图像分析软件,即可进行不同尺寸孔的孔隙率的计算。不同类型的显微镜分辨能力各不相同,因此可以识别的最小孔的尺度是不一样的,同时在取样的过程中受到选择区域和放大倍数的影响,所以具有一定的偶然性。目前,常用的设备包括光学显微镜和电子显微镜,前者放大倍数有限,因此大多数情况下只用来观察微米级别的孔,后者因有较高的分辨能力,目前可以用来观察最高分辨率达到 50 nm 的孔。最后在进行图像分析的过程中,由于是根据图像的灰度差异来进行物象的区分,所以受图像分析主体的影响较大。

(2)等温吸附法。当一种多孔材料暴露在一定量的气态环境中时,该固体多孔材料会在一定的压力作用下,通过它外表面的孔将气体吸入它的孔内,该吸附过程中会伴随着固体质量的增加和气体压力的减小。这些被吸附的气体分子会在固体多孔材料的表面形成一层单分子层,这些固体表面形成的单分子层会进一步吸附气体,从而形成多分子层。在某一阶段,吸附在孔壁上的分子层厚度与孔的尺寸大约相等,接着就会发生毛细管的冷凝,如图 1-2 所示,图 1-2(a)代表吸附的单分子层,图 1-2(b)代表吸附的多分子层,图 1-2(c)代表毛细管的冷凝。在孔隙大小与气体分子大小相当的微孔中,其机制不同,被称为微孔填充。当气体压力减小的时候,气体就会按照一个相反的流程从孔表面蒸发。

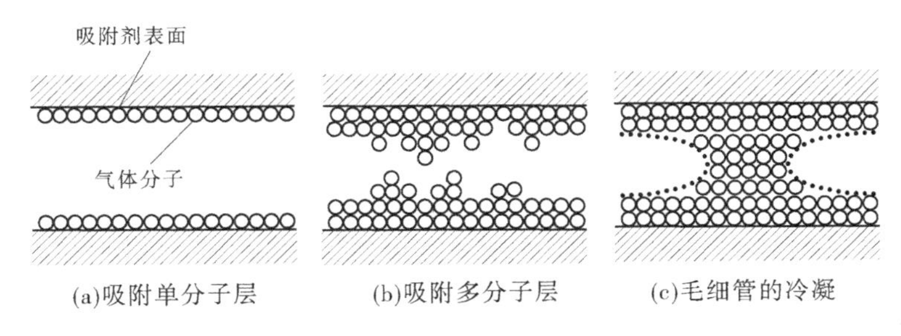

图 1-2　吸附过程中各个阶段的简化示意图

该方法的理论假设前提是被测固体的表面是干净且相对均匀的;吸附依靠的是强烈的分子间作用力;吸附气体的孔和被吸附气体具有相当的尺寸;吸附可以是多分子层的;被吸附的气体分子横向之间无相互作用力;吸附与脱附建立起动态平衡。

用等温吸附法来测定固体物相的孔直径和比表面积是建筑领域中研究水泥基材料常用的表征方法,该方法经常用来测试尺寸范围为 0.5~60 nm 的孔直径。

(3)压汞法(MIP)。在一定的外界环境压力作用下,将一种跟待测固体材料不相容并且不能够发生反应的液体压入多孔材料的开口孔和连通孔内,从而达到测试孔尺寸的目的。根据毛细孔原理可知,如果被压入的液体不能够和多孔固体材料发生浸润,那么在表面张力的作用下,这些液体无法进入孔内。如果对液体施加一定的压力,那么液体就可以克服表面张力的作用,从而顺利浸入孔内。

由于水泥基硬化浆体材料内部的孔隙形貌特征是以不规则的杂乱无章的形式呈现的,通过压汞法进行孔结构测试时,一般假定所有的孔都是圆柱形,因此测出的孔不是真正的孔结构,而是所谓的"名义孔径"。虽然通过该方法不能真实全面地测试孔的真正形貌特征,但是却可以通过测试的结果来研究不同环境因素作用下的孔结构相对发展规律,特别是对于水泥基材料而言,更多时候考虑的是变化规律,因此还是具有很大借鉴意义的。由 Washburn 方程可知,只有当外界环境下所施加的压力与固体颗粒内的毛细孔中的液体的表面张力相等时,才能使得毛细孔中的液体达到平衡,从而使得液体进入孔的压力 p(MPa)可以表达为如下公式:

$$p = -\frac{4\rho\cos\theta}{d} \tag{1-1}$$

式中:ρ 为液体的表面张力,一般情况下对于水泥硬化浆体的孔隙结构,液态汞的表面张力值 ρ 一般保持在 0.473~0.485 N/m;θ 为 X 射线衍射角;d 为晶面间距离。

式(1-1)也直观地表明了液体进入多孔材料的孔内,不仅和汞的表面张力有关,也和孔的直径和浸润角度有关。该公式也说明了压力不同的情况下测出的孔径范围也是不一样的,而多孔材料的孔体积则是在相应压力条件下的压入汞量。因此,在实验室工作条件下,为了求出其不同的孔径分布,可以通过调整其压力值来实现。

(4)小角 X 射线散射(SAXS)法。在 SAXS 试验中,强 X 射线束聚焦在样品上,然后光束穿过与辐射成直角放置的样品。样品电子散射入射通量的位置,并根据散射角测量散射的 X 射线强度。位于样品下游约 0.5 m 处的电离计数器可检测散射的 X 射线。沿着与 X 射线束成直角的路径依次使检测器步进,并记录各种角度的强度。用于 X 射线散射的一般试验设置如图 1-3 所示,包含如下结构部分:同步加速器源、单色仪、狭缝、聚焦装置(镜和晶体)以及具有位置灵敏度的探测器。小角度 X 射线散射法是用来表征复杂孔结构的一种强有力的工具。SAXS 一般探测的尺度范围为 1~100 nm 内的不均匀的电子密度,因此它能够为 XRD 数据提供一些额外补充的数据信息。根据布拉格方程可知,X 射线的波长 λ、衍射角 θ 和晶面间距 d 之间存在如下关系:

$$2d\sin\theta = \lambda \tag{1-2}$$

即

$$2\sin\theta = \lambda/d \tag{1-3}$$

如果 2θ 非常小,令 $2\theta=\beta$,则

$$\sin\theta = \sin\beta/2 \approx \beta/2 \tag{1-4}$$

即

$$\beta = \lambda/d \tag{1-5}$$

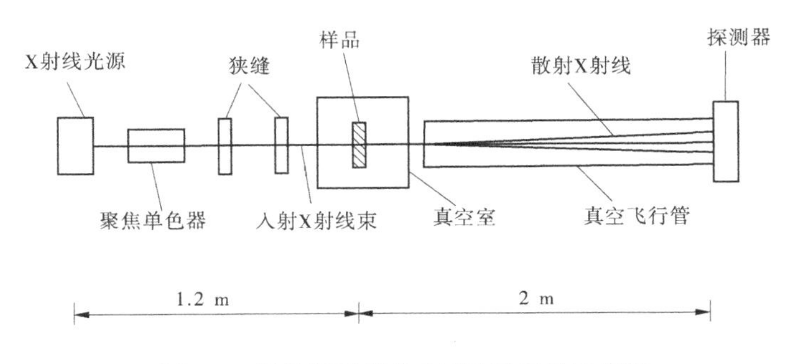

图 1-3　超比例设置的 SAXS 设备的示意图

在角度很小的情况下，当波长为 λ 的 X 射线射入直径为 d 的不透明微粒时，它们之间就存在关系 $\beta=\lambda/d$（d 为测试样品中微粒的尺寸大小）。因为 X 射线波长一般都在 0.1 nm 的数量级左右，因此所测角度在 0.1°~10°，可检测的微粒大小在 2~30 nm。而对于孔结构的电子浓度与固体材料的差异，也能够产生小角度散射，它们的作用跟空气中分布的尺寸一样的微粒相同，所以测得的微粒和孔的尺寸大小与形貌特征是相互补充的，此方法在通常条件下可以检测到的孔径尺寸范围一般为 2~30 nm。

（5）计算机断层扫描（CT）法。X 射线计算机断层扫描成像方法是通过 X 射线照射样品的方式来获取样品内部结构信息的测试技术。该测试设备由 X 射线能量源、控制样品的样品台以及探测器等 3 个部分组成。

CT 主要由 X 射线源、样品台和探测器等部分组成，如图 1-4 所示。它的工作原理是当 X 射线源固定在样品台子上的样品旋转的过程中，X 射线从不同角度穿透样品后，由于信息衰减不同，从而经过探测器检测接收的信息就不一样，这样输入计算机的信号就不一样，通过计算机处理后，就会得到一系列灰度不一样的二维图像。

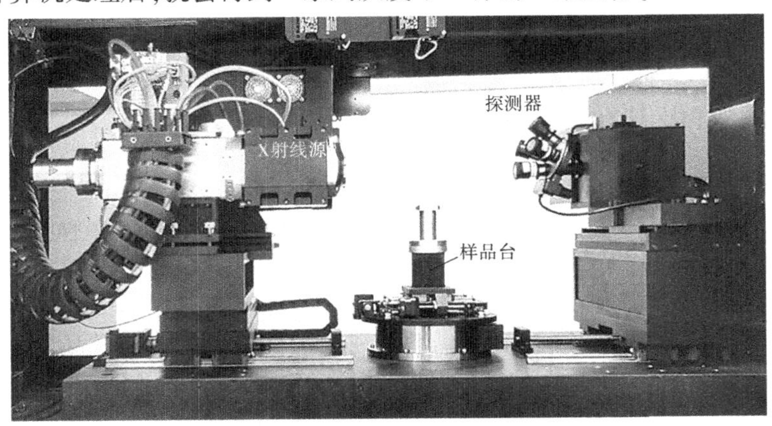

图 1-4　X 射线 CT 设备

当 X 射线穿过样品时会与样品内不同物相的原子发生作用从而引起信号的衰减，其衰减程度跟样品的尺寸大小和不同物相的平均原子序数有关，如式（1-6）所示：

$$I_{\mathrm{d}}(x,\ y)=I_{\mathrm{i}}\,\mathrm{e}^{-\int\mu(x,y,z)\,\mathrm{d}z} \tag{1-6}$$

式中:$I_d(x, y)$为检测到的 X 射线强度;I_i 为入射的 X 射线的强度;$\mu(x,y,z)$ 为被探测物体的衰减系数。

通常情况下样品中物相的灰度值与线吸收系数是正比的关系,这样 CT 图像就能以灰度的形式呈现出物体内部不同物相的密度大小,同时可以说明样品内不同物相密度高低的程度,这就是量,这个量从 0~255 以不同灰度的像素以矩阵排列的方式构成所谓的灰度图像,这些像素体现的是与之对应的体素的 X 射线吸收值。一般情况下,像素的大小可以有所差异而这将直接导致分辨率的不同,像素的尺寸越小,则相应的分辨率越高,像素的数目越多,则图像的信息量也越丰富。通过 CT 测试的方法可以还原材料内部的微观结构,近年来其在水泥基材料领域的应用越来越多,但是其分辨率是限制其深入推广应用的一大瓶颈,目前实验室常用的 CT 设备的分辨率都在 1 μm 以上。

水泥基材料孔结构表征所选用的基本参数(包括孔隙率、孔径分布等)都是材料本身所固有的特性。这些表征参数并不会因为表征手段的不同而产生变化,但是不同的表征手段都会因为各自的局限性而产生一定程度的偏差。这也说明,对于材料不同的特征参数,可以选用不同的方法来进行测量表征,但是由于每种测试方法的基本原理不同,最终不同的结果之间会存在一定程度的差异性,但是不同的结果之间也会存在一定的内在联系。而对于每一种方法自身而言,都可以单独用来研究材料的某一特征的变化规律。第五届水泥与混凝土国际会议提出:在以后的研究中,我们需要不断引入新的理论和方法来研究水泥浆的微观结构形貌特征,以丰富和完善水泥的水化和硬化机制。最近几年的研究中,也有不少新的针对原有测孔方法不足的新的技术陆续出现,比如用核磁共振法研究孔的尺寸分布及孔隙率;用激光扫描共聚焦显微镜对水泥硬化浆体中的细孔进行 3D 表征,其分辨率能达到 1 μm 左右;利用超声波法可以对孔进行原位表征分析;通过扫描电子背散射图像分析技术对孔结构进行定量表征;镓溶液浸入法可以结合电子探针去确定不同的孔的位置以及孔的轮廓等。各种方法都从自己的角度对孔结构进行了分析,这也将为水泥的研究和应用发展提供导向。

1.2.2 SBFSEM 及其在材料研究中的应用

1.2.2.1 SBFSEM 原理

连续切片扫描电子显微镜(serial block-face scanning electron microscopy,SBFSEM)是一种通过对测试样品的上表面进行连续切片并且不断扫描成像,后期通过对获取的连续切片图像进行重建从而达到 3D 图像分析的测试技术,该测试技术可以对测试材料内部的空间结构信息进行可视化表征,并且借助可视化数据分析软件对样品的空间结构特征进行定性和定量分析。SBFSEM 测试设备主要由场发射扫描电子显微镜、高精度超薄切片系统以及相应的控制硬件和软件系统组成,其设备的具体情况如图 1-5 所示。在场发射扫描电子显微镜的舱门内部附有超薄切片系统,在 SBFSEM 进行连续切片扫描成像的过程中,通过超薄切片机上内置的钻石刀,对样品进行连续切片,从而达到对测试样品进行连续扫描成像的目的。

SBFSEM 成像设备在场发射扫描电子显微镜系统中可以以 *XY* 平面(SEM 成像平面)高达 1~2 nm、而 *Z* 轴方向(SBFSEM 切片方向)高达 10 nm 左右的空间分辨率来获得样品

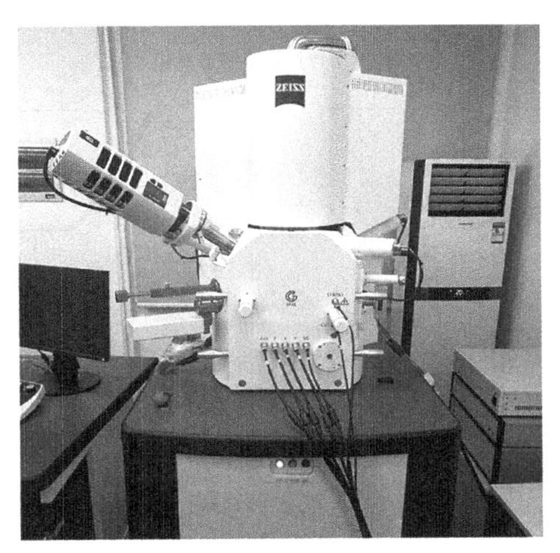

(a)连续切片扫描电子显微镜

(b)超薄切片机

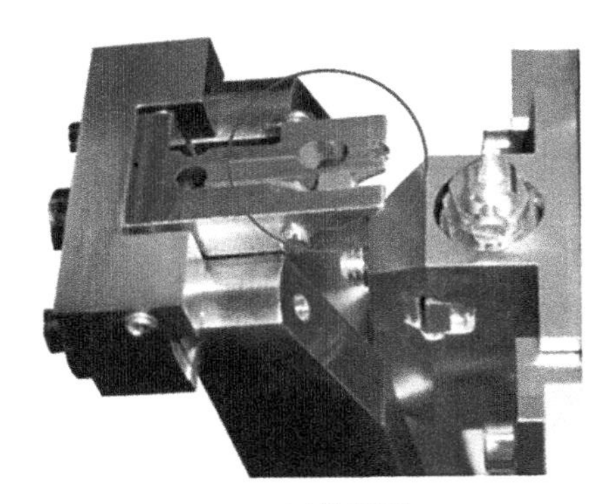

(c)钻石刀

图 1-5　SBFSEM 设备概况

的 3D 空间结构信息。SBFSEM 内的超薄切片系统与常规传统的切片机不同的地方在于待测样品水平固定在切片机上,切片机的钻石刀在样品表面正上方做水平方向切割运动。在超薄切片系统正常运行中,钻石刀水平方向来回运动一次,样品台就在系统软件控制下按照设定的数值提升一定的高度,这个高度即是连续切片成像时每个切片的厚度。SBFSEM 测试成像过程就是通过系统内置的高精度超薄切片机对测试样品进行设定厚度的连续切片,并且在每个新暴露的样品表面上进行连续的背散射电子成像,从而使得样品内部的结构信息不断显示出来,其通过背散射信号获取连续切片图像的示意如图 1-6 所示。

获取连续切片图像的 SBFSEM 进行连续切割并成像的工作模式可以持续进行,直至获得所设定数量的切片图像,最后通过相应的软件对测试所得的一系列电子显微图像进行预处理和 3D 重建分析,从而达到对测试样品 3D 可视化并且定量分析的目的。与通过透射电子显微镜进行连续切片成像有所不同的是,SBFSEM 成像试验是对块体样品在每次超薄切片后所暴露出来的每个新鲜截面进行 2D 背散射电子成像,而不是对切下来的切片进行成像。同时,由于进行 SBFSEM 测试的块状样品是固定的,而且进行连续切片成

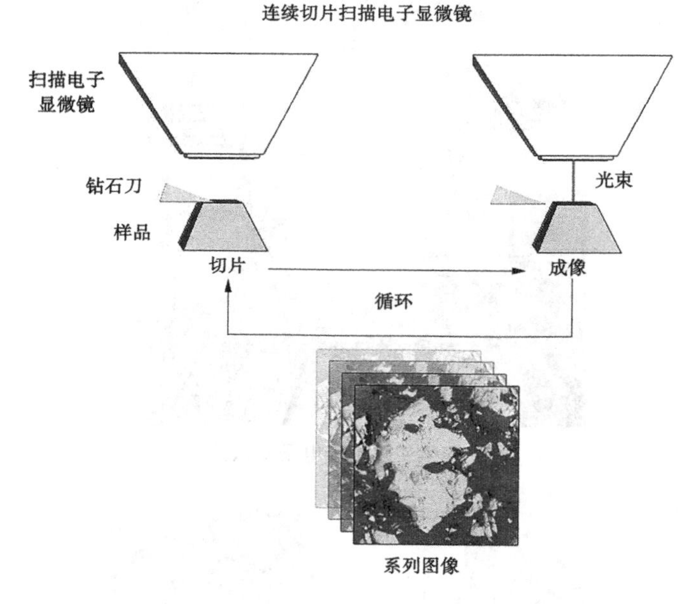

图 1-6 通过 SBFSEM 获取连续切片图像的工作流程示意

像的 SBFSEM 系统拥有超高的机械稳定性,从而得到的序列切片电子显微图像基本不需要再进行人工的图像对准等烦琐的后续操作流程,大大增加了整个数据采集和重构过程中的自动化程度,也增加了 3D 结构测试的精确性。

1.2.2.2 SBFSEM 在材料研究领域中的应用

SBFSEM 由美国国家卫生研究所(NIH)的 Stephen Leighton 和 A. Kuzirian 在 1981 年首次开发成功并使用,但是由于这个时候市场上没有可以采用低真空工作条件的 SEM,并且这时的计算机性能也较差,因此导致其工作效果并不理想,之后一段时间并没有继续使用。直到 2004 年,借助于当时市场的新技术对该方法进行重新开发,通过低真空扫描电子显微镜工作模式,弥补了样品连续切片成像过程中表面的放电现象。当时最有代表性的成果是德国马普所医学研究所 W. Denk 和 H. Horstmann 等将该技术成功应用于生命科学领域,首次证明了该方法可以以纳米级的分辨率获取连续切片图像的 3D 数据集,从而可以对大多数细胞器和突出结构进行 3D 重建分析,还原生物组织在 3D 空间的真实分布情况。而后 SBFSEM 作为一种 3D 成像工具才逐步为研究者所接受。通过该设备获取的数百张或者数千张的 2D 背散射图像,经过 Avizo 等 3D 分析软件进行重建分析,获取样品内部的空间结构信息,从而以典型的 SEM 成像分辨率提供样品的 3D 信息。因此,它弥合了透射电子显微镜(TEM)中的高分辨率层析成像与光学显微镜之间的差距。

2009 年,Zankel 等通过 SBFSEM 对高分子物质进行切片成像和 3D 重建分析,研究了高分子膜结构在 3D 空间的形貌特征及分布情况,并且通过与聚焦离子束扫描电子显微镜(FIBSEM)的测试结果进行对比,点明了 FIBSEM 可以支持 3D 重建的体积最大为 50 μm× 50 μm× 50 μm,而 SBFSEM 方法支持 3D 重建的体积最大为 500 μm×500 μm×500 μm,说明在电子显微镜分辨率条件下,SBFSEM 可以重建分析的体积更大。2011 年 Koku 等通过 SBFSEM 对商用聚合物进行连续切片成像和 3D 重建,并通过重建的 3D 图像进行流动性模拟,从而获得渗透率和平均渗透速度等宏观性能,说明通过 SBFSEM 测试的数据经过 3D 重建的结果可以对工程模拟进行有效指导,与以假设为前提的数值模拟相比,更具有应用价值。2012 年 Hashimoto 等通过 SBFSEM 对氯化钠溶液腐蚀过的金属样品进行切片成像和 3D 重建分析,揭示了在 3D 空间内金属间腐蚀优先在有缺陷和孔隙部位,同时展示了金属内富含成分在 3D 空间内的分布细节。2013 年 Chen 等通过 SBFSEM 对复合涂层进行连续切片成像和 3D 重建分析,分析了涂层结构中不同的物相成分在 3D 空间的分布情况,并对具体关心的填料进行空间分布统计分析和定量化表征,揭示了涂层的 3D 空间结构中填料在空间中的分布情况,并初步探索了涂层的 3D 空间结构与涂层性能的相关性。

2018 年,杨飞、刘贤萍等首次将该技术引入水泥基材料研究领域,尝试通过连续切片成像的方法对水泥单矿物原料进行成像分析,结果证明通过该方法不仅可以对未水化的 C_3S 原料进行 3D 重建,而且基于 50 nm 的图像分辨率,还能对原料内部的孔隙结构进行重建和定量分析。通过 3D 重建的结果可以直接观察不同孔隙在 3D 空间中的分布情况,同时对每一个重建孔隙的体积、长宽比和直径等进行定量分析。如图 1-7 所示,图 1-7(a)为 3D 重建的某一个具体的 C_3S 颗粒,其中深色部分代表的是颗粒中的孔隙;图 1-7(b)展示了沿着 Z 轴的切片方向,连续 2D 图像的孔隙率的变化情况,图 1-7(c)代表的是颗粒中孔隙在 3D 空间上的形貌特征和尺寸分布,图 1-7(d)统计了颗粒中所有孔的长宽比分布情况,图 1-7(e)对不同尺寸的孔隙进行单独识别分类,图 1-7(f)则说明了所有孔隙的体积分布情况。随着该研究的有效推进,初步证明了 SBFSEM 方法可以以 50 nm 的分辨率对水泥原料进行 3D 重建分析,并且可以对孔结构的相关参数进行定量分析。该项工作为 SBFSEM 测试分析技术在水泥基材料领域的应用打下了基础。而且作者也在该研究的基础上进一步提出了可以基于该方法和背散射图像分析法原理,对水泥基水化硬化浆体中不同的物相进行研究分析。

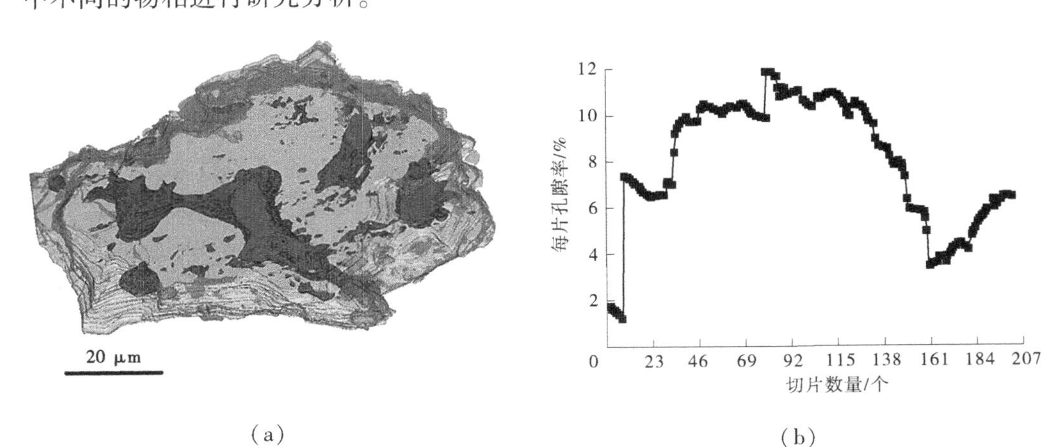

图 1-7　对颗粒和其中的孔进行表征

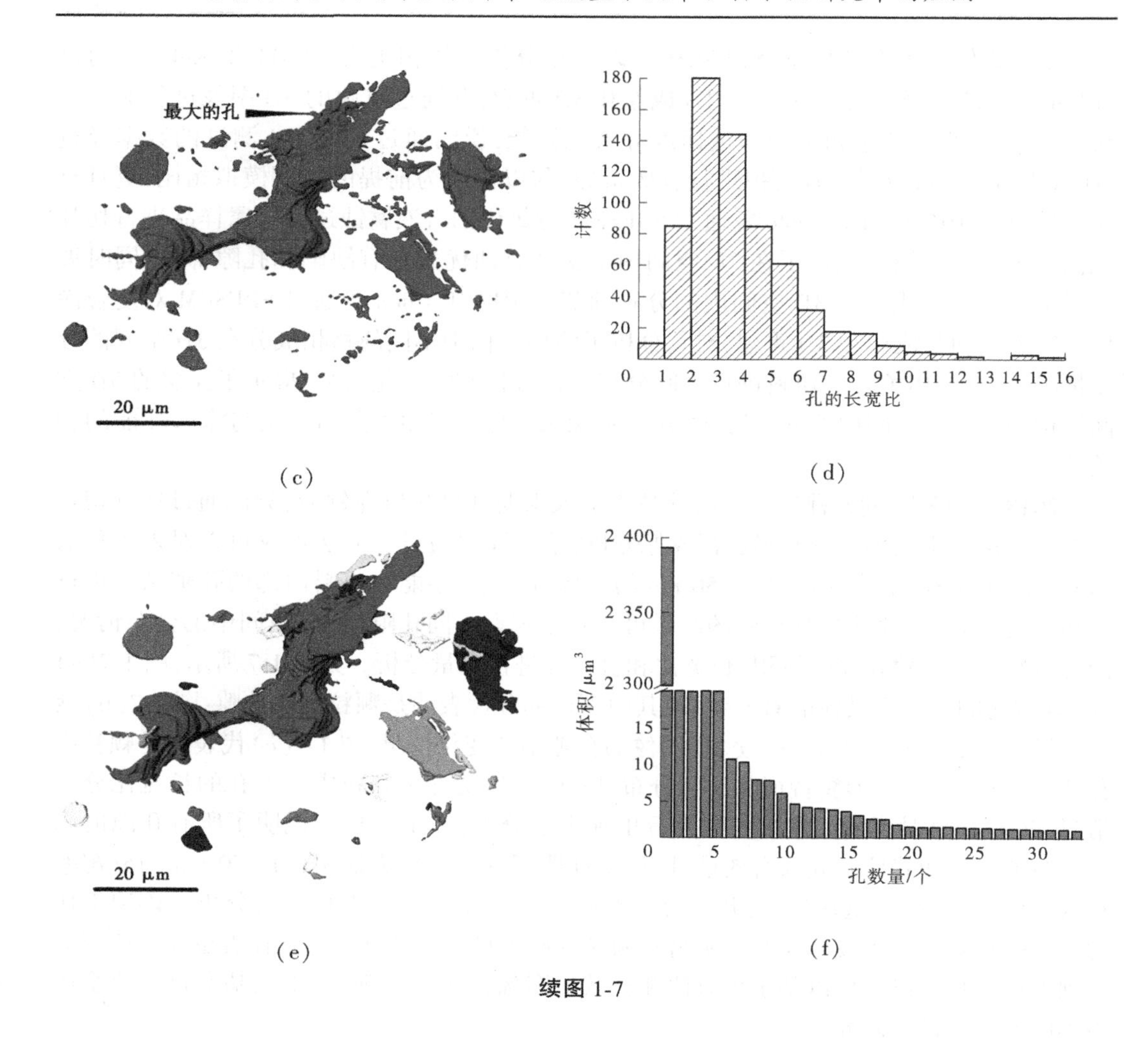

(c) (d)

(e) (f)

续图 1-7

1.3 研究思路及研究内容

结合 SBFSEM 技术的应用发展及其对水泥基材料的初步探索可知,SBFSEM 测试方法是通过对连续切片采集背散射电子信号而进行的一种连续扫描成像技术,可通过 3D 重建渲染和分析后获得样品的 3D 空间形貌特征和相关具体参数,同时可以根据研究的需要对不同物相及结构特征进行定量表征分析。SBFSEM 测试方法作为一种新的可视化分析技术应用到水泥基材料领域,不仅有助于对水泥基材料的微观结构在 3D 空间的分布情况进行有效的可视化分析和定量计算,而且对于研究其微观结构演变特别是孔结构的发展规律具有重要的意义。结合该成像技术的特点,其在水泥领域的应用发展有以下几方面的问题需要系统解决:

(1)样品制备问题。由于水泥样品是硬质脆性材料,在切片过程中容易发生破坏,而且对于通过连续切片而进行的电子扫描成像方式,待测样品在成像过程中的稳定性会对最终采集的图像的质量有直接影响,如果待测样品在连续切片扫描过程中发生晃动或者偏移,那么在电子扫描成像的过程中很容易发生图像的漂移现象,从而不利于后期的数据处理分析,并且也会降低3D重建图像的质量。

(2)测试条件问题。对于不同材质的样品,在进行连续切片成像的过程中,由于需要连续不停地电子扫描进行图像采集,特别是对于一些导电性差的水泥样品,其连续切片成像过程中的电压(EHT)、像素扫描时间、切片厚度等相关测试参数均会对最终采集的图像质量产生不同的影响。因此,需要根据水泥样品本身的成像特性,探索出一套适合其测试的成像条件。

(3)数据分析。是基于灰度原理,对采集的2D图像集中不同的物相进行识别分割,最终通过3D重建达到3D可视化和定量分析的目的。由于图像处理分析主要依靠的是个体的经验,因此如何充分利用分析模块、有效降低人工偏差是数据处理分析时需要考虑的重要问题。

(4)误差分析。作为一种新的3D成像方法,在定性和定量分析时与传统表征方法相比,具有哪些差异性存在,需要通过与其他测试分析方法进行对比,对该技术的可行性进行有效分析。

基于上述问题,本书将选用不同种类的硅酸盐水泥熟料单矿物进行研究分析,具体思路如下:选用硅酸盐水泥中含量最多的C_3S和水化速度最快的C_3A以及由不同单矿物和二水石膏组成的多元体系($C_3S:C_2S:C_3A:C_4AF:2H_2O·CaSO_4=60:15:10:10:5$)进行水化研究。通过SBFSEM测试,探究如何对水泥样品进行制备,探索采集水泥样品图像时的测试条件,如何进行有效的数据处理和误差分析等,并在此基础上对不同水化龄期的熟料单矿物及多元体系的硬化浆体进行3D重建,通过可视化分析和定量研究的结果,系统研究其水化程度和开口孔、闭口孔及总孔的孔隙率随水化龄期的变化规律;同时对硬化浆体中不同的孔隙参数(体积、长宽比、平均孔径、中位孔径等)进行定量研究,分析不同的孔隙参数由水化龄期引起的变化规律;最后以多元体系的硬化浆体为对象,探究抗压强度及吸水率等宏观性能与微观结构之间的关系,并且通过回归曲线探讨3D测试分析的结果与宏观性能之间的相关性。

第2章 试 验

2.1 试验原材料

2.1.1 硅酸三钙

试验所用的硅酸三钙(C_3S)由上海杜迈特材料科技有限公司生产提供,原料纯度在98%以上。其颗粒微观形貌特征、激光粒度分布及XRD图谱分别如图2-1~图2-3所示。

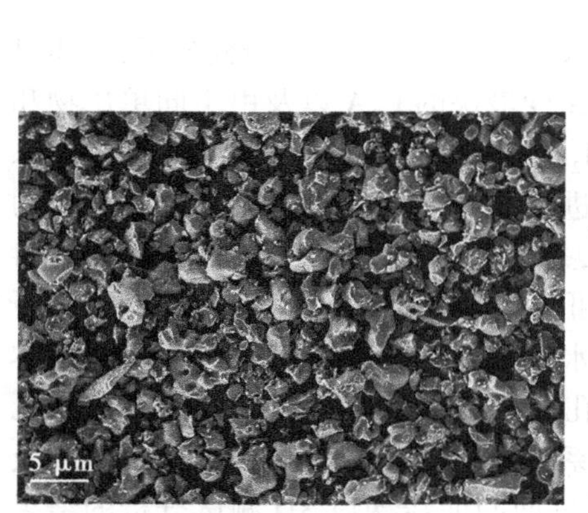

图2-1 C_3S颗粒微观形貌特征

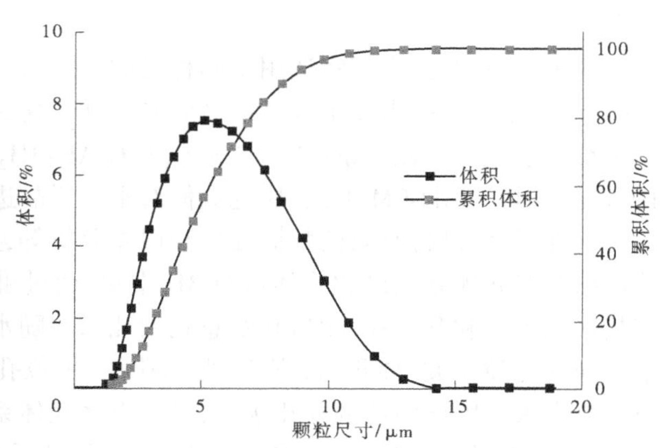

图2-2 C_3S颗粒的激光粒度分布

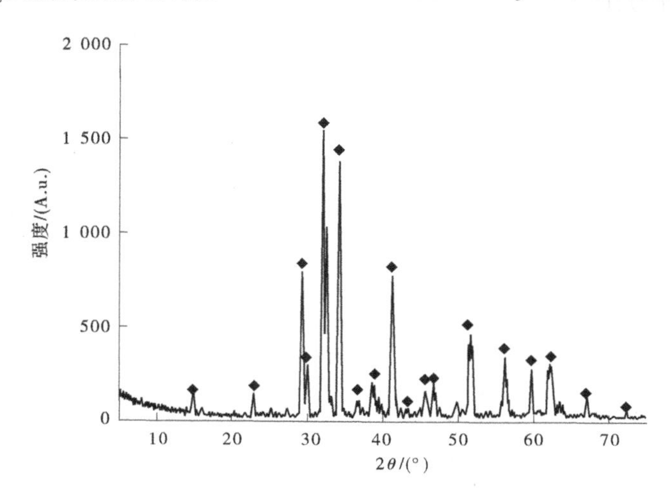

图2-3 C_3S颗粒的XRD图谱

2.1.2　硅酸二钙

试验所用的硅酸二钙(C_2S)由上海杜迈特材料科技有限公司生产提供,原料纯度在98%以上。其颗粒微观形貌特征、激光粒度分布及 XRD 图谱分别如图 2-4~图 2-6 所示。

图 2-4　C_2S 颗粒微观形貌特征

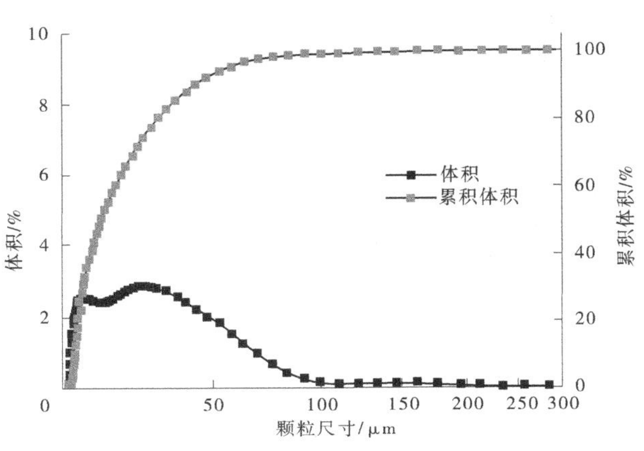

图 2-5　C_2S 颗粒的激光粒度分布

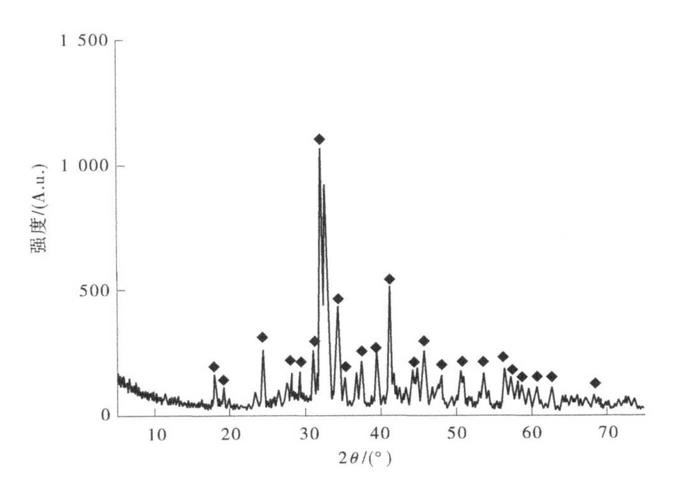

图 2-6　C_2S 颗粒的 XRD 图谱

2.1.3　铝酸三钙

试验所用的铝酸三钙(C_3A)由上海杜迈特材料科技有限公司生产提供,原料纯度在98%以上。其颗粒微观形貌特征、激光粒度分布及 XRD 图谱分别如图 2-7~图 2-9 所示。

图 2-7 C_3A 颗粒微观形貌特征

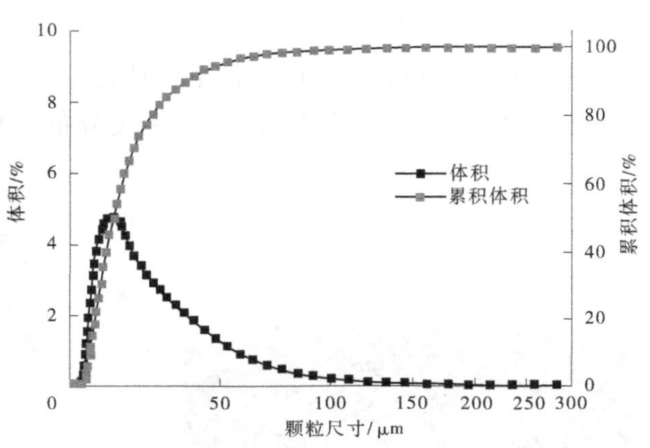

图 2-8 C_3A 颗粒的激光粒度分布

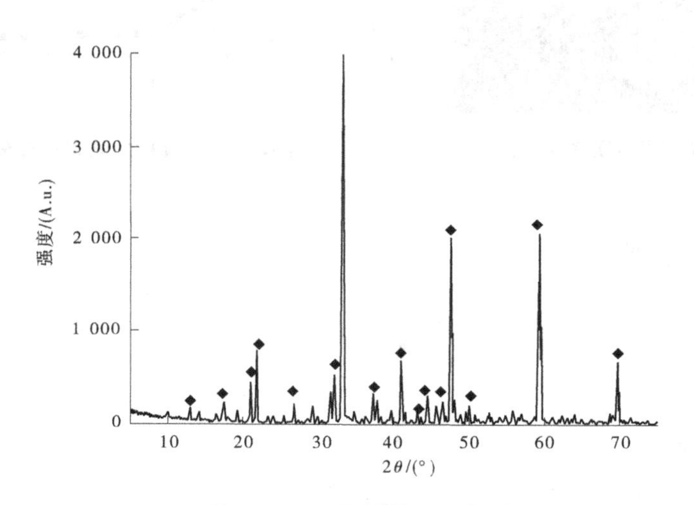

图 2-9 C_3A 颗粒的 XRD 图谱

2.1.4 铁铝酸四钙

试验所用的铁铝酸四钙(C_4AF)由上海杜迈特材料科技有限公司生产提供,原料纯度在 98%以上。其颗粒微观形貌特征、激光粒度分布及 XRD 图谱分别如图 2-10～图 2-12 所示。

2.1.5 二水石膏

试验所用的二水石膏由国药集团化学试剂有限公司生产提供。其微观形貌特征如图 2-13 所示。

图 2-10 C_4AF 颗粒微观形貌特征

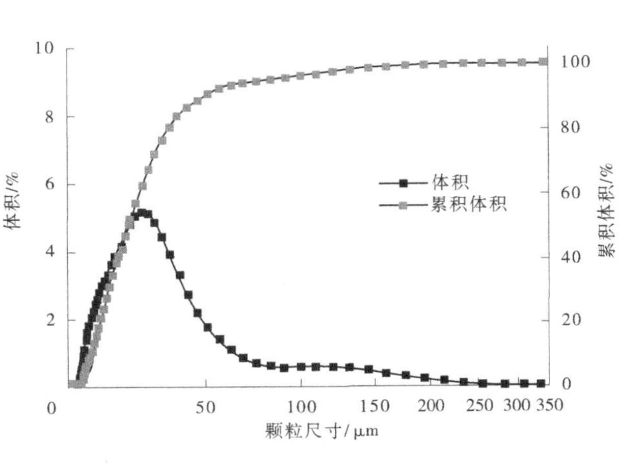

图 2-11 C_4AF 颗粒的激光粒度分布

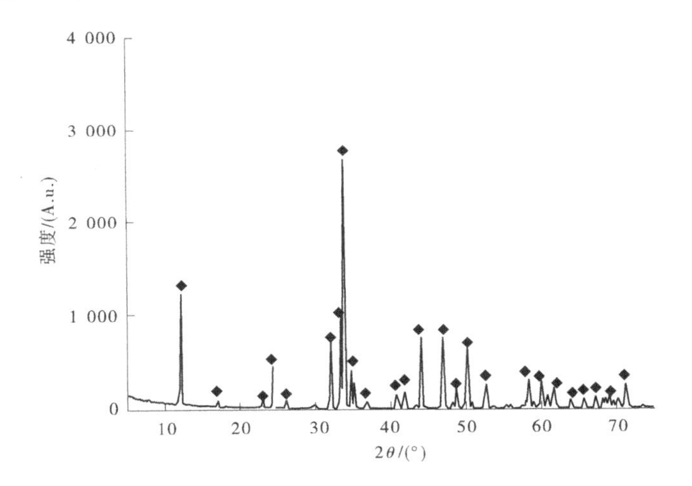

图 2-12 C_4AF 颗粒的 XRD 图谱

图 2-13 二水石膏的形貌

2.1.6 石墨粉

试验所用的石墨粉为上海麦克林生化科技有限公司生产提供的325目麦克林石墨烯微片。其微观形貌特征如图2-16所示。

图2-14 石墨粉微观形貌特征

2.1.7 环氧树脂

试验所用的环氧树脂为美国Agar科技股份有限公司生产提供的Agar100 RESIN(R1031)系列产品,其组分分别为环氧树脂(Agar100)、固化剂(DDSA,MNA)和催化剂(BDMA)。该树脂的配制比例见表2-1。

表2-1 软度、中硬度和硬度环氧树脂的配制比例

项目	软度	中硬度	硬度
Agar100环氧树脂	20 mL(24 g)	20 mL(24 g)	20 mL(24 g)
固化剂,DDSA	22 ml(22 g)	16 mL(16 g)	9 mL(9 g)
固化剂,MNA	5 mL(6 g)	8 mL(10 g)	12 mL(15 g)
催化剂, BDMA	1.4 mL(1.5 g)	1.3 mL(1.5 g)	1.2 mL(1.4 g)

2.1.8 拌和水

拌和水为去离子水。

2.2 试验方法

2.2.1 微观形貌测试

本次试验中的所有原料及样品的形貌观察均采用德国卡尔·蔡司股份公司

Sigma300VP 场发射扫描电子显微镜进行二次电子成像分析(高真空,加速电压1~5 kV)。常用的测试放大倍数为100倍、200倍、500倍、1 000倍、2 500倍、5 000倍及10 000倍等。

为避免镀金或者喷碳处理对形貌观察的影响,所有待测样品取试验同批次样品直接固定在导电胶带上进行二次电子扫描成像。

2.2.2　激光粒度测试

C_3S、C_2S、C_3A 及 C_4AF 的粒度分布由美国贝克曼库尔特公司制造的 LS230 型激光粒度仪测试所取,其粒度测试范围为 0.04~2 000 μm。样品测试前需通过无水乙醇进行分散处理。

2.2.3　X 射线衍射分析

本次试验中的测试样品均采用日本的 Rigaku D/max2550 VB3+/PC 型 X 射线粉末多晶衍射仪进行测试分析,铜靶 Kα 射线。测试过程中选用连续扫描的模式,2θ 扫描范围为 5°~75°,扫描速度为 2°/min。测试条件为工作电压 40 kV,工作电流 250 mA。

2.2.4　热重-差示扫描量热法

本次试验样品采用美国 TA 公司 SDT Q600 型 TG-DSC 热重-差示扫描量热热联合分析仪进行分析。保护气体为 N_2,升温速率为 10 ℃/min,扫描的温度范围是室温至 1 000 ℃。

将在试验条件下养护至预定龄期的样品取出之后置于无水乙醇中浸泡 24 h,然后置于烘箱中在 40 ℃±2 ℃条件下烘干 24 h。最后将烘干后的样品置于玛瑙研钵中研磨至无颗粒感(<5 μm),将制备好的粉末样品储存于真空手套箱中待用。

2.2.5　氦流法真密度测试

本次试验样品采用美国康塔仪器公司生产的 UltraPyc 1200e 型真密度分析仪(Helium pycnometer)进行原材料真密度测试,测试气流为 N_2,每一组样品测试 5 次,取平均值。

2.2.6　计算机断层扫描测试

本次试验测试所选用的计算机断层扫描(CT)设备为天津三英精密仪器股份有限公司生产的 Nano Voxel3000 型仪器,为提高测试的分辨率,待测水化样品直径需控制在 1 mm 左右。X 射线断层扫描在 90 kV 和 20 mA 测试条件下,从-180°到 180°以每一步 0.2°进行扫描,总共获得 1 801 张投影图,每个投影的曝光时间为 3 s。单个样品的扫描总时间约为 3 h。重构断层扫描图像的像素大小为 700 nm×700 nm。

2.2.7　压汞法

通过压汞法(MIP)测定样品孔径分布的仪器为美国 Micromeritics 公司所生产的 Auto pore IV9500 V1.09 设备。测试压力设定为 0.1~20 000 psi,测试结果取高压部分值。同时,为保证测试结果的准确性,被测样品的颗粒粒径需控制在 3~5 mm。

2.2.8　抗压强度测试

本次试验抗压强度测试样品为水泥净浆，水灰比 $m_w/m_c=0.6$，样品的尺寸为 20 mm × 20 mm × 20 mm，当样品养护至规定龄期（0.5 d、3 d、7 d、28 d）时，采用 AEC-201 型水泥胶砂强度压力机进行抗压强度测试（每一组 3 个试块），加载速率为 2.4 kN/s。抗压强度计算公式见式（2-1）。计算结果精确至 0.1 MPa。

$$P_c = F_c/A \tag{2-1}$$

式中：P_c 为抗压强度，MPa；F_c 为试样破坏时的最大荷载，N；A 为承受荷载面积，mm^2，本次试验为 20 mm×20 mm＝400 mm^2。

2.2.9　吸水率测试

本次试验吸水率测试样品的尺寸为 20 mm×20 mm×20 mm，3 个一组，当样品养护至规定龄期（0.5 d、3 d、7 d、28 d）时，取出置于无水乙醇中终止水化 24 h，然后放入烘箱中在 105 ℃条件下烘干 24 h，关掉烘箱，让样品自然冷却至室温，测其质量 M_1。将样品完全浸没于去离子水中 24 h，用拧干的湿毛巾擦掉样品表面多余的水分，记下质量 M_2。

$$W_c = (M_2 - M_1)/M_1 \tag{2-2}$$

式中：W_c 为吸水率。

2.2.10　SBFSEM 成像

本书所选用的连续切片扫描电子显微镜设备为德国卡尔·蔡司股份公司的 Sigma 300VP 场发射扫描电子显微镜与美国赛默飞的 Gatan 3view2XP 所组成的连续切片扫描成像系统。具体的样品制备和成像方法如本书 3.1 节和 3.2 节所详述。

第 3 章　SBFSEM 样品制备及成像

3.1　概　述

通过 SBFSEM 对环氧树脂包埋的水泥硬化浆体进行连续切片成像,并进行 3D 重建分析。基于背散射成像原理,在连续切片成像过程中,样品中不同物相之间的平均原子序数的差异使其 2D 切片 BSE 图像呈现出不同的灰度等级。水泥样品中物相的平均原子序数越高,其相应的背散射系数也就越高,从而其产生信号的能力也就越强,其灰度值也就越大,图像的亮度越高。

20 世纪 90 年代,随着该方法在生命科学领域的应用,其在合金领域、复合材料领域等的应用也逐步推广开来。对于不同类型的材料,为了达到理想的分辨率及预期的 3D 分析结果,需要从样品的制备、成像过程的控制及数据处理分析等方面进行优化调整。

本章以 C_3S 原料和水化 7 d 的 C_3S 硬化浆体为对象,对水泥基材料样品的制备方法和测试条件进行系统研究,建立针对水泥基材料成像的样品制备及成像方法体系。

3.2　SBFSEM 样品制备

3.2.1　试样养护及成型

由于本书研究所选用的水泥单矿物原料均属于超细粉,为了便于成型,所有关于水化的研究,其水灰比均选用 0.6,以保证浆体具有适宜的流动性。

按照设计好的配合比称量水泥单矿物原料和去离子水,两种以上的干粉原料需要提前均匀混合。将提前称量好的去离子水和水泥单矿物依次倒入 50 mL 的烧杯中,然后手动搅拌 2 min,先低速匀速搅拌 90 s,而后快速搅拌 30 s。

将搅拌好的浆体迅速装入有盖子的圆柱形塑料容器内(直径 5 mm、高度 12 mm),振动密实,容器内尽量装满。用密封带对塑料容器进行全密封,而后置于环境温度为 20 ℃±2 ℃、相对湿度为 60%±5%的室内进行养护。

将养护至预定龄期的试样取出并敲碎,取试样中心部分直径为 500 μm 左右的小块,置于无水乙醇中浸泡 1 d 以达到中止水化的目的,而后置于 40 ℃烘箱中 1 d,烘干后的样品用自封袋密封保存,然后放到真空干燥箱内以备用。

3.2.2　SBFSEM 样品包埋

为了避免水泥样品(粉末状单矿物和水泥硬化浆体)在连续切片成像过程中结构被破坏,所有的水泥样品在进行测试前均需要通过环氧树脂包埋固定,一方面可以方便后期测试过程中将其固定在样品台上，另一方面可以有效避免其在通过 SFBFSEM 进行连续切片成像过程中结构坍塌。

按照第 2 章表 2-1 的配置比例，采用不同量筒分别量取 10 mL 的环氧树脂 Agar100、4.5 mL 的固化剂 DDSA 和 6 mL 的固化剂 MNA，置于 60 ℃的烘箱内加热 3 min，从而增大树脂及固化剂的流动性。将加热后的树脂 Agar100、固化剂 DDSA 和 MNA 分别依次倒入预热后的烧杯中（50 mL），然后通过手臂摆动以顺时针或者逆时针旋转的方式晃动烧杯 3 min，一方面能够保证环氧树脂和固化剂混合均匀，另一方面可以避免由于来回晃动从而在环氧树脂中引入气泡。而后利用移液枪向混合均匀后的树脂内加入 0.6 mL 的催化剂 BDMA，向同一个方向继续晃动 2 min 左右。最后将混合均匀的树脂置于室温条件下 3 min 左右待用。

将 C_3S 粉末状原料或者硬化浆体小块置于直径 5 mm、高度 12 mm 左右的塑料器皿内，同时要保证样品尽量位于容器的底部。为了便于包埋样品的环氧树脂内部偶然产生的气泡移出，需要利用移液枪向器皿内滴加 1/3 左右配好的环氧树脂，同时要保证硬化浆体全部被环氧树脂浸没。而后将其置于温度为 60 ℃的烘箱内加热硬化，24 h 后取出，继续滴加环氧树脂至塑料器皿顶部，重新置于 60 ℃的烘箱内继续烘干 24 h 后取出备用（见图 3-1）。

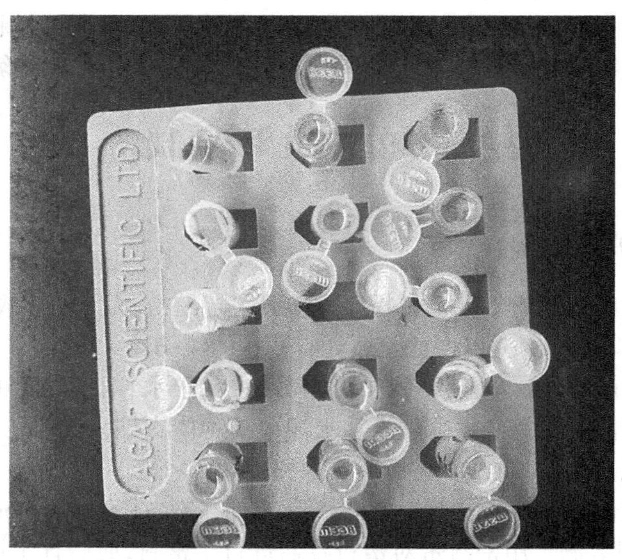

图 3-1　树脂包埋的样品

3.2.3　SBFSEM 样品修整

在通过 SBFSEM 对包埋样品进行连续切割扫描成像的过程中，受限于 SBFEM 内超薄切片系统上的切割钻石刀尺寸大小（2 mm）的影响，包埋样品的尺寸尽量不要超过 0.7 mm，一方面不仅可以降低对钻石刀的损耗，另一方面则可以减小连续切片成像过程中钻石刀与样品的接触面积，从而降低应力集中现象，进一步降低对成像图像质量的影响。同时，考虑到进行 3D 连续切片成像样品的尺寸要求以及测试样品在连续切片成像过程中需要保持较好的稳定性，样品的下表面应与固定样品的台座有尽可能大的接触面，因此最终通过超薄切片机修出来的样品应呈金字塔形状。

本书试验过程中所用到的修整样品设备为徕卡公司生产的 Leica EM UC7 型超薄切片机。在通过切片机进行修样之前，首先用砂纸将包埋的样品块打磨成厚度约为 2 mm 的扁平状块体，而后通过夹具固定于超薄切片机。通过超薄切片机将其修成上表面直径约为 0.7 mm、下表面尺寸为 1.5~2 mm 的金字塔形状。其具体流程图如 3-2 所示，展示了包埋样品从修整样品前到修整样品后的整个流程。

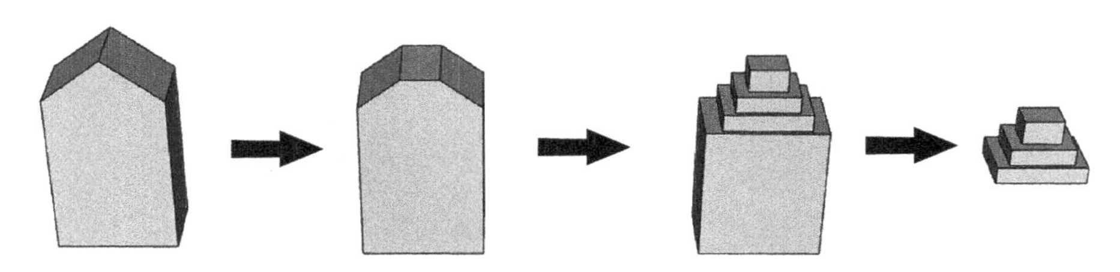

图 3-2　样品的修整流程

在通过超薄切片机对环氧树脂包埋的样品进行修整之前，首先需要调整超薄切片机上夹持样品的位置，使得样品上表面与超薄切片机的刀片处于相对平行的位置，保证修整样品的上表面能够相对平整，从而降低在通过 SBFSEM 进行连续切片成像过程中的预切割时间，进一步降低对钻石刀的损耗。在 SBFSEM 设备腔内进行连续切割扫描成像时，如果测试样品的上表面不能够保持相对平整，那么就需要通过电镜仓内的超薄切片系统对样品进行预切割，直至样品的上表面非常平整。这样一方面会损耗超薄切片系统内的钻石刀，另一方面会由于样品与刀片在相互作用的过程中，降低了样品与固定台座的黏结力，从而增大了测试样品固定不牢固的风险。在样品与刀片的相对位置调整好后，首先需要通过手动旋转的方式对样品的整个表面进行预切割，而后以切割速度为 100 mm/s、每张切片厚度为 50 nm 的参数条件进行自动连续切割，直到包埋样品基本暴露。最后通过调整刀片和样品的相对位置，在样品四周分别修出 3 个台阶，每个台阶的高度分别为 0.7 mm、0.4 mm 及 0.4 mm。在超薄切片机自动切割的过程中，样品的切片厚度越厚，切片机的切片速度越快，刀与样品切割过程中产生的应力集中就越严重，从而更容易导致包埋样品与环氧树脂在外力的作用下发生剥离现象，也更容易破坏刀片。如图 3-3 所示为用超薄切片机修整样品过程，图 5-3 中选用的刀片为玻璃刀，在常规超薄切片修整样品过程中一般用玻璃刀代替钻石刀。在通过玻璃刀修出小台阶的过程中，因为第一个台阶位置为连续切片成像过程中研究样品所处的位置，为了避免修台阶的过程中外力对包埋样品的扰动，每一切片的厚度设定为 50 nm，切片速度为 50 mm/s。而第二个台阶和第三个台阶的主要作用是增大样品与三维样品台座的受力面，因此可以将切片厚度设定为 500 nm，切片速度设定为 100 mm/s。在这样的参数设定条件下，6 h 左右可以修一个样品。

将修好的样品从超薄切片机上取下，用碳钢刀片顺着金字塔底部切下后，通过超性能胶水将切下的金字塔状样品固定于三维样品台上。30 min 后，在金字塔状样品四周涂上导电银浆以增加其导电性能。6 h 后将样品台放到三维样品槽内，并且通过光学显微镜

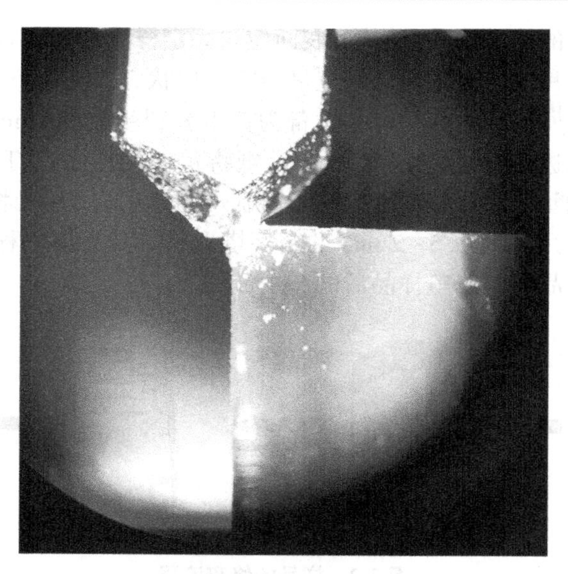

图 3-3 修整样品

来调整其位置,使其位于样品槽的正中心。将调整好的样品台,连同样品槽一起放于SBFSEM系统内置的超薄切片系统卡槽内,进行样品位置调整、预切割等成像前操作,直到钻石刀可以切到整个包埋样品上表面。SBFSEM 成像测试之前的准备工作流程如图 3-4 所示。

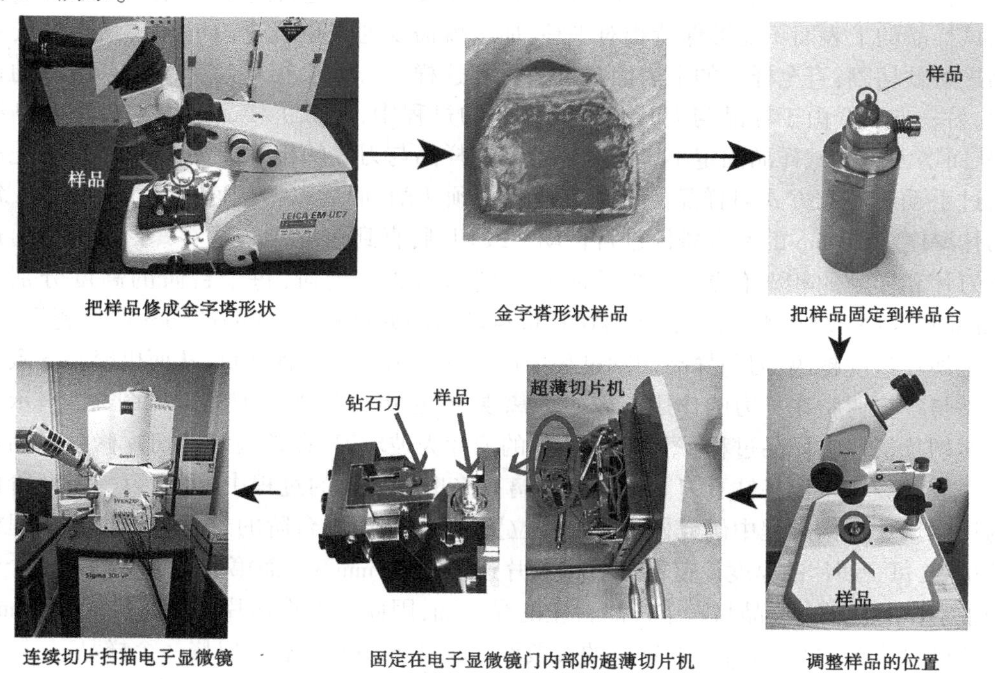

图 3-4 连续切片扫描电子显微镜准备工作流程

3.3　SBFSEM 成像

3.3.1　样品包埋对 SBFSEM 成像的影响

把水泥样品的制备作为本书研究的一个关键性环节，一方面是考虑到环氧树脂作为一种有机聚合物，其较差的导电性对水泥样品连续切片成像过程中电荷的迁移产生阻隔，从而使得测试样品更容易发生荷电现象，对图像质量产生一定的影响；另一方面是考虑环氧树脂包埋样品的稳定性最终会影响后期连续切片图像的稳定性。因此，针对样品的包埋，从提高其稳定性以及增强导电性两个方面展开工作。

在用 SBFSEM 测试技术对生物学材料样品进行测试分析研究的过程中，研究者直接将生物样品放到塑料器皿内，然后按照 3.2.2 小节的方法进行包埋制样。但是考虑到水泥基材料样品的多孔性和脆性特征，本书将从常规包埋样品及真空条件下包埋样品两方面展开对比研究。真空包埋样品是在真空镶嵌仪内进行的，如图 3-5 所示，真空镶嵌仪主要包括真空泵和真空腔两个部分，最高真空度可达 10 kPa。

图 3-5　真空镶嵌仪

水泥硬化浆体的多孔结构降低了样品的强度，因此在用环氧树脂对水泥样品进行包埋之前，需要对样品进行抽真空处理，这样更有利于环氧树脂对水泥样品的浸渍，从而对水泥样品起到加固作用。本次研究首先将 1 组 3 个装有 C_3S 颗粒原料的三维塑料模具放入腔内卡槽中的容器中，并且将配制好的环氧树脂放入腔内的卡槽中，开始抽真空，当真空度达到极限值（10 kPa）时，停止抽真空并立即缓慢放气，同时通过真空腔体外侧的操作手柄旋转卡槽，使环氧树脂浇注到模具中，并且能够完全浸没样品。第 2 组待包埋的样品需要在极限真空值（10 kPa）下继续保持 1 min 后再浇注环氧树脂；第 3 组待包埋的 3 个样品需要在极限真空值下继续保持 3 min 后再浇注环氧树脂;第 4 组待包埋的 3 个样品需要在极限真空值下继续保持 5 min 后再浇注环氧。最后按照 3.2 节的方法烘干制样。4 种不同包埋方式下的部分二维切片背散射图像展示如 3-6 所示。图像分辨率为 4 nm。由 BSE 图像成像原理可知,图 3-6 中白色区域为 C_3S 颗粒,灰色部分为环氧树脂,深黑色部分则为孔。

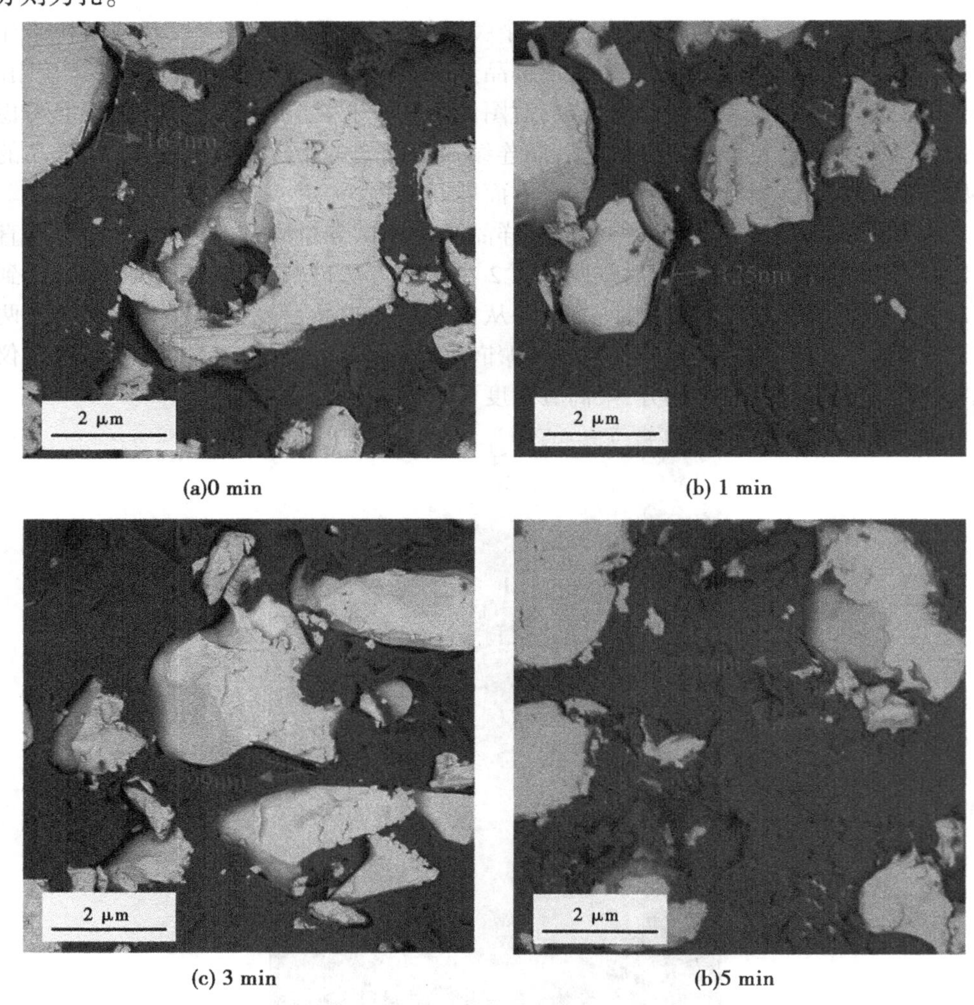

(a)0 min (b) 1 min

(c) 3 min (b)5 min

图 3-6 嵌入的 C_3S 颗粒与环氧树脂之间的距离

选择粒径相似的颗粒进行对比研究分析,当真空度达到 10 kPa 后立即浇注环氧树脂,测试样品与环氧树脂之间的间隙较大,为 167 nm。当保持真空状态 1 min 后再浇注环氧树脂,C_3S 颗粒与环氧树脂之间的间隙为 125 nm。当保持真空状态 3 min 后再浇注环氧树脂,C_3S 颗粒与环氧树脂之间的间隙为 99 nm。当保持真空状态 5 min 后再浇注环氧树脂,C_3S 颗粒与环氧树脂之间的间隙为 55 nm。由此可知,随着抽真空的时间增长,颗粒表面的微孔内的真空度也逐步增高,从而有利于环氧树脂的浸渍。本书从这 4 种不同的数据集中随机抽取 50 张图像进行统计分析,C_3S 颗粒与环氧树脂之间的距离随真空维持时间的变化情况如图 3-7 所示。由图 3-7 的变化趋势可知，随着真空维持的时间增长，间隙越来越小，但是变化率也越来越低。这是因为随着真空维持时间的增长，颗粒表面较大孔隙的真空度很容易上去，而较小孔隙的真空度提升较难。因此，样品包埋前，适当地增加样品在真空空间的时间，可以更加有利于环氧树脂对水泥基样品的浸渍，从而使得包埋样品的稳定性进一步提高，且一定程度上提高了后期切片图像的质量。

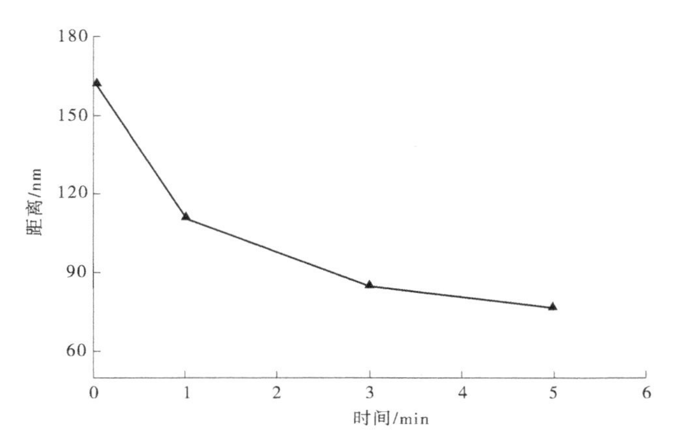

图 3-7　浇注环氧树脂前真空维持时间与环氧树脂和 C_3S 颗粒之间距离的关系

图 3-8 展示了浇注环氧树脂后，包埋的水泥样品继续在真空环境条件下停留不同的时间后再放入烘箱中的间隙变化情况。试验中准备 4 组样品，抽完真空后立即浇注环氧树脂，第 1 组浇注完环氧树脂后立即放入烘箱中，第 2 组浇注完环氧树脂后在真空环境下停留 10 min 之后再放入烘箱中，第 3 组浇注完环氧树脂后在真空环境下停留 20 min 之后再放入烘箱中，第 4 组浇注完环氧树脂后在真空环境下停留 30 min 之后再放入烘箱中。最后通过连续切片图像分别统计 50 张 2D 图像中环氧树脂与包埋样品之间的间隙情况。通过图 3-8 可知，浇注完环氧树脂后，继续保持真空状态会对水泥样品的包埋产生不利影响。而且时间越长，这种不利影响越明显。一方面是因为浇注完环氧树脂后继续停留在真空环境下，不利于形成环氧树脂的流动性；而直接暴露于常规气压下，则有利于利用大气压力差增大环氧树脂的流动性。另一方面则与环氧树脂的性能有关，Agar100 环氧树脂在 60 ℃条件下，首先流动性会增大，而后才会逐步硬化，浇注完环氧树脂后，样品直接放入烘箱中加热会更有利于利用大气压差及环氧树脂的热流动性进行结合和固化。

为了解决环氧树脂导电性差的问题，根据前人的研究，尝试在环氧树脂中添加导电性能好的 325 目麦克林石墨烯粉末，325 目麦克林石墨烯的主要成分为碳，其可以在环氧树脂中形成导电通路，从而有利于电荷及时导走，减小测试过程中的放电现象。同时在采集背散射信号进行成像的过程中，其与环氧树脂具有相同的灰度值，从而避免对样品物相分析产生干扰。

在质量分数为 6%的石墨烯粉中加入丙酮溶液，用超声仪进行超声分散 1 h，同时进行磁力搅拌，而后继续超声 1 h。将超声分散后的混合溶液与配好的环氧树脂混合后再继续超声 3 h，同时每隔 30 min 要换一次超声容器内的水，避免水温异常。而后用配制好的改性环氧树脂包埋 C_3S 颗粒原料，并进行下一步的制样和成像对比分析，与未进行改性环

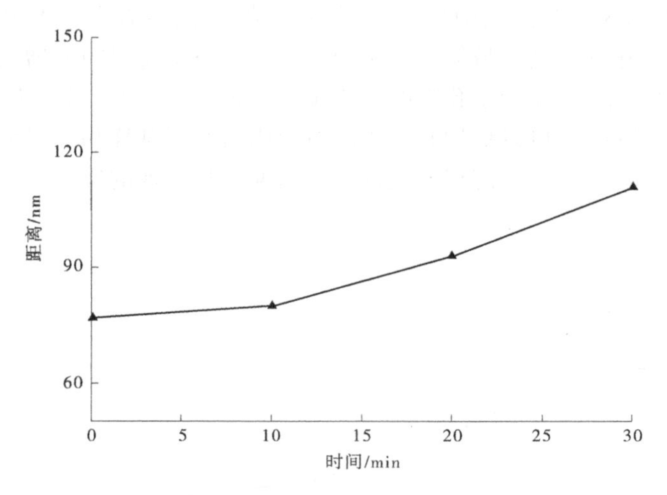

图 3-8　浇注环氧树脂后真空维持时间与环氧树脂和 C_3S 颗粒之间距离的关系

氧树脂包埋的 C_3S 颗粒图像相比(见图 3-9),其导电性有一定程度的改善:在相同测试参数条件下,改性后的样品,衬度差异更明显,分辨率更高。但是改性环氧树脂的整体性变差,由图 3-9(b)可以清楚地看到 C_3S 颗粒表面出现更多的黑色残渣。石墨烯粉改性有效地改善了样品的导电性,但是却破坏了环氧树脂的整体稳定性以及与钻石刀的粘贴性能。在连续切片成像过程中,由于环氧树脂和部分石墨烯粉脱离整个包埋样品,从而更容易污染样品的成像面,增加后期数据处理分析的难度。

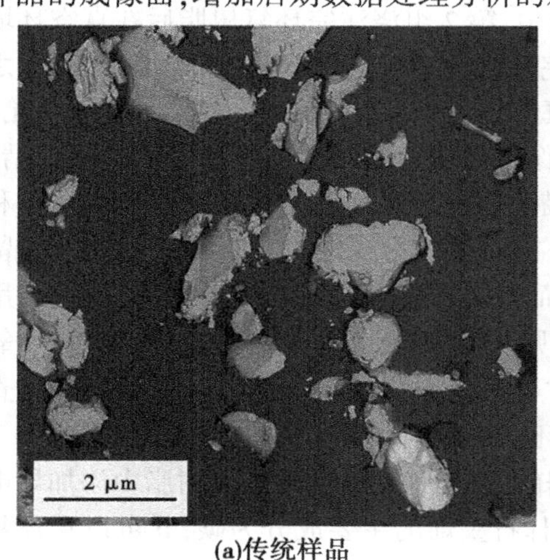

(a)传统样品

2 μm

(b)改性后的样品

图 3-9　传统样品和改性环氧树脂包埋样品

3.3.2　加速电压及真空度对 SBFSEM 成像的影响

SBFSEM 常规工作电压处于 0.5~5 kV,其选择受到样品材料的直接影响。一方面是考虑到图像的分辨率问题和衬度问题,另一方面则是考虑到样品表面的放电问题。由 SEM 的成像原理可知,加速电压(EHT)的高低会影响信号的强度及穿透深度,从而影响分辨率。由于 SBFSEM 是连续切片成像,如果电压过高,会在样品内产生电荷累积,从而图像出现放电现象,不仅影响图像的细节观察,而且对后期的三维重建分析也产生一定的干扰。而降低真空度后,则电镜腔体内有一定量的氮气存在,在电子束的照射下,会出现电离中和,从而降低放电现象。为了保证水泥样品在不放电的条件下获取分辨率较高并且灰度分布区间更明显的切片图像,本小节重点分析对于环氧树脂包埋的水泥基材料样品,在工作电压不同以及工作电压相同而真空度不同的情况下图像的分辨率和灰度分布。

本小节以环氧树脂包埋的水化 7 d 的 C_3S 硬化浆体为对象,研究对比在高真空(1.2×10^{-5} Pa)环境中,加速电压(EHT)分别为 0.8 kV、1 kV 和 3 kV 条件下,环氧树脂包埋的水泥样品单个切片背散射图像的分辨率和灰度分布。同时,对比分析了低真空(20 Pa)条件下,相应 2D 切片图像的分辨率和灰度分布问题。图 3-10 为高真空条件下 EHT 为 0.8 kV 时的 2D 背散射切片图像及其相应的灰度分布。图 3-11 为高真空条件下 EHT 为 1 kV 时的 2D 背散射切片图像及其相应的灰度分布。图 3-12 为高真空条件下 EHT 为 0.3 kV 时的 2D 背散射切片图像及其相应的灰度分布。图 3-13 为真空度为 20 Pa、EHT 为 3 kV 时的 2D 背散射切片图像及其相应的灰度分布。

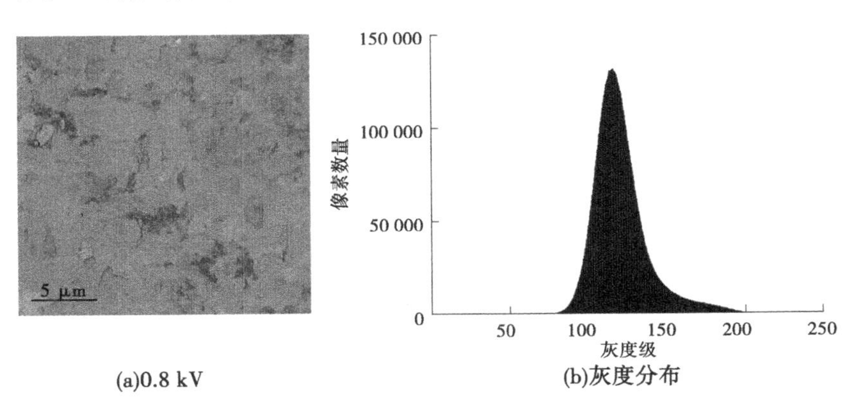

(a)0.8 kV　　(b)灰度分布

图 3-10　2D 背散射切片图像及其相应的灰度分布(EHT=0.8 kV)

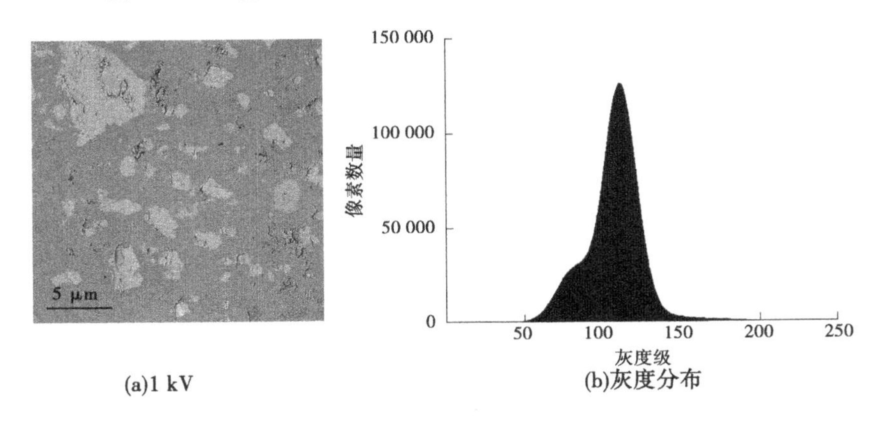

(a)1 kV　　(b)灰度分布

图 3-11　2D 背散射切片图像及其相应的灰度分布(EHT=1 kV)

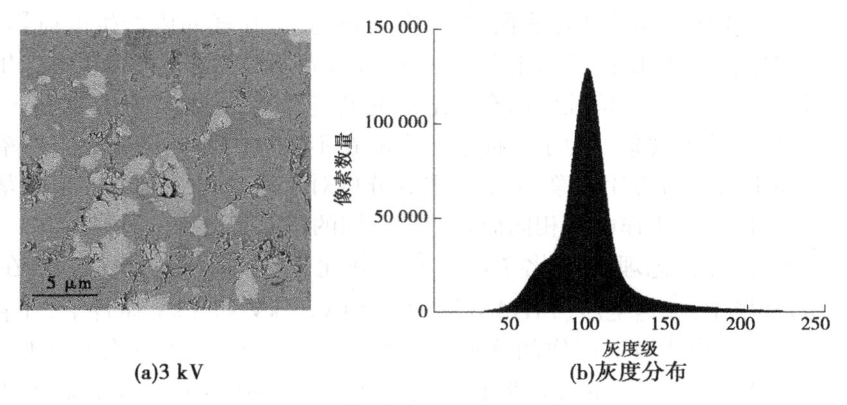

(a)3 kV　　(b)灰度分布

图 3-12　2D 背散射切片图像及其相应的灰度分布(EHT=3 kV)

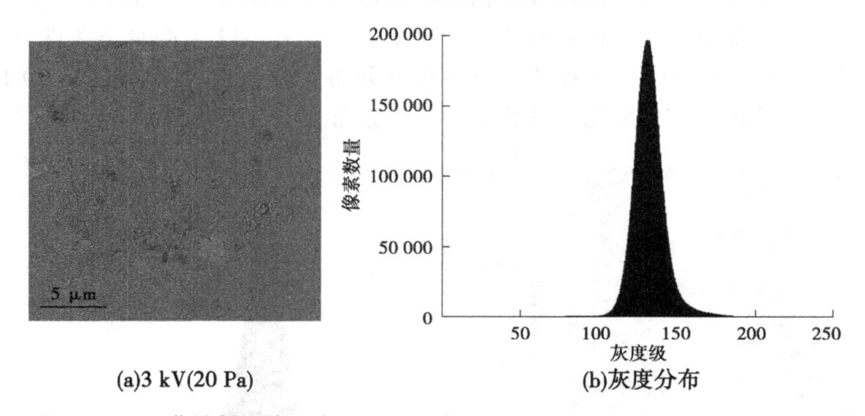

(a)3 kV(20 Pa)　　(b)灰度分布

图 3-13　2D 背散射切片图像及其相应的灰度分布(EHT=3 kV,真空度=20 Pa)

由图 3-10(a)连续切片产生的单个背散射电子图像可以观察到,在高真空状态下且 EHT 为 0.8 kV 时,孔隙(深灰色区域)和水化产物(灰色区域)尚可以直接通过肉眼观察分辨出,而未水化颗粒(浅白色区域)处于水化产物之间,由于二者之间灰度差异较小,已经很难直接将其分辨开来。图 3-10(b)则为其相应条件下的灰度分布区间,为 43~241,而且在灰度分布区间内只有一个明显的灰度峰存在。说明水化产物和未水化颗粒之间的灰度产生了重叠。虽然该真空度和电压条件下图像的稳定性较好,即不会发生明显的因放电而导致的图像漂移,但是受限于不同物相之间的灰度差异较小,该测试条件不适合水泥基材料样品中不同物相的研究分析。

由图 3-11(a)连续切片产生的单个背散射电子图像可以清楚地看到,在高真空状态下,且 EHT 为 1 kV 时,孔隙(深灰色区域)和水化产物(浅灰色区域)以及未水化颗粒(浅白色区域)均可以通过肉眼直接清楚地分辨出来。其相应的灰度分布区间为 2~255,其灰度分布区间较电压为 0.8 kV 时的灰度区间宽,而且在其相应的灰度分布区间内有两个明显的灰度分布峰存在。说明未水化的 C_3S 颗粒和水化产物之间的灰度值是有明显差异的,这将有利于通过灰度值对水泥样品中不同的物相进行研究分析。而且当电压为 1 kV 时,其单个背散射电子切片图像的质量和分辨率也满足图像三维重建分析的要求。

由图 3-12(a)可知,当高真空状态下并且 EHT 为 3 kV 时,孔隙(深灰色区域)和水化产物(浅灰色区域)以及未水化颗粒(浅白色区域)均可以通过肉眼直接清楚地分辨出来，而且其不同物相的衬度差异与电压为 1 kV 时相比更明显。该背散射图像的灰度分布区间为 0~255，在其相应的灰度分布区间内也存在两个明显的灰度峰，与电压为 1 kV 时相比，并没有明显的差异，说明在通过灰度分布进行物相分割时，其效果基本相同。由于水泥样品导电性差，3 kV 的电压对于环氧树脂包埋的水泥样品而言已经过高，在连续切片的过程中，会导致电荷累积过多，来不及导走，从而导致图像因放电而发生漂移，不利于后期图像的重建分析。

为了降低加速电压过高而导致图像的漂移现象，图 3-13(a)展示了当电压为 3 kV、真空度降为 20 Pa 时，样品的 2D 连续切片背散射电子图像。孔隙(深灰色区域)和水化产物(浅灰色区域)尚可以通过肉眼直接观察，而水化产物和未水化颗粒(浅白色)已经很难直接分辨。背散射电子图像相应的灰度分布区间为 72~212，其灰度分布区间与高真空条件下电压为 0.8 kV 时相比更窄，而且在其灰度分布区间内也仅有一个灰度峰存在，说明在该条件下不同物相之间的灰度已经发生明显的重合，虽然其相应的连续切片图像更稳定，不易发生图像漂移，但是对于水泥样品而言，其较低的灰度差异，使得低真空条件无法分辨出不同的物相，从而不适合水泥基材料的观察分析。低真空工作模式降低了图像的灰度分布区间，并且极大降低了图像中不同物相之间的灰度差异。

3.3.3　切片参数及像素扫描时间对 SBFSEM 成像的影响

SBFSEM 在进行连续切片成像的过程中，其成像参数的选择会对图像的质量产生直接的影响。本小节分析了钻石刀在样品切割过程中，其切片速度及切片厚度，以及在与其相对应的成像过程中，像素扫描时间对连续切片产生的背散射图像数据集的影响。

图 3-14 展示了钻石刀切片速度分别为 0.3 mm/s、0.6 mm/s、1.2 mm/s 以及 3.0 mm/s 时水化 7 d 的 C_3S 硬化浆体样品的图像，图像的放大倍数为 2 000 倍，其相应的分辨率为 20.9 nm。由图 3-14 可知，在该放大倍数及不同的切片速度条件下，连续切片图像中的未水化颗粒、水化产物以及孔隙等均清楚可见，但是随着切片速度的加快，沿着钻石刀运动的方向(右上到左下)有一些均匀的细纹出现，如图 3-14(c)和图 3-14(d)所示，其中 3-14(d)中更明显。通过调整 SBFSEM 扫描过程中电子束流的角度，发现这些细纹没有消失，也没有随之发生相应的角度旋转，这些细纹仍然存在于原来的位置和角度，说明这是样品本身存在的，而不是由电子束扫描引起的。同时，通过降低切片速度，发现连续切片图像中细纹的数量明显减少，由此可知这些细纹是由钻石刀切割引起的。钻石刀在连续切割运行中，通过高频振动(20 000 Hz)来降低对样品的影响，如果切割速度过快，会导致因为切割而产生的应力集中无法有效释放，从而对样品产生累积损伤。虽然切片速度加快可以相应提高图像采集的效率，但是当切片速度为 3.0 mm/s 时，其引入的刀痕会对后期数据分析的精确性产生一定的影响，因此在采集水泥材料样品图像的时候，避免出现刀痕的情况下，可以适当提高其切片速度，本次研究后续切片速度均选 0.6 mm/s。

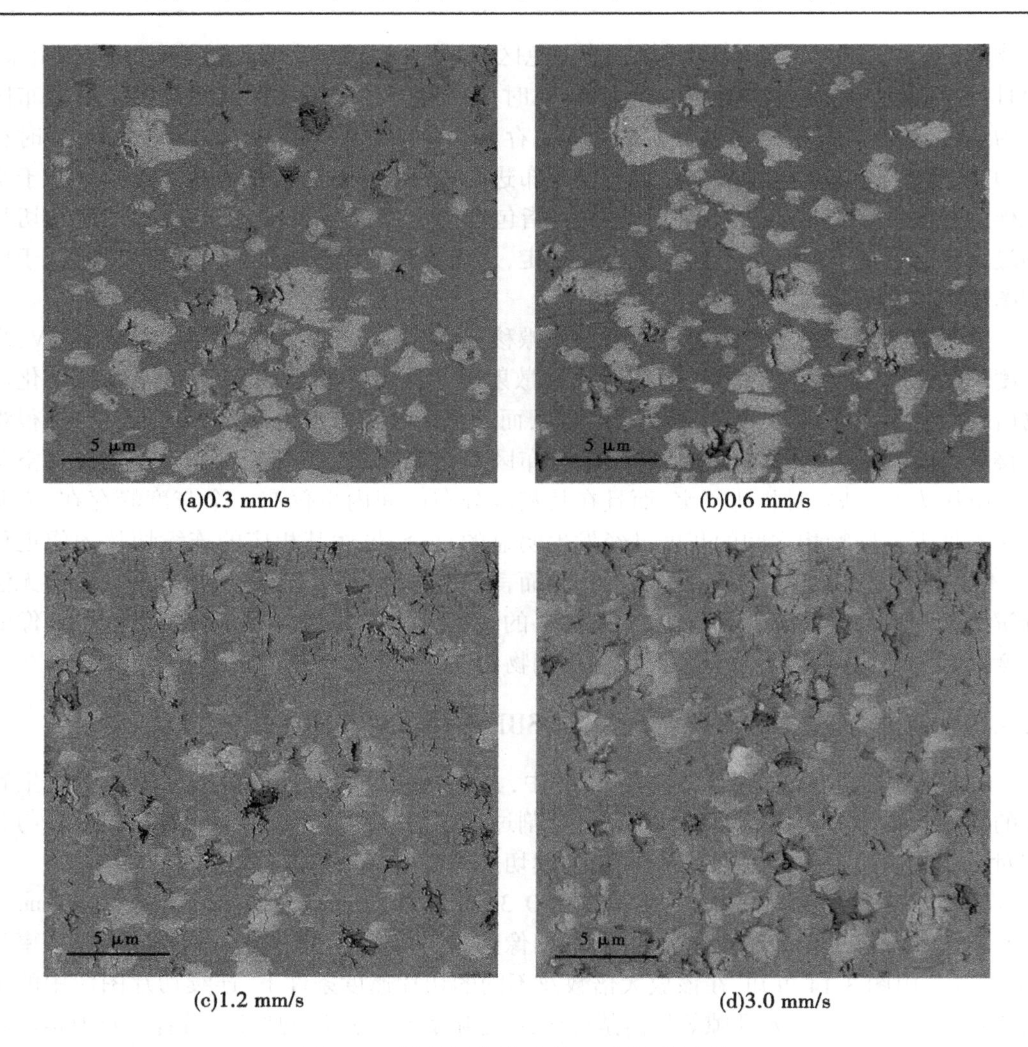

(a)0.3 mm/s　(b)0.6 mm/s

(c)1.2 mm/s　(d)3.0 mm/s

图 3-14　不同切片速度下 2D 图像的质量

图 3-15 展示了切片厚度分别为 10 nm、20 nm、30 nm、50 nm 以及 70 nm 时水化 7 d 的 C_3S 硬化浆体样品的 2D 背散射图像。图像的放大倍数为 3 000 倍，其相应的分辨率为 13. 6 nm。单纯对比不同切片厚度下 2D 图像的质量，可以看出随着切片厚度的增加，2D 背散射图像的分辨率并没有明显的区别。但是当切片厚度为 70 nm 时，可以通过 3. 15 d 发现，图像中会有少量刀痕存在，而且对于脆性材料而言，切片厚度过厚，也容易发生脆性破坏。因为虽然环氧树脂包埋可以对整个水泥硬化浆体的结构起到一个支撑保护的作用，但是由于非连通孔的存在，使其内部的孔无法通过环氧渗透而起到足够的支撑保护。在机械切割的过程中由于切片厚度过厚，很容易发生孔结构破坏，这种现象也可以在试验过程中观察到。而当切片厚度较薄时，很难发现这种情况。但是当切片厚度太薄时，钻石刀在切割样品的过程中容易出现空切现象。

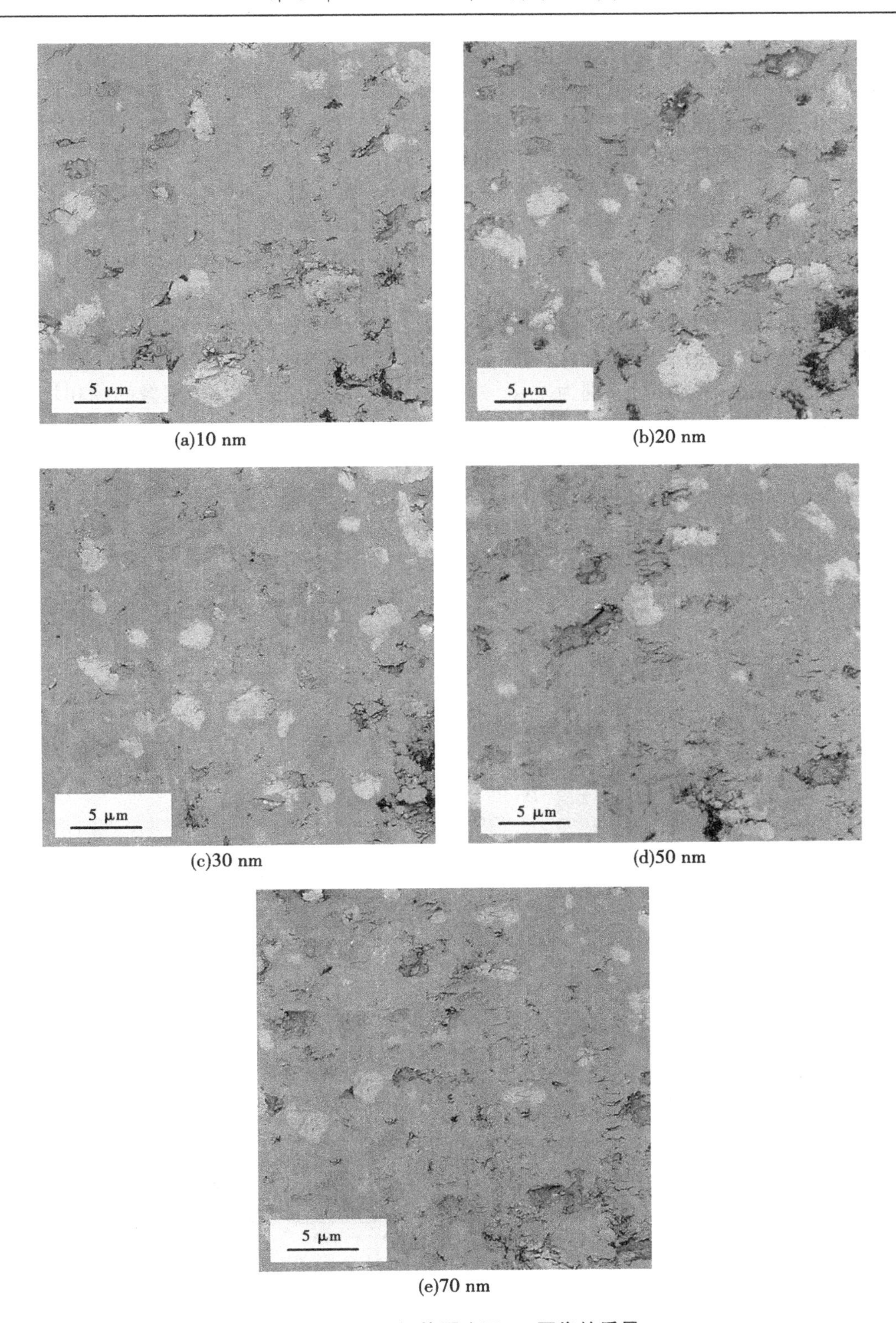

图 3-15　不同切片厚度下 2D 图像的质量

在本次试验研究中，通过观察切片厚度为 10 nm 的连续切片图像数据集，可以发现在数据集中会存在两张连续切片图像完全一样的现象。这是因为样品切片太薄，从而导致在连续切片成像过程中，出现样品没有被钻石刀切到的情况，即空切现象。因此，对于环氧树脂包埋的水泥基等脆性材料较适宜的切片厚度为 20～30 nm。

图 3-16 展示了像素时间分别为 1 μs、2 μs、5 μs 以及 10 μs 时水化 7 d 的 C_3S 硬化浆体样品的图像及其灰度分布图。图像的放大倍数为 1 000 倍，其相应的分辨率为 41.8 nm。由于在图像采集过程中选取的水化样品颗粒较小，所以从单张切片图像中也可以观察到整个水化样品颗粒在环氧树脂中的包埋情况。图中外边缘的深灰色部分为环氧树脂；水化样品中间的灰色部分即为孔隙，衬度和环氧树脂较接近；浅灰色部分和亮白色的部分分别为水化产物和未水化颗粒。通过对比不同像素时间下扫描得到的 2D 图像可以看出，在像素扫描时间分别为 1 μs、2 μs、5 μs 以及 10 μs 时，2D 图像的物相均可以清楚分辨出。但是随着像素扫描时间的增大，其衬度差异更明显，信噪比更好。通过比对不同像素时间下图像相应的灰度分布图也可以清楚地看到，随着像素扫描时间的增大，相应背散射图像的灰度分布区间更宽，其灰度差异性更大，灰度分布峰更明显。

每一个像素点的扫描时间，决定整张图像的扫描时间。在 SBFSEM 连续切片扫描成像的过程中，像素时间越大，则相应的信号量就越大，从而分辨能力越强，并且信噪比越好。因此，在保证图像稳定性的前提条件下可以适当增大像素时间。而对于导电性差的水泥和环氧树脂而言，当像素时间分别为 1 μs、2 μs、5 μs 以及 10 μs 时，获得相应单张图

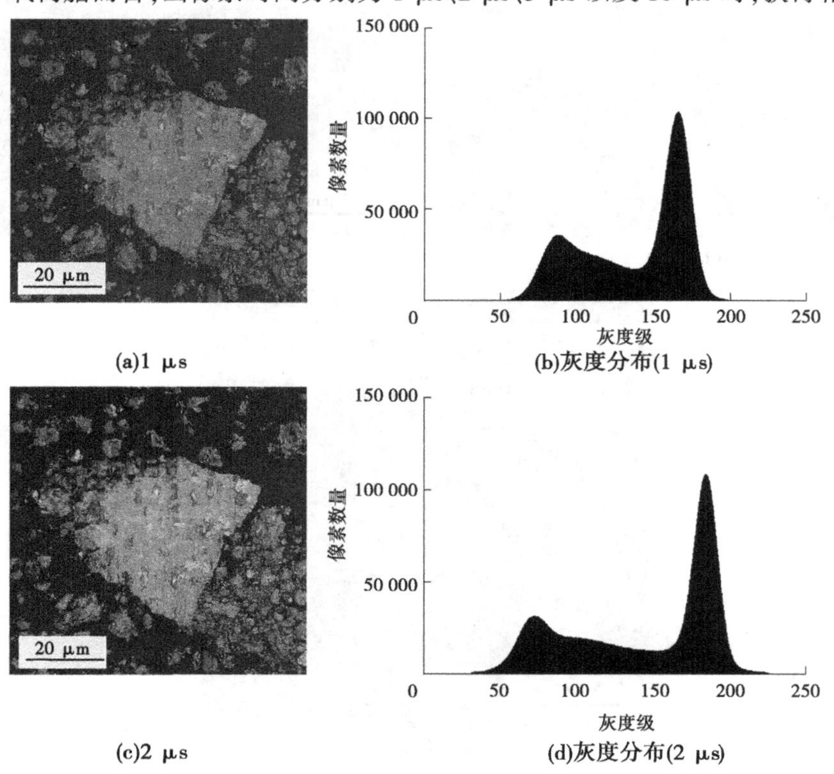

(a)1 μs　(b)灰度分布(1 μs)

(c)2 μs　(d)灰度分布(2 μs)

图 3-16　不同像素时间下 2D 图像的质量和灰度分布

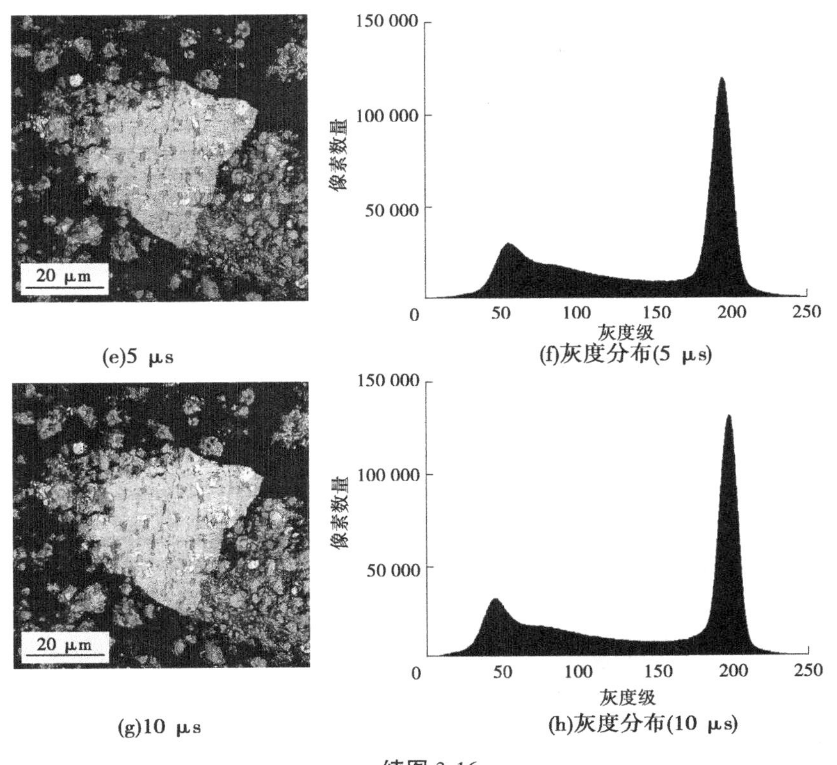

(e)5 μs　(f)灰度分布(5 μs)

(g)10 μs　(h)灰度分布(10 μs)

续图 3-16

像所需要扫描的时间分别为 4 s、8 s、20 s 以及 40 s。过长的扫描时间会导致样品中的电荷过多积累,从而会导致连续切片图像出现较大的漂移。对于水泥样品而言,当像素时间为 1 μs 时,其不同物相间的灰度差异偏小,影响物相识别的精确度。因此,后续研究中均选用 2 μs 的像素时间。

3.3.4　放大倍数对 SBFSEM 成像的影响

放大倍数直接影响到分析样品的观察视阈以及图像分辨率。图 3-17 展示了放大倍数分别为 50 倍、500 倍、1 500 倍、10 000 倍、30 000 倍及 50 000 倍下水化 7 d 的 C_3S 硬化浆体的 2D 背散射图像特征。其相应的图像分辨率分别为 418 nm、41. 8 nm、13. 9 nm、2. 1 nm、0. 7 nm 以及 0. 4 nm。通过图 3-17(a)可以直接看到包埋的整个样品的情况:其中外边缘的白色部分为导电银浆,中间纯灰色部分为环氧树脂,而核心的灰色部分则为 C_3S 的硬化浆体块。由于放大倍数较低,无法分辨硬化浆体块中的不同物相。图 3-17(b)为放大倍数为 500 倍、图像分辨率为 41. 8 nm 条件下的 2D 背散射切片图像。图中较大的未水化的浅白色颗粒及较大的深灰色孔隙可以直接观察到,而受限于其分辨率的原因,较小的未水化颗粒及孔隙仍然无法通过人眼直接区分开来。图 3-17(c)为放大倍数为 1 500 倍、图像分辨率为 13. 9 nm 条件下的 2D 背散射切片图像。在该分辨率条件下可以直接观察到未水化颗粒、水化产物及孔隙在 2D 空间上的分布情况。根据图像的分辨率可知,理论上可识别的物相的最小尺寸为 13. 9 nm。而在该分辨率条件下可以观察分析硬化浆体中大部分的毛细孔及视阈范围内的大孔。图 3-17(d)为放大倍数为 10 000 倍、图像分辨率为 2.1 nm 条件下的 2D 背散射切片图像。在该分辨率条件下不仅可以直接观察到水泥样品中的毛细孔,而且可以观察到部分凝胶孔。图 3-17(e)为放大倍数为 30 000 倍、图像分辨率为 0.7 nm 条件下的 2D 背散射切片图像。在该分辨率条件下不仅可以清楚地观察到视阈内毛细孔的形貌特征,并且可以清楚地观察到凝胶孔的形貌特征。图 3-17(f)为放大倍数为 50 000 倍、图像分辨率为 0.4 nm 条件下的 2D 背散射切片图像。在该放大倍数下可以看到大部分纳米级别的孔隙形貌特征,但是图像的信噪比明显有所下降。在通过电子显微镜进行成像分析方面,图像的几何分辨能力是成像过程中评价其性能的最重要的指标之一。而对于 2D 图像而言,其分辨能力指的是能够清楚地分辨出图像中两个不同特征点之间的最小距离。这主要取决于入射电子束的束斑直径以及束流密度,因为在足够大的束流密度条件下,才能采用尽可能小的束斑,在保证信噪比的前提下,电子束的直径越小,其分辨能力越高。但电子束斑直径越小,信噪比也会越差。高放大倍数条件下,为了得到高分辨率的图像而把电子束斑锁得太小,从而在得不到足够的束流密度支持的情况下,就会使得图像的信噪比明显下降,因此实际测试过程中根据具体需求进行选择调节。

(a)50倍　(b)500倍

(c)1 500倍　(d)10 000倍

图 3-17　不同放大倍数下的 2D 图像

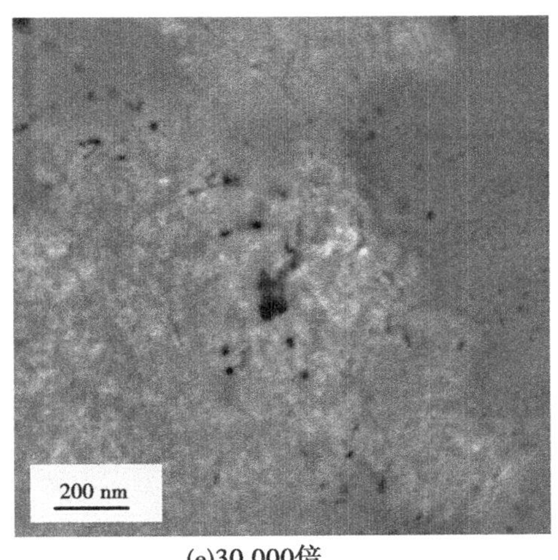

(e)30 000倍

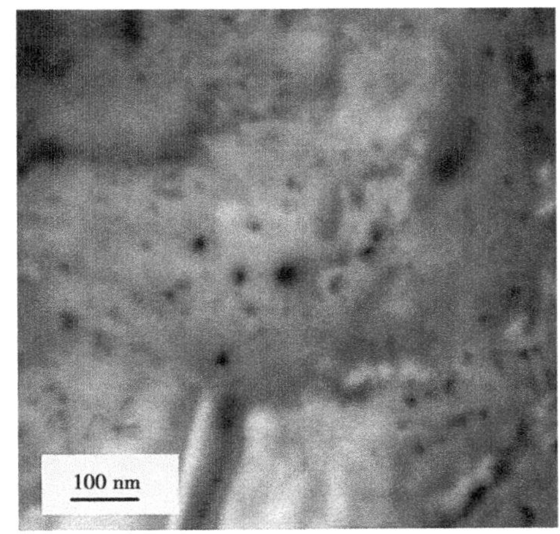

(f)50 000倍

续图 3-17

从 3D 分析的角度而言,由切片厚度对 2D 连续切片图像的影响可知,切片厚度太薄,会出现空切现象。而 Z 轴方向的切片厚度即为 Z 轴方向的极限分辨率,因此对于 3D 成像分析,其 Z 轴方向的分辨率是影响其空间分辨率的决定性因素。同时随着放大倍数的增大,其视野范围也随之缩小。因此,要针对研究分析对象选择合适的切片厚度及相应的图像放大倍数。

3.4　本章小结

连续切片成像样品的制备效果及成像条件的选择,对 2D 图像集的质量具有重要的影响。对于水泥基等脆性材料,需要通过环氧树脂包埋固定以有效避免其结构遭受破坏。通过环氧树脂包埋样品,在浇注环氧树脂之前通过抽真空的方式可以有效改善 C_3S 颗粒与环氧树脂之间的结合程度,从而增强包埋样品的稳定性。浇注环氧树脂之后需要立即释放真空,从而利用 Agar100 环氧树脂的热流动性对其包埋效果进一步改善。上窄下宽的金字塔形状更有利于样品与样品台之间的固定,从而有效避免切割成像过程中样品的不稳定性。

在 0.5~5 kV,随着 EHT 的增大,连续切片图像的分辨率会随之提高,灰度分布范围增大,不同物相间的灰度差异性增大,从而便于对不同物相进行识别分析。但是当 EHT 为 3 kV 时,连续切片产生的 2D 图像会因为电荷累积而发生较明显的漂移现象,从而影响后期的图像重建和 3D 定量分析的精确度。当电压为 3 kV、真空度为 20 Pa 时,虽然连续切片图像的稳定性可以明显改善,但是图像灰度区间及物相的灰度差异性也随之大幅度降低,不利于后期的 3D 重建分析。而当加速电压为 1 kV 时,其图像灰度分布区间与 EHT 为 3 kV 时并无显著差异,其单个背散射电子切片图像的质量和分辨率也满足图像 3D 渲染分析的要求,对于导电性差的环氧树脂包埋的水化 C_3S 硬化浆体较合适。

在 SBFSEM 进行连续切片成像的过程中,钻石刀的切片厚度和切片速度对切片图像的质量有直接影响。针对切片厚度分别为 10 nm、20 nm、30 nm、50 nm 以及 70 nm 的切片图像的质量对比研究分析发现，当切片厚度为 10 nm 时，容易出现空切现象；当切片厚度为 70 nm 时，包埋样品容易出现脆性破坏现象，而且也会有刀痕存在。针对切片速度分别为 0. 3 mm/s、0. 6 mm/s、1. 2 mm/s 以及 3. 0 mm/s 时水化 7 d 的 C_3S 硬化浆体样品的图像分析研究，如果切割速度为 3. 0 mm/s，会导致因为切割而产生的应力集中无法有效释放，从而对样品产生过多的损伤，并且会出现大量刀痕。因此，采集水泥材料样品的时候，在避免样品出现脆性破坏及刀痕的情况下，优选的切片厚度为 20 ~ 30 nm、切片速度为 0. 6 mm/s 左右的测试参数。

第 4 章　SBFSEM 测试数据处理及分析

4.1　概　述

SBFSEM 成像分析技术，不仅具备常规场发射扫描电子显微镜的分辨能力，而且可以通过分析软件从 3D 空间角度对连续切片图像数据集进行实体样品的重建及定量分析。通过 SBFSEM 测试获取连续切片图像，并且通过软件进行分割和定量计算的主要步骤和操作如图 4-1 所示。本章将从数据分析的角度，以水化 7 d 的 C_3S 硬化浆体为对象，研究如何利用由 SBFSEM 获取的连续切片图像数据集合进行样品的三维重建和定量分析，并且将其定量分析的结果与其他传统的研究方法分析的结果进行比较，探讨分析该技术在水泥基材料领域中研究应用的适用性。

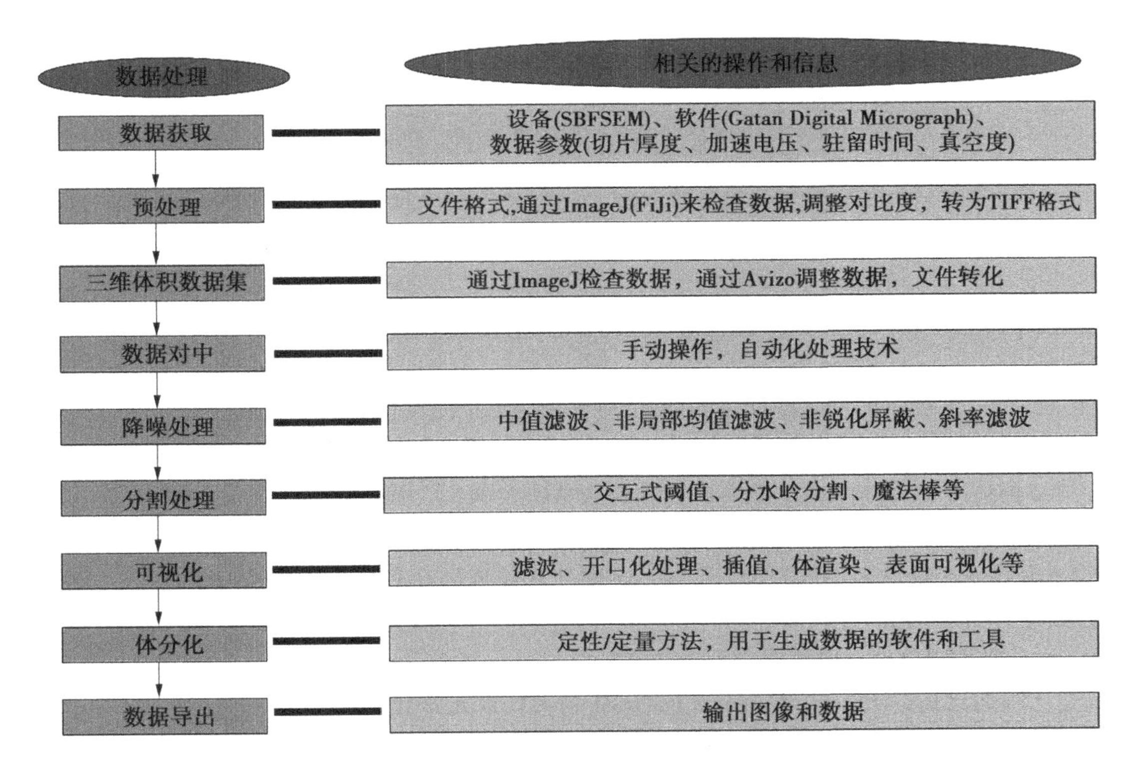

图 4-1　SBFSEM 数据处理过程中的主要步骤和操作

4.2 数据处理

在进行试验的过程中,通过 SBFSEM 测试方法采集数据的质量对试验结果的精确度具有决定性作用,通过分析软件对连续切片图像数据集进行预分析及 3D 重建的过程,对 3D 重建结果定量分析的误差控制具有重要作用。本章以 900 张环氧树脂包埋的水化 7 d 的 C_3S 硬化浆体连续切片图像数据集为研究分析对象,对其进行定量分析。其具体参数设置如下:切片厚度为 20 nm,切片速度为 0.6 m/s,放大倍数为 2 500 倍,图像分辨率为 16.6 nm。采集一组数据的时间大约为 8 h。

4.2.1 图像预处理

通过 SBFSEM 测试分析设备相应的软件 Gatan Digital Micrograph 获取的数据为 DM3 格式,这种格式的文件并不通用,但是却包含了原始数据的所有信息。由于其在部分数据处理软件上打不开,为了便于后续的数据分析工作,一般需要将其转化为 TIFF 格式。但是在转化为 TIFF 格式的过程中,图像的对比度会部分丧失。因此,可以通过 ImageJ 软件进行初步的校正,其工作界面如图 4-2 所示。

图 4-2 ImageJ 工作界面

其主要处理步骤如下:

(1)根据 SBFSEM 获取的数据集合通过 File-Import-Image Sequence 导入 ImageJ 软件中。

(2)选择数据集合的整个序列图像,或者选择该序列图像中的第一张,就会弹出一个窗口。

(3)检查导入的序列图像的格式和数量是否正确。

(4)通过 ImageJ-Type-8 bit 将序列数据从 16 bit 转为 8 bit,一方面可以加快数据处理的速度并减小最终数据的尺寸,另一方面将其灰度值转化到区间 0~255 内,便于后续进行数据分析和阈值分割。

(5)将导出的 8 bit 数据打开。

(6)通过选择 Process-Enhance Contrast 将对比度正常化。

(7)将饱和像素调整为 1%,并且选择 Normalize 和 Process All。

(8)可以根据个人的意愿选择 Image-Adjust-Brightness/Contrast 对图像的对比度进一步调整。

(9)通过手动移动水平方向的划片对明亮度和对比度进行进一步的调整。

(10)如果需要对图像进行参数调整,可以通过 Image-Properties 来实现。

(11)如果需要对图像进行初步降噪,可以通过 Process-Noise 或者 Process-Filters 来实现,也可以执行其他类似的降噪模式。

(12)通过点击 File-Save as-Image Sequence 将图像保存为 8 bit 的 TIFF 格式文件以备用。

通过上述 ImageJ 的预处理,获取的单张切片的 2D 背散射图像如图 4-3 所示。在该成像条件下的背散射图像中,孔、水化产物及未水化 C_3S 颗粒分别呈深灰色、浅灰色及浅白色。下一步需要做的工作就是对获取的图像进行物相分割和定量分析。

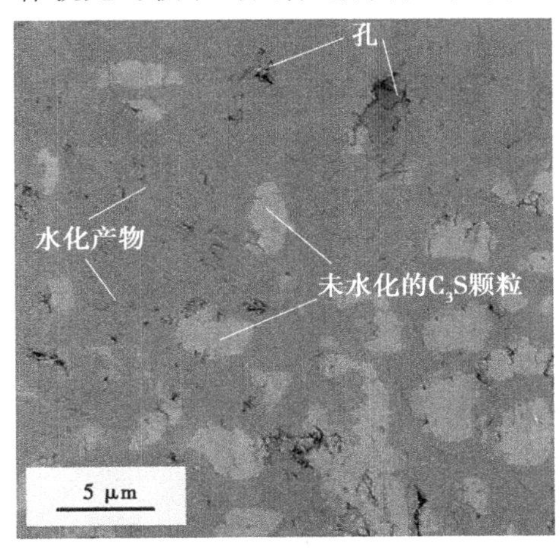

图 4-3　单张切片的 BSE 图像

连续切片图像的阈值分割对于图像中不同物相进行精确的定量分析是一个巨大的挑战。目前,已经有很多针对 2D 图像分割的方法,其中基于灰度直方图进行阈值分割是图像分割中常用的方法。如前所述,在通过背散射电子获取的 2D 连续切片背散射图像中,图像中每一点上的灰度对应的就是相应位置上样品材料的平均原子序数大小。对于一张 8 bit 图像而言,其每一个体素单元的灰度值都处于 0~255。在这个灰度区间内,灰度数值越小代表相应材料的平均原子序数越小,其相应的密度越小,因此其在背散射电子图像上呈现出来的灰度就越低,从而图像就显得越暗。而灰度数值越大代表相应材料的平均原子序数越大,密度越大,其在背散射电子图像上呈现出来的灰度就越高,从而图像就越亮。而对 2D 图像进行阈值分割的方法就是通过图像中不同物相所处的阈值区间不同来划分的。

对于水化 C_3S 硬化浆体,其孔、水化产物及未水化颗粒之间的灰度差异性明显,通过灰度阈值来确定这 3 种不同的物相是一种比较合适的方法。但是需要注意的是,对于硬化水泥浆体,如果其孔(如凝胶孔)及未水化颗粒的尺寸比像素点的尺寸还小,那么就没有办法通过阈值分割来进行计算确定。因此,采集 2D 图像的分辨率会对阈值分割结果的精确性产生影响。通过 SBFSEM 获取的放大倍数为 1 300 倍的连续切片背散射图像,其像素尺寸为 16.6 nm ×16.6 nm。不仅能够保证获取的 2D 图像具有一定的面积覆盖率且具有较高的分辨率,同时图像稳定性也好。

对于灰度相邻的两种物相,比如孔和水化产物之间的灰度界限,以及水化产物和未水化颗粒之间的灰度界限,其阈值确定方法及结果会对物相定量分析结果的精确性产生直接影响。而对于本次试验分析样品而言,因为需要确定的灰度区间值只有孔、水化产物及未水化颗粒3种,而孔、水化产物及未水化颗粒三者的灰度值是依次增大的,所以只需要确定孔的上限阈值和未水化颗粒的下限阈值即可分别确定三者的阈值区间。目前常用的阈值分割方法有手动法及切线法。手动法是阈值分割中最简单常用的方法,操作者通过手动直接调整阈值大小,同时利用人眼观察图片的物相分割情况,直到调整阈值合适。但是图像灰度分布的原因,使我们不能够通过灰度分布图中不同物相对应灰度峰值之间的最小值来确定灰度阈值,如图4-4所示,灰度分布图中唯一存在的明显的灰度峰值为水化产物所处的峰。孔和水化产物以及水化产物和未水化颗粒之间没有明显的灰度峰存在。在该水化产物峰值的左边,随着灰度值的减小,会出现体素数量的急剧减少。在该峰值的右边,随着灰度值的增加,会出现体素数量的急剧减小。

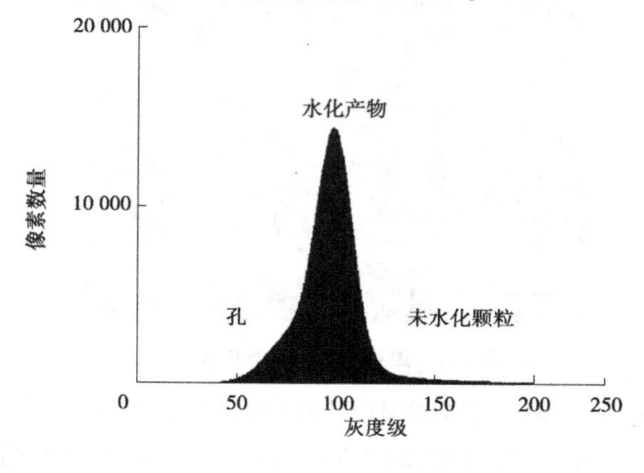

图4-4 灰度分布图

此时,通过切线法来进行阈值区间的选择将是一个较好方法。而切线法中的切点位置则根据图像的累积体积分数的切点来确定,如图4-5所示。实曲线代表灰度值的累积体积分数,T点即为切点,该切点位置的极小变动就会引起相应体积分数的大幅度改变。

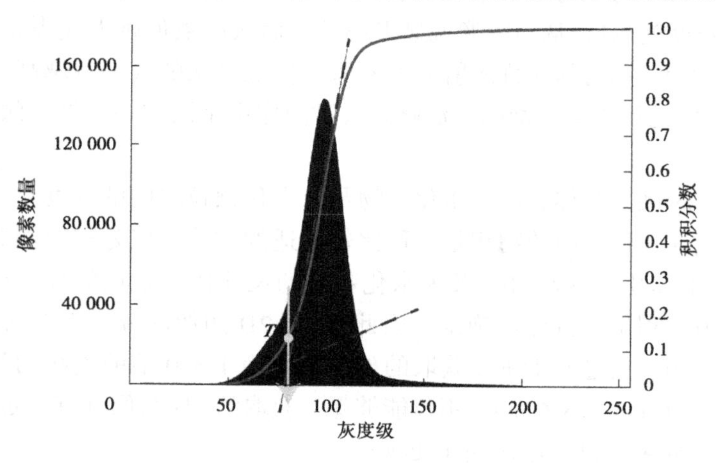

图4-5 通过切线法进行图像分割

从通过 SBFSEM 获取的 C_3S 硬化浆体的 900 张连续切片图像中选取 30 张图像，分别通过手动法和切线法对孔、水化产物及未水化颗粒进行分割。图 4-6 和图 4-7 分别展示了用手动法和切线法进行分割时的孔隙上限值和未水化 C_3S 颗粒的下限阈值。

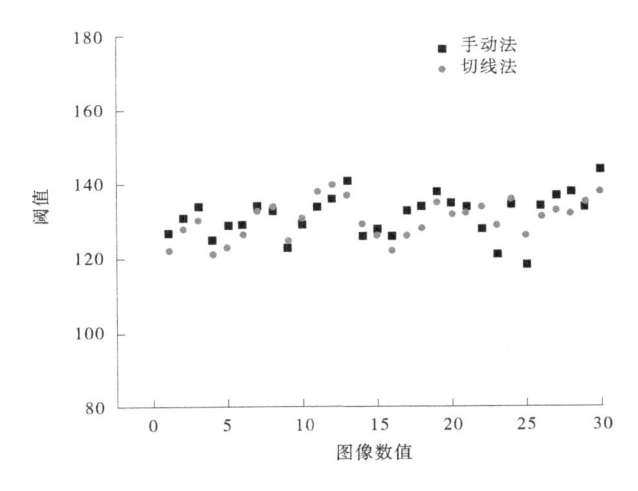

图 4-6　2D 图像中孔的上限阈值分布

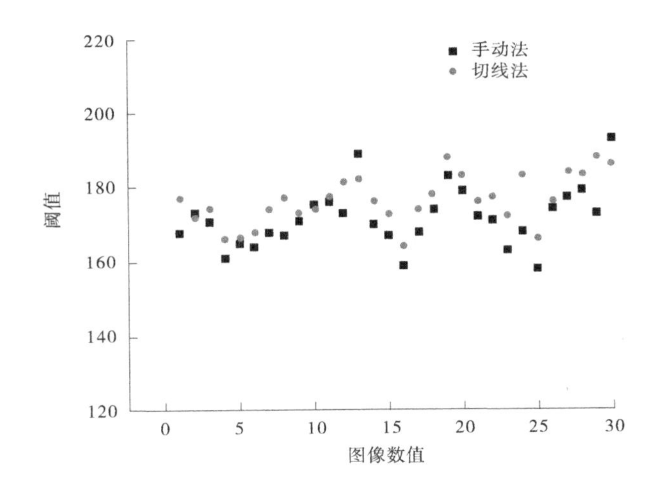

图 4-7　2D 图像中未水化 C_3S 颗粒的下限阈值分布

从图 4-6 可以看出，通过手动法分割和切线法分割时，孔的上限阈值都有一个自己的特定波动范围。通过手动法分割时，孔的上限阈值的波动范围为 118～144。通过切线法分割时，孔的上限阈值的波动范围为 120～140。同时可以通过阈值差值来表示其阈值波动范围，即孔的最大上限阈值与最小上限阈值的差。通过手动法计算的孔的上限阈值差值为 25，而通过切线法计算的孔的上限阈值差值为 18。

同样的方法，通过图 4-7 可以看出，通过手动法进行物相分割时，未水化 C_3S 颗粒的上限阈值的波动范围为 158～193。通过切线法进行不同物相分割时，未水化 C_3S 颗粒的上限阈的波动范围为 164～188。通过手动法计算的未水化 C_3S 颗粒的上限阈值差值为

35,而通过切线法计算的孔的上限阈值差值为 24,二者相差较小。

通过对比手动法和切线法对孔的上限阈值和未水化 C_3S 颗粒的下限阈值的阈值分布和差值的比较可以发现,通过两种方法获取的阈值范围基本上都处于同一个范围,但是手动法获取的阈值差值较切线法大,这是因为在通过手动法进行阈值分割时,人的主观能动性会倾向于增大目标值,所以其分割结果会稍微偏大。考虑到 3D 数据分析的工作量比较大,从效率的角度考虑,后续在进行阈值分割时以手动法为主,对于一些灰度差异较小的情况,借助于切线法来进行对比和修正。

4.2.2 3D 图像处理及分析

美国赛默飞世尔科技公司生产的 Avizo 商用 3D 分析软件,因其强大的兼容性及便于流程化操作的自动分析模块,使得其在数据的三维重构分析方面具有很大的优势。本小节以水化 7 d 的 C_3S 硬化浆体为对象探究分析 Avizo 在 SBFSEM 数据分析中的应用。Avizo 的工作界面如图 4-8 所示。

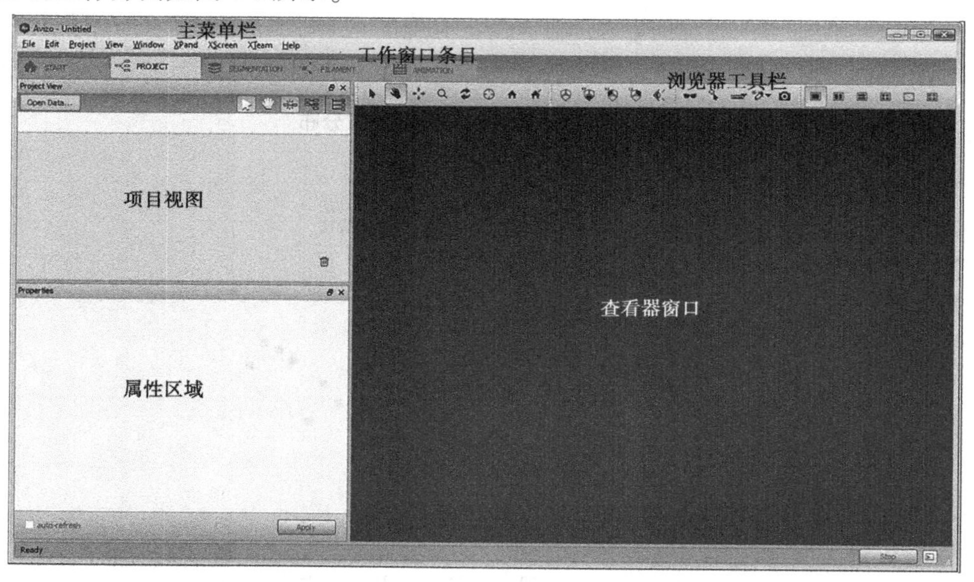

图 4-8 Avizo 的工作界面

通过 Avizo 进行图像的处理及定量分析可以通过手动法和自动法两种方式实现,其主要过程包括以下 4 个步骤:①图像的重新调整;②校正基于测试而产生的伪像;③分割;④可视化及定量分析。这些流程均可以通过手动或者自动的方式完成。其主要过程如下:

(1)数据导入。将图像集合导入 Avizo 软件,其常用命令模式有 file-open data as 等。

(2)图像合轴。在图像采集过程中,放电现象会导致图像的偏移,需要通过重新合轴来矫正图像的位置,其常用命令模式有 auto align slices,realign slices 等。

(3)矫正由于测试而产生的伪像。在样品测试过程中,由于制备样品的人本身或者仪器及试验操作者的原因,图像会有对比度弱、信噪比低等问题,因此需要根据实际情况进行矫正。常用到的边缘检测滤波函数为：sober filter；提高图像对比度的滤波函数为：unsharp masking；提高图像信噪比的滤波函数为：median-filter，non-local means filter，anisotropic diffusion filter，gaussian，FFT filter 等。

（4）图像分割。是基于不同物相的灰度值不同的原理进行物相分割。基于图像质量的差异性，可以选择自动化模式或者手动化模式进行。对于采集的原始图像质量较佳的情况可以采用自动化模式进行，根据不同物相所处的灰度区间不同，选择 threshold，interactive threshold，multiple threshold 等对图像进行二值化分割。对于采集的原始图像质量很差的情况可以采用手动化模式进行，根据人眼观察并结合灰度区间分布选用 segmentation 操作窗口下的 brush，lasso，magic wand，blow，top-hat 等对图像中不同的物相进行分割。对于图像质量一般的情况可以以自动化为主，辅以手动化进行局部修正，以提高数据处理的效率。

（5）三维图像可视化及定量分析。经过物相分割后的图像可以通过 label analysis，line，angle，line probe，point probe 等对分割的每一种物相根据需求进行各种定量分析。同时，可以通过 volume rendering 等渲染的方法使得其三维可视化。

（6）分割后的图像也可以通过 generate surface，generate tera mesh 等网格化后，导入 Abaqus 和 Ansys 中进行有限元的模拟分析。

4.3　SBFSEM 测试数据的定量分析

对通过 SBFSEM 获取的图像进行定量分析，首先需要解决的问题就是图像的预处理、降噪和分割等。而不同的处理方式导致其处理结果之间也存在一定的差异性。本节以 900 张水化 7 d 的 C_3S 硬化浆体的连续切片图像为对象，研究分析不同的处理方法对其孔结构及水化程度等分析结果的影响。

按照 4.2 节的步骤，将原始图像经过 ImageJ 处理后的数据导入 Avizo，并进行图像的合轴。由合轴前后图像的差异可知，在连续切片图像的采集过程中，样品的稳定性问题及放电问题导致图像出现微小的漂移，在该情况下可以选择 Auto Align Slices 进行图像位置的自动校正，其矫正原理是根据相邻两张图片的参考系进行图片水平位置的调整，该自动矫正的方法适合图像漂移现象不明显的情况。对于放电导致图像漂移严重的情况，自动校正会产生目标不明确现象，因为图像漂移严重，导致误选参考系的现象发生，特别是 C_3S 硬化浆体，因为在图像中其原料颗粒、水化产物及孔结构差异性不大，如果是图像放电原因导致的漂移过大，在自动选择校正参考系时，因为各参考系形貌差异较小，很容易出现选错参考系的情况。该情况下需要通过 Auto Align Slices 进行局部校正，该矫正需要人工操作，即人为选择每相邻图像的 3 个参考系，以此为坐标点进行校正。该过程手动操作会更准确，但是对于数量太大的情况，需要耗费较多时间。图 4-9 展示了图像校正后的部分效果，图 4-9(a) 是第 N 张图像，图 4-9(b) 和图 4-9(c) 则分别是以 N 为参考系，该序列图像所做的位置偏移。

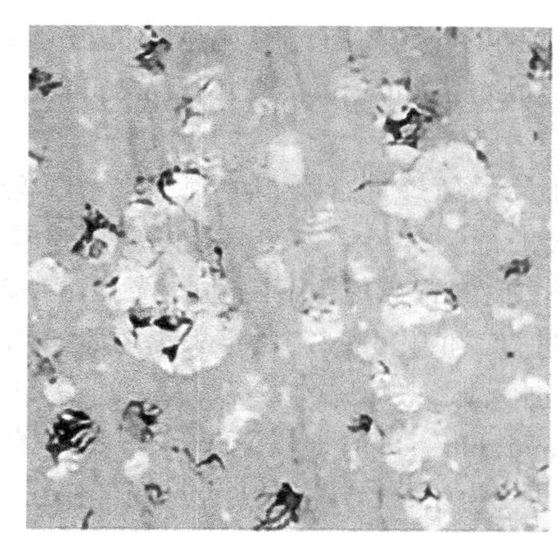

(a)第N张图像

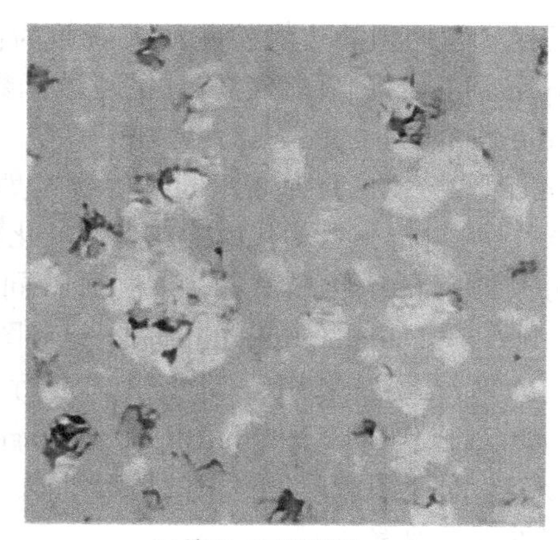

(b)第N+10张图像

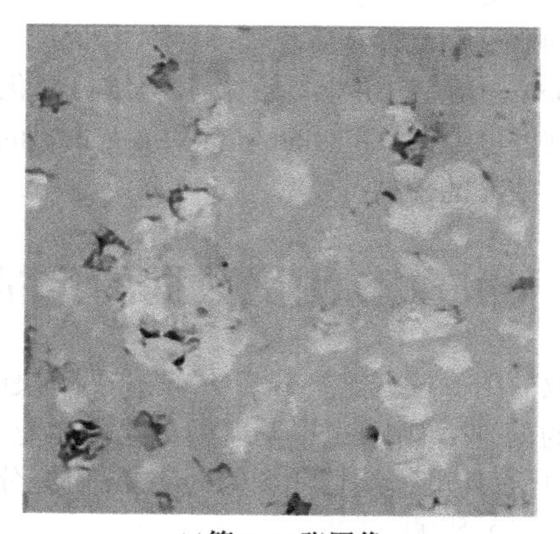

(c)第N+20张图像

图 4-9 图像的合轴

图像合轴后,通过 crop 方式选择感兴趣的视域范围进行降噪和分割。在水泥样品的处理过程中,孔、水化产物及未水化颗粒的边缘接触位置比较模糊,而且在不同物相内会存在因为试验测试而产生不同衬度的噪点,如图 4-10(a)所示,在水化产物及未水化颗粒上均存在与其衬度不相符的大量噪点。因此,本组数据选用 median filter,non-local means filter 和 unsharp masking 模块操作进行降噪平滑处理。

对于水化样品图像中存在的椒盐噪声,用普通的线性滤波只能将其压低,而无法彻底消除。这时选用 median filter,将是一个很好的初步处理方法。其工作基本原理是,如果一个信号是平缓变化的,那么某一点的输出值可以用这点的某个大小的邻域内的所有值的统计中值来代替。这个邻域在信号处理领域称为窗,窗开得越大,输出的结果就越平滑,但也可能会把有用的信号特征给抹掉,所以窗的大小要根据实际的信号和噪声特性来确定。通常选择窗的大小使得窗内的数据个数为奇数,之所以这么选是因为奇数数据才有唯一的中间值。中值滤波是一种非线性的处理方法,它将每一像素点的灰度值设置为该点某邻域窗口内的所有像素点灰度值的中值。常用来处理椒盐噪声(它随机改变一些

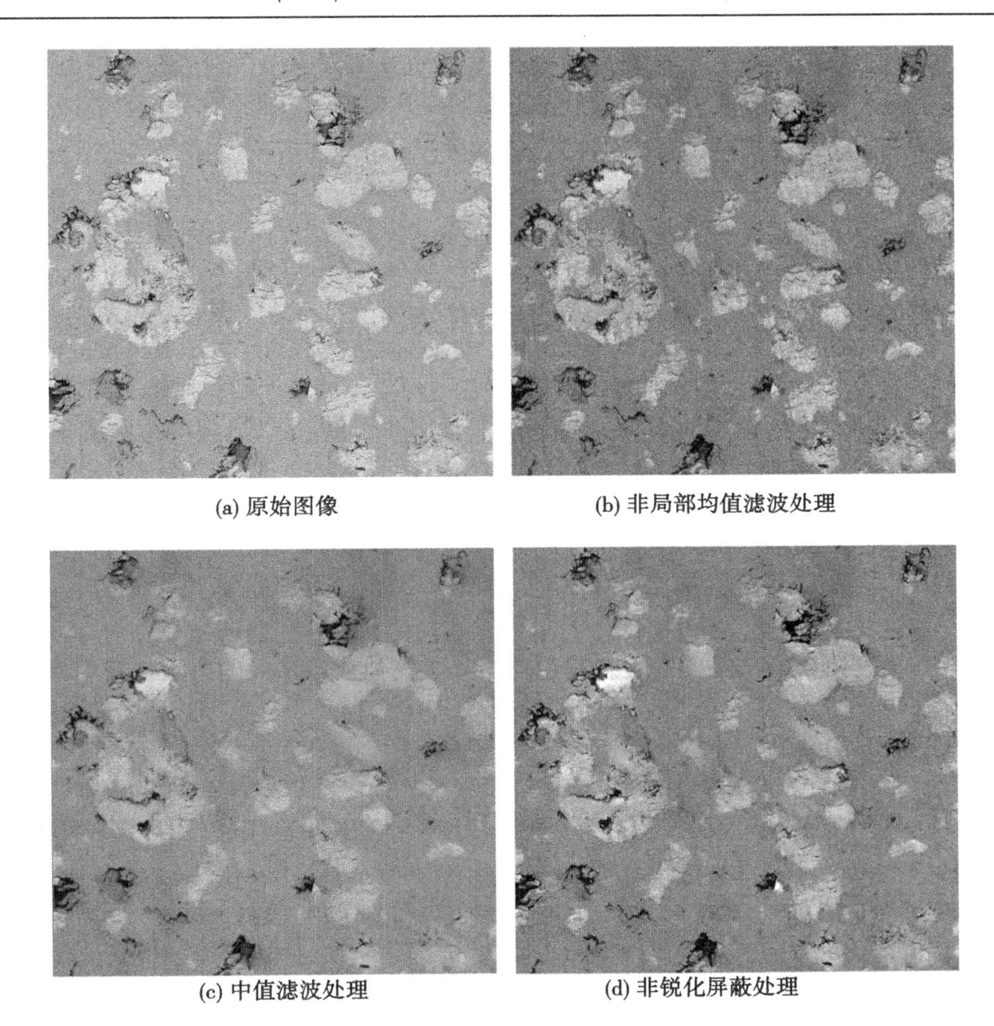

图 4-10　图像滤波处理

像素值,在二值图像上表现为使一些像素点变白,一些像素点变黑),主要是利用中值不受分布序列极大值和极小值影响的特点。当使用中值滤波处理图像时,图像边缘可能会受到污染,即边缘变模糊。尤其是当处理的邻域范围变大时,这种模糊会变得更明显。图 4-10(c)为中值滤波处理后的效果,其邻域值设置为 1。通过对比图 4-10(a)可以发现水化产物及未水化颗粒中的噪点大部分消失,但是不同物相的边缘变得模糊,而且衬度差异较大的白色噪点依然有少数依稀可见,此时需要通过 non-local means filter 处理。非局部均值滤波的基本原理与均值滤波类似,都是要取平均值,但是非局部均值滤波在计算中加入了每一个点的权重值,所以能够保证在相邻且相差很大的点在方框中求平均值时相互之间的影响减小,也就对图像边缘细节部分保留很多,这样图像看起来会更清晰。非局部均值滤波的算法可以大致分为以下几个步骤:

(1)首先在一个点 A 周围取一个大的框(搜索框),设边长为 s,点 A 在方框的中心,然后在方框中取小的方框,即相似框,设边长为 d。

(2)在点 A 周围也有一个边长为 d 的方框,然后在大方框中找到所有边长为 d 的小方框的组合(就是一个小正方形在一个大正方形中到处移动,记录小正方形中心点的坐标就行了),设小方框的中心点为 B,分别与点 A 周围的相似框求减法,并且加入高斯核计算得到的加权值,这样可以计算出一个二维数组,里面存放着各个点的差值乘以权重后的值,加入高斯核主要是因为距离中心点距离不同对中心点的影响大小也不同,而且高斯核的权重和是 1,所以就不用再归一化了。

(3)将这个二维数组求和并平均,得到的值就是这个相似框的中心点 B 对于点 A 的权重值。计算出点 A 周围所有的点的权重值,其实这时这个值和权重是成反比的,以点 A 本身为例(以点 A 为中心点的相似框),计算出点 A 对于点 A 的所谓权重值是零。然后根据计算出来的值用一个指数减函数就得到了成正比的权重关系,具体的函数为 $w = e^{d/h}$,其中 d 就是计算出来的值,代入后 w 就是成正比的权重关系,h 是一个滤波百分比值,可以先固定为一个常数,而且这个计算出来的 w 就是一个 0~1 的值。

(4)根据得到的权重值以及各个点本身的灰度值计算出非局部均值滤波后点 A 的灰度值。

(5)以此类推,可以计算出图中所有点经过非局部均值滤波后的值。总而言之,该方法处理图像时当前像素的估计值由图像中与它具有相似邻域结构的像素加权平均得到。因为高斯白噪声的均值是 0,所以它的优点是可以除去白色噪点,又能保留图像边缘细节。由图 4-10(c)可知,不同物相上的噪点已经全部消失。最后通过 unsharp masking,即线性反锐化掩模算法增强图像的轮廓。线性反锐化掩模算法首先将原图像低通滤波后产生一个钝化模糊图像,将原图像与这个模糊图像相减得到保留高频成分的图像,再将高频图像用一个参数放大后与原图像叠加,这就产生一个增强了边缘的图像。最初将原图像通过低通滤波器后,因为高频成分受到抑制,从而使图像模糊,所以模糊图像中高频成分在很大程度上被削弱。将原图像与模糊图像相减的结果就会使低频成分损失很多,而高频成分较完整地被保留下来。因此,再将高频成分的图像用一个参数放大后与原图像叠加,就提升了高频成分,而低频成分几乎不受影响。因此,该方法是将原图像通过反锐化掩模进行模糊预处理(相当于采用低通滤波)后与原图逐点做差值运算,然后乘上一个修正因子再与原图求和,以达到提高图像中高频成分、增强图像轮廓的目的。其处理后的效果如图 4-10(d)所示。

降噪处理后的图像需要进一步进行阈值分割。本组数据经过前期的校正处理后整体达到了可以自动分割的要求,即图像集合中的各个图像之间灰度区间基本一致,不同图像中相同物相之间的灰度差异基本一致。但同时考虑到在图像分析过程中因客观原因而存在的灰度差异较大的噪点无法消除的情况,放电导致采集的部分图像中不同物相衬度不明显的情况,以及在连续切片成像过程中,部分结构可能出现坍塌破坏的情况,均需要通过手动操作来进行修正。针对此种类型的水化样品,前期通过 interactive thresholding 进行整体的自动化分割,后期通过手动法进行局部修正。图 4-11 为以孔为对象进行的自动分割的效果。图 4-11(a)中的白色颗粒是尚未发生水化的 C_3S 颗粒,灰色部分为水化产物,深色部分是孔,其二值化处理后结果如图 4-11(b)所示。观察其二值化处理的图可以发现,在某些较大的孔隙中间,仍然显示为黑色,即在自动化阈值分割时,孔中间存在一些灰度值比它大的物相。对比原始的切片图像,并且根据背散射图像成像原理可知,在这些孔隙中并没有发现其他物相,而是因为在背散射成像的过程中,由于孔隙所在的位置没有遮挡物,那么孔隙底部的部分背散射信号则被呈现出来,从而表现为较周围孔较高的亮度和灰度值,即该处灰度值是孔隙底部或者侧部的信号产生的。因此,需要对孔隙的二值化结果通过形态学的方法进行修正优化。

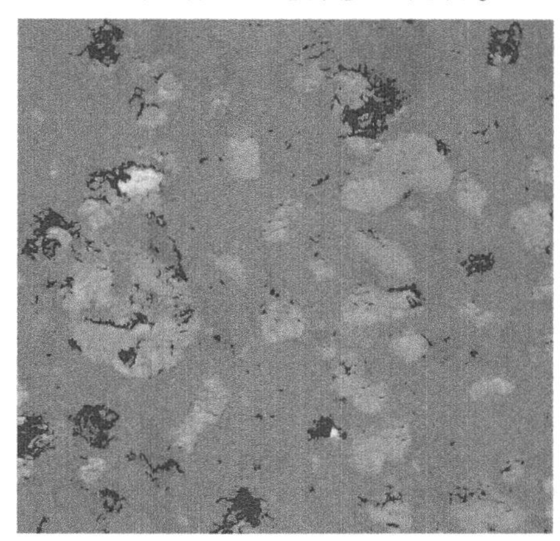

(a)对图像的孔进行处理

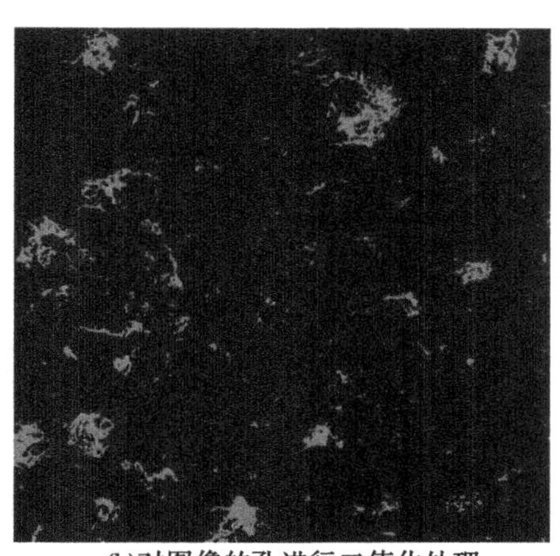

(b)对图像的孔进行二值化处理

图 4-11　孔的分割及二值化

形态学处理思路是基于使用集合运算符(交集、并集、补码)来变换图像的。变换后的图像通常会出现图形的重新组合,但是它们的主要信息和特征仍然都在。如果对已经二值化处理的图像进行形态学处理,可以通过对图像进行定量分析来判断其形态学处理前后的差异。形态转换是基于某一个特定的结构元素来进行的,其主要特征在于其中心的形状、大小和位置。通过移动该特定的结构元素将图像中的每个像素与特定的结构元素进行比较,以使其中心达到特定的像素。根据形态转换的类型,像素值将重置为一个或多个相邻像素的值或平均值。fill holes 处理模块可以从形态学角度很好地解决孔中间孔洞的问题,其工作原理如图 4-12 所示。

但是对于 900 张连续切片图像而言,不仅要从 2D 角度进行形态学处理,还需要从 3D 角度考虑。对于 3D 体素而言,一个中心体素可能有 26 个相邻的点,其具体效果如图 4-13(a)中中间方格部分所示,这样一个基本的结构元素就是一个立方体。同样的,一个中心体素点也可能有 6 个相邻的点,其具体效果如图 4-13(b)中中间方格部分所示,这样一个基本的结构单元是一个十字叉丝形状。同时一个点也可能有 18 个相邻的点,其具体效果如图 4-13(c)所示。经过形态学处理之后的二值化效果如图 4-14 所示,经过对比图 4-11(b)可以发现,经过 fill holes 处理后的二值化图像中孔隙中间缺失的信息已经完全修复。

二值化分割并且精修之后,整个 3D 空间上的孔隙就被完全选定,即可通过 volume rendering 进行 3D 可视化处理,如图 4-15(a)所示为该三维重建样品中孔隙的分布情况。同时可以针对目标对象进行定量计算,对分割的对象通过 label analysis 进行不同的计算,比如孔径、体积等。同时可以对 3D 空间内所重建的孔模型进一步网格化,生成等效球体

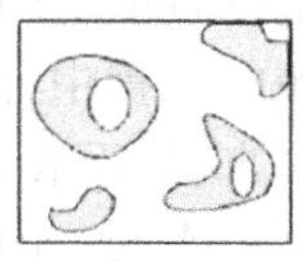

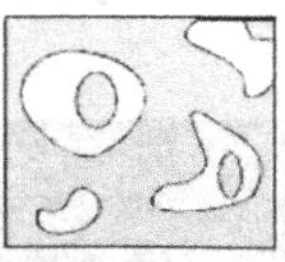

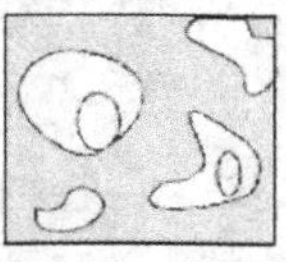

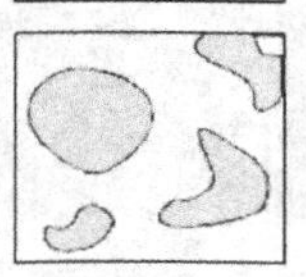

图 4-12　填充值模块原理

计划 a		
8	2	7
3	0	1
9	4	10

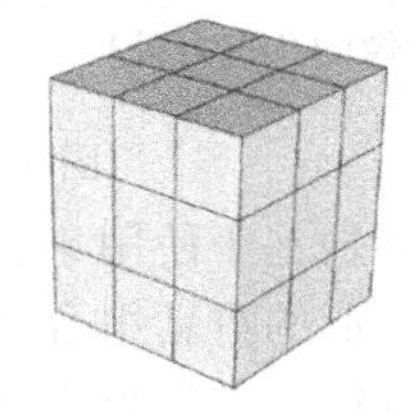

(a)26个相邻点

计划 a-1		
24	16	23
17	6	15
25	18	26

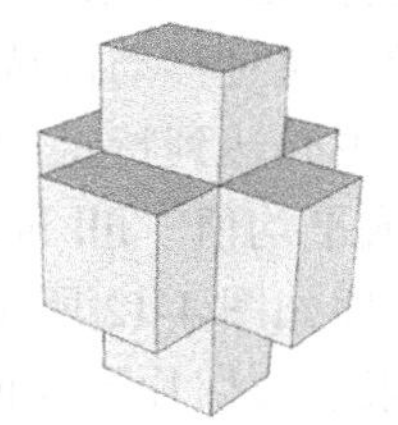

(b)6个相邻点

计划a+1		
20	12	19
13	5	11
21	14	22

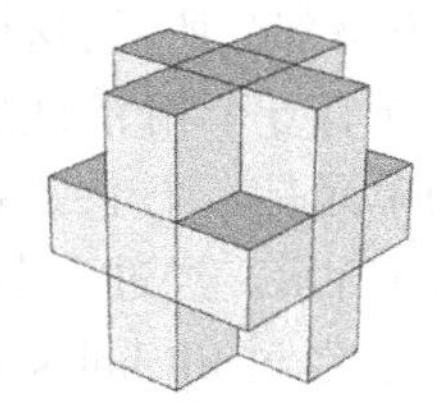

(c)18个相邻点

图 4-13　结构元素示意

的孔网络模型,并可以导入 Ansys、Abaqus 中进行有限元分析,图 4-16(b) 即为通过 pore network model 处理后孔隙在 3D 空间上的孔网络模型。

图4-14　孔隙填充处理

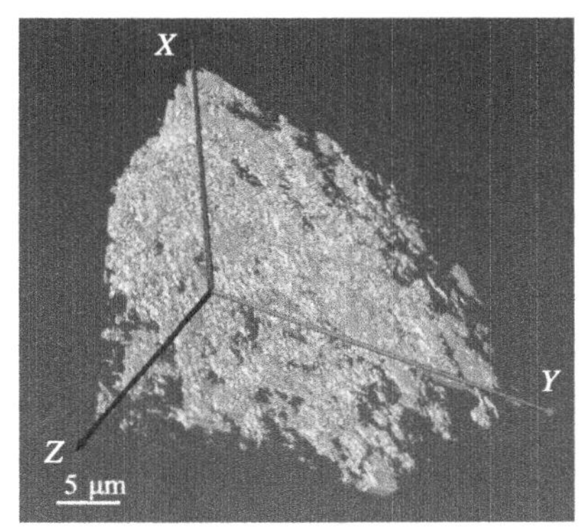

(a)三维渲染的孔

(b)三维孔网络模型

图4-15　孔的3D渲染和网格化模型

图4-16为以未水化颗粒为对象进行的自动分割的效果。图4-16(a)中的深灰色部分是孔,灰色部分为水化产物,浅色部分为被分割的未水化C_3S,其二值化结果如图4-16(b)所示。观察其二值化处理的图像可以发现在某些分割的未水化颗粒中间,仍然存在一些未被二值化处理的区域,即在自动化阈值分割时,在未水化颗粒中间存在一些灰度值比它小的物相。对比原始的切片图像,可以发现这些在自动化阈值分割时未被选中的区域均是灰度值较低的区域,这些区域有的是颗粒本身存在的孔,也有少部分是连续切片成像的过程中部分颗粒脱落造成的,因为并不是所有图像的孔都需要重新进行分割,而只是少数切片图像才会存在的情况,这时可以进入手动工作界面,通过brush直接手动处理。而lasso和magic wand可以结合threshold对目标对象通过阈值选择的方式进行点对点分割。而对于不同图像之间差异性明显的情况也可以通过remove islands对单张图片进行“岛屿移动”处理。

brush是最简单直接的处理方式,通过选择不同尺寸的刷子可以直接对不同的体素目

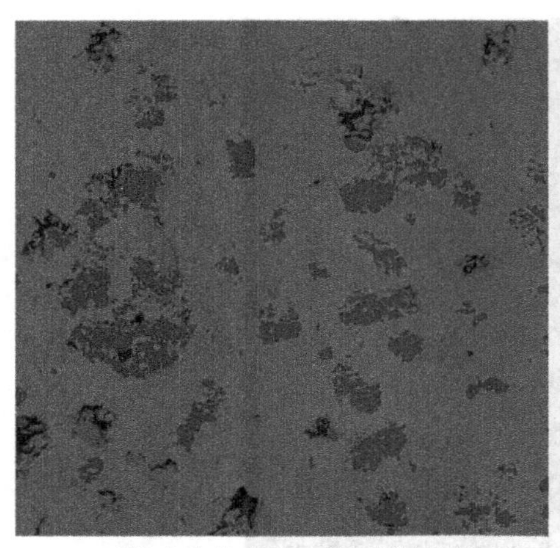

(a)对没有水化的C_3S颗粒进行分割

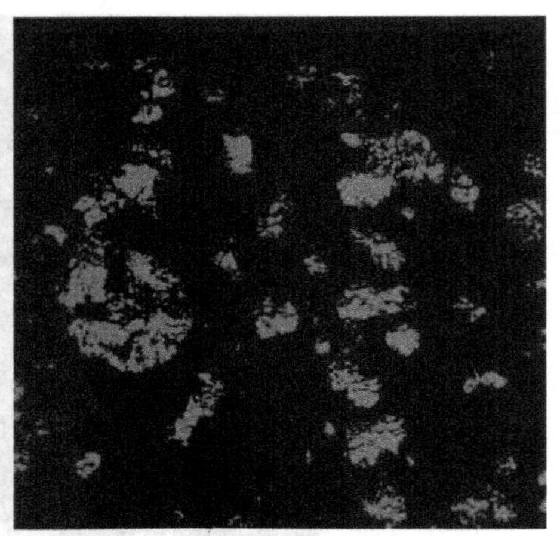

(b)对没有水化的C_3S颗粒进行二值化处理

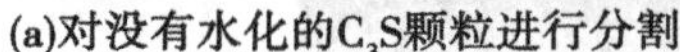

图 4-16　未水化 C_3S 的分割及二值化

标进行选择,刷子尺寸的大小与分割对象的大小有关,同时刷子越小其精确度越高。brush 可以对因为样品脱落而产生的不同尺寸的缺陷直接进行修正。该操作模式适合少量的较小区域的处理。而 lasso 操作是通过生成一个闭合的轮廓曲线可以对 2D 图像和 3D 图像直接进行选择处理。该操作模式最大的优势是选择区域的随机性,根据要处理的对象可构建较大或者较小的封闭轮廓曲线。而对于不方便构筑轮廓线的区域可以通过一些连续的点形成闭环曲线来进行目标分割,一旦这些连续的点选取成功,即可自动形成闭合曲线,从而完成对目标的定向分割。Magic wand 工具可以在 2D 或 3D 空间中执行区域增长的操作,其具体选择取决于是否激活了所有切片选项。其直接操作是通过鼠标选择一个体素设置点,并选择包含该体素本身以及用户定义范围内具有灰度值的所有体素的最大连接区域。该区域即为 threshold 通过阈值分割所定义的区域。这些选中的点均为和该设定体素直接相连的体素点,该范围不仅可以通过阈值区间绝对选定,而且可以通过与选定体素点的相对值来确定。该方法的最大优势就是即使目标体素点被选定,也可以对分割范围进行调整和修改。但是这两种处理方法都是点对点地手动操作,效率较低。而如果某一切片中的待处理对象类似于小岛形状,可以用 remove islands 进行处理。该处理方法可以将类似小岛形状的目标对象进行填充。如图 4-17 所示工作对话框的③。在参数设置对话框中,设置体素等于 15,那么小于或等于对话框中指定的体素数值会被看作是岛屿而删除。如果所有周围的体素都属于一种材料,则可以通过将所有岛体素添加到该材料中来轻松实现岛屿修复的目的。如果在岛上(邻居岛)周围有两种或两种以上的材料,如图 4-17 中的右侧部分,则需要确定该岛是否完全合并以及是否将其分配给了周围的哪种材料。如果只想移动一个相邻的小岛,只需要直接点击应用按钮即可。在移动岛屿之前可以通过 highlight all islands 对目标对象进行查看检查。如果还想通过多种材质移除岛屿,那么可以同时选中 n 个邻居岛屿上的框,在这种情况下,将标识出边界最大而不是外部的相邻材质。如果该边界的长度大于用户定义的最小长度,则将该岛分配给具有最大边界的材料,否则该岛屿仍然无法进行修复。最小长度为孤岛周长的百分比,如图 4-17 底部的④部分所示。同时在进行岛屿修复的过程中,可以通过移动图像的划片对比,看到一个小岛。分段编辑器提供了一种工具,可以自动检测和删除此类断开连接的区域。

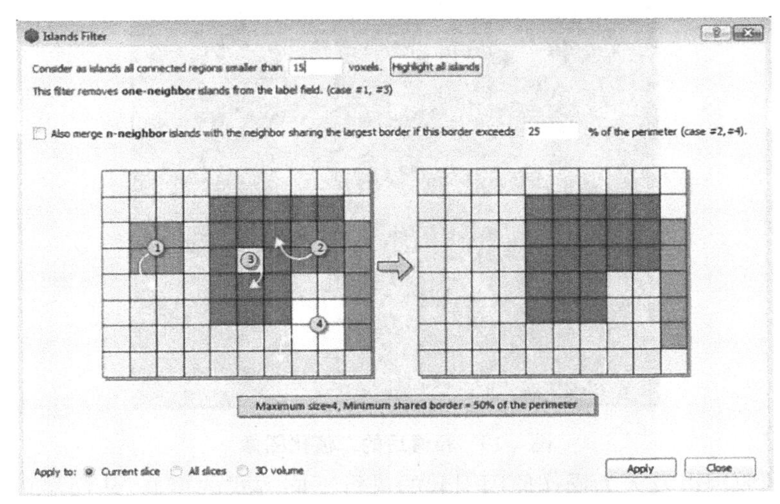

图 4-17　岛屿过滤器对话框

图 4-18 通过局部放大的形式展示了通过 remove islands 方式修复的结果,其中未水化颗粒中间深色标记部分为修复后的结果。

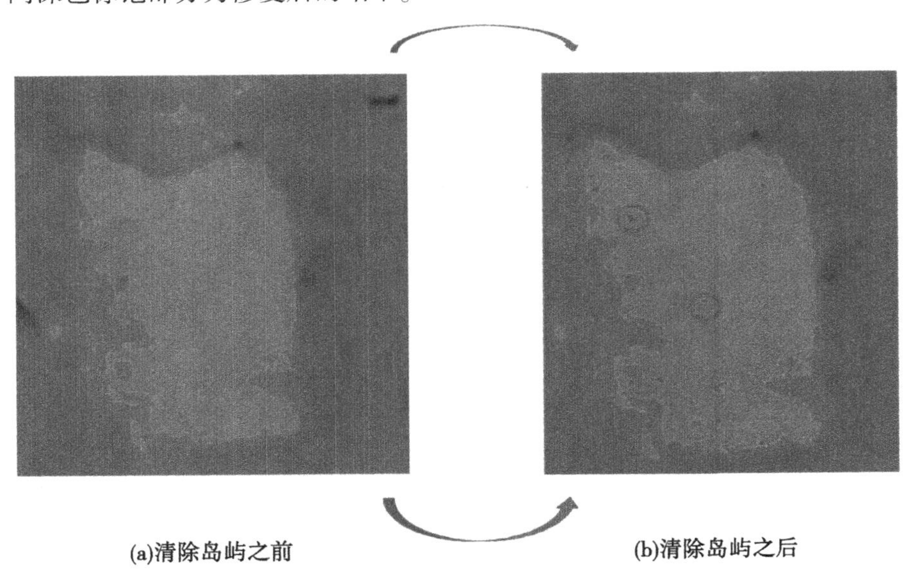

(a)清除岛屿之前　　(b)清除岛屿之后

图 4-18　消除岛屿

图 4-19 为单个切片图像精修后的结果。与精修前的图像相比,可以发现未水化颗粒中间未处理的部分已经得到进一步的修复。

综上所述,对于 C_3S 硬化浆体块中的孔隙和未水化颗粒进行物相分割并且进行 3D 重建时,需要根据其相应的二值化处理后的图像上的缺陷是样品本身存在的还是因为设

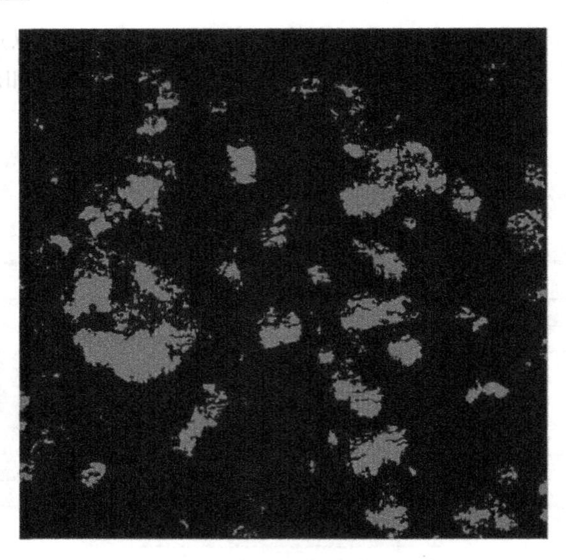

图 4-19　精修后的二值化图像

备测试参数的原因以及人为操作原因引起的进行不同方式的精修，从而尽可能地保证测试样品数据的精确性。图 4-20 为通过 volume rendering 算法对二值化分割并且精修处理过的未水化 C_3S 进行 3D 可视化的结果。对于整个成像样品而言，硬化浆体中的孔和未水化颗粒已经通过物相分割达到 3D 重建的目的，而硬化浆体中的水化产物则可以通过算法来达到 3D 可视化的目的，待重建的样品在 3D 空间的分布通过算法 arithmetic 做减法即可得到水化样品在 3D 空间上的分布情况。图 4-21 显示了整个重建样品在 3D 空间上的分布情况，浅灰色部分代表硬化浆体中的水化产物，深色部分代表硬化浆体中的未水化颗粒，灰色则代表硬化浆体中的孔。

图 4-20　3D 渲染的未水化的颗粒

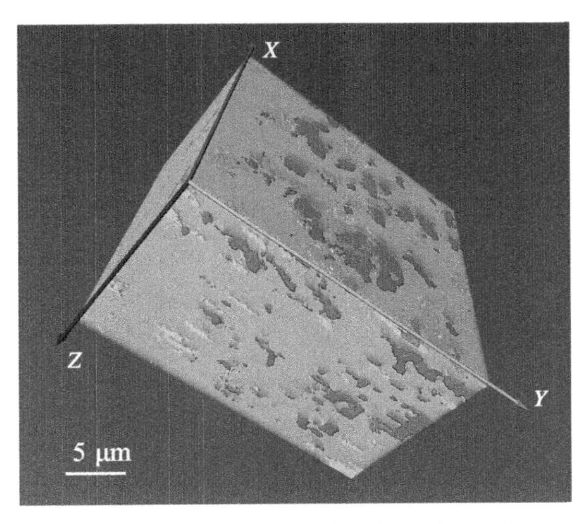

图 4-21　水化 7 d 的 C_3S 硬化浆体的 3D 图像

4.4　SBFSEM 测试技术与其他测试方法的对比

对于水泥硬化浆体,其水化程度及孔结构的研究对水泥宏观性能的研究具有重要的指导和借鉴意义。通过对水化 7 d 的 C_3S 硬化浆体的连续切片图像进行 3D 重建可视化,可以直接观察孔、水化产物及未水化颗粒在 3D 空间上的形貌特征及分布情况。通过 Avizo 软件分析可以直接获取其具体的形态参数,如孔的等效直径、中位直径、长宽比及相应的体积等,而且可以间接计算水化程度、孔隙率等。而对于水泥水化而言,其开口孔和闭口孔对其水化机制的研究及宏观性能的研究具有重要意义,同时通过 Avizo 的 border voxel count 算法可以实现其开口孔和闭口孔的识别区分和定量计算。通过该算法可以实现对开口孔和闭口孔的定义:开口孔为连接到所重建体积的任何边界的孔,闭口孔为与所重建体积的任何面均不接触的孔。把 3D 重建的体积的边界定义为样品的边界是一种主观方法,可能会夸大实际样品的孔分析,这一点在下面会有所讨论。3D 重建的水化 7 d 的 C_3S 硬化浆体的开口孔和闭口孔分别如图 4-22 中的浅黑色部分和深黑色部分所示,通过 3D 可视化,可以直观看到其空间上的形貌特征及分布特点。

每一张切片的厚度为 20 nm,900 张连续切片的总厚度为 18 μm,而分割的图像在 *XY* 平面上的尺寸为 33 μm×33 μm,因此上述 3D 重建样品的总体积为 1.9×10^4 μm^3。对于分割重建的水化 7 d 的 C_3S 硬化浆体样品,其 3D 空间上孔隙的长度定义为 3D 空间上孔隙距离最远的两个边界的切线之间的距离;3D 空间上孔隙的宽度定义为 3D 空间上孔隙距离最近的两个边界的切线之间的距离;长宽比则为 3D 空间上长度与宽度的比值;3D 空间上孔隙的直径用费雷特直径表示,即经过该孔隙的中心,任意方向的直径称为一个费雷特直径。每隔 10°方向的一个直径都是一个费雷特直径。将这 36 个费雷特直径总和的平均值作为该孔隙的直径。3D 空间上孔隙的体积即为 3D 空间上单个孔隙的总体积。通过 Avizo 对 SBFSEM 测得的数据进行 3D 重建计算的结果可知,3D 空间中孔隙的直径位于 16.6~7.7 μm ,考虑到切片成像过程中 *Z* 轴方向的切片厚度为 20 nm,也即 Z 方向

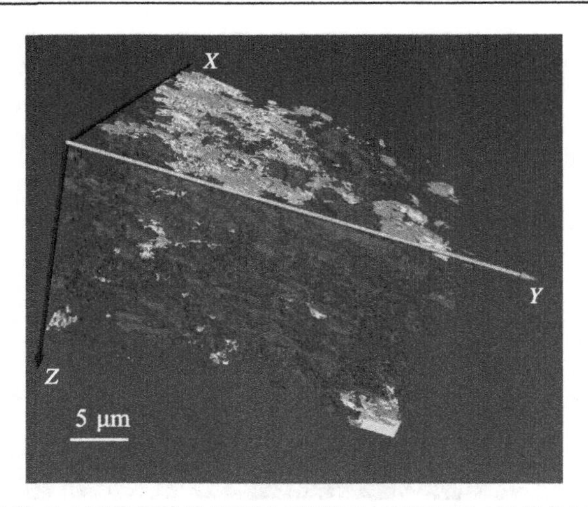

图 4-22　水化 7 d 的 C_3S 硬化浆体的开口孔(浅黑色)和闭口孔(深黑色)在 3D 空间的分布

的分辨率最低为 20 nm,因此 20 nm 以下的数据直接舍去。因此,当仅仅考虑直径位于 20 nm 以上时,其平均直径为 138.2 nm;相应地可以测得孔隙的体积介于 5.5×10^3~2.4×10^{11} nm³,平均体积为 3.0×10^7 nm³;开口孔的直径介于 91 nm~7.7 μm 之间,相应的体积介于 4×10^5~2.4×10^{11} nm³,平均体积为 9.8×10^8 nm³;闭口孔的直径介于 20 nm~4.8 μm,相应的体积介于 5.5×10^3~6×10^{10} nm³,平均体积为 1.7×10^7 nm³。作为对孔隙形貌判断最重要的依据之一,其长宽比代表了孔隙的球形度,长宽比越接近 1,则代表其球形度越好,长宽比越大,则代表孔隙的延伸性越好。对于总孔隙而言,其长宽比介于 1.0~18.8,而其平均长宽比为 2.5;而对于开口孔,其长宽比介于 1.3~12,而其平均长宽比为 4;而对于闭口孔,其长宽比介于 1~18.8,而其平均长宽比为 2.5。在该分辨率范围内,未水化颗粒的直径介于 20 nm~13.1 μm,其平均直径为 138.2 nm;相应地,其颗粒体积介于 5.5×10^3~1.2×10^{12} nm³;其颗粒的长宽比介于 1~13.4,其平均值为 2.0。

由于硬化浆体的孔隙率为其总孔隙体积占硬化浆体总体积的百分比,而 3D 重建样品的总体积为 1.9×10^4 μm³,通过 Avizo 获取的总孔隙体积、开口孔孔隙体积及闭口孔孔隙体积分别为 2 744 μm³、1 207 μm³ 和 1 537 μm³,因此其相应的孔隙率分别为 14.1%、6.2%和 7.9%。

根据 3D 分析对未水化颗粒的计算,可以根据 C_3S 硬化浆体 7 d 时未水化颗粒的体积分数与初始时刻未水化颗粒的体积分数的比值来计算其水化程度,其具体计算过程如式(4-1)、式(4-2)所示:

$$\alpha_t(\%) = \left[1 - \frac{V(t)}{V(0)}\right] \times 100\% \tag{4-1}$$

$$V(0)(\%) = \frac{1}{1 + \rho_c \times (m_w/m_c)} \times 100\% \tag{4-2}$$

式中:α_t 为 C_3S 硬化浆体 7 d 的水化程度;$V(t)$ 为水化至时间 t 时,未水化的 C_3S 颗粒的体积分数,该值可以通过 Avizo 重建分析的结果计算为 0.066;$V(0)$ 为水化前 C_3S 颗粒的体积分数,通过计算为 0.349;ρ_c 为 C_3S 的真密度,通过真密度仪测得 C_3S 原料的真密度为3.1，m_w/m_c = 0.6。

通过上述方法计算可知，水化7 d的C_3S硬化浆体的水化程度为81.3%。

根据前文所述可知，通过SBFSEM成像的连续切片图像的分辨率会随着图像放大倍数的增大而增大，而同样地可以观察的细节也越来越多。但是过高的放大倍数会同步降低图像成像的视域大小，而且使得观察视域中的图像不具有代表性。由前文分析可知，选择包埋样品区域的中间部分进行重建分析，一方面可以最大程度地降低边缘效应对数据分析的影响，另一方面可以有效降低图像处理的时间成本。

本次研究中分析的水化样品选取的是包埋样品的中间区域，可以有效减小边缘效应的影响。同时，为了验证本次分析的数据的稳定性，对于同一批次成型包埋的3组C_3S硬化浆体进行连续切片成像并进行3D重建分析，计算其水化程度及孔隙率随3D重建分析体积的变化而发生的变化情况。图4-23展示了3D重建样品的孔隙率及水化程度随重建样品体积增大的变化情况。由图4-23(a)可知，当重建分析的样品体积为500 μm^3时，其相应的孔隙率为4.6%，而后随着重建分析体积的增大，其孔隙率呈波动性提升；当重建分析体积为4.0×10^3 μm^3时，其孔隙率升到最大值23.4%，而后随着体积的增大，孔隙率逐步减小；当重建分析的样品体积达到14 000 μm^3以后，其孔隙率趋于稳定，处于15%左右。随着体积的增大，分析样品的孔隙率稳定性越好。

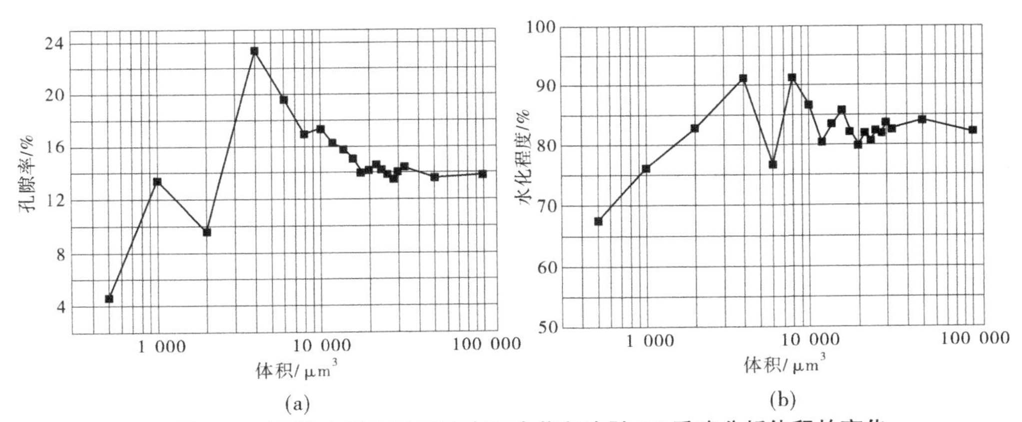

图4-23 硬化水泥浆体孔隙率和水化程度随3D重建分析体积的变化

由图4-23(b)可以观察到，当重建分析的样品体积为500 μm^3时，其相应的水化程度为67.6%，而后随着重建分析的样品体积的增大，其水化程度逐步增大；当重建分析体积为8 000 μm^3时，其水化程度高达91.2%，而后随着重建分析样品的体积的增大，其水化程度逐步趋于稳定；当重建分析体积达到18 000 μm^3以后，其水化程度趋于稳定，处于82%左右，随着体积的增大，分析样品水化程度的稳定性越好。而在16.6 nm分辨率下重建的分析的3D体积为19 000 μm^3，处于上述分析的稳定区间内，这证实了该样本分析中所选择样本量时具有一定的代表性。

通过SBFSEM进行连续切片3D成像的方法作为一种新的技术应用到水泥基材料领域，其在样品的3D空间物相形貌分析及定量分析方面具有重要借鉴价值，下边将通过与传统的孔分析方法及水化程度研究方法对比，进一步验证其对水泥基材料的适用性。

4.4.1　与 TG-DSC 的对比分析

C_3S 的主要水化产物为水化硅酸钙(C-S-H)和氢氧化钙(CH)，普通硅酸盐水泥及其熟料单矿物 C_3S 中，完全水化的时候，其 CH 的含量是一定的，基本上占到原料质量的20%~30%。因为 C_3S 在水化过程中其水化程度与反应过程中生成的 CH 含量呈正相关关系，因此可以通过计算 CH 的含量来间接计算其水化程度。对于 C_3S 硬化浆体而言，假设其在水化龄期 t 时刻所产生的 CH 含量为 H_t，其在完全水化后所产生的 CH 含量为 H_w，那么在 t 时刻时其水化程度 α_t 可以表示为

$$\alpha_t = \frac{H_t}{H_w} \times 100\% \tag{4-3}$$

对于 C_3S 水化所产生的 CH 的含量可以通过热重-差示扫描量热法(TG-DSC)测量结果进行计算。对于完全水化的 C_3S 所生成的 CH 的含量可以通过下述方法制备和测量：首先在一定量的 C_3S 原料中以 1∶1的水灰比加入去离子水并进行充分混合搅拌，而后将充分混合的浆体置于直径为 1 cm 左右的塑料容器内进行密闭养护，同时浆体要尽可能装满整个容器，从而尽可能地避免容器内存在二氧化碳等。当 C_3S 浆体水化至 180 d 时，将 C_3S 已经硬化的浆体取出并进行充分研磨，而后继续加入过量的去离子水，继续密闭养护 180 d。最后将养护至 360 d 的水化样品取出后进行研磨、终止水化并烘干后进行 XRD 测试。其 XRD 谱图如图 4-24 所示，通过其 XRD 谱图可以看到水化 360 d 的 C_3S 浆体中已不存在 C_3S 晶体，说明 C_3S 原料已经完全水化，但是通过谱图能够发现其中也存在极少数碳酸钙的峰存在，这可能是因为在将样品取出粉磨制样的过程中，发生些许碳化，其具体的碳化量可以通过 TG-DSC 测试结果进行定量分析，以校正碳化部分对 CH 含量计算的影响。

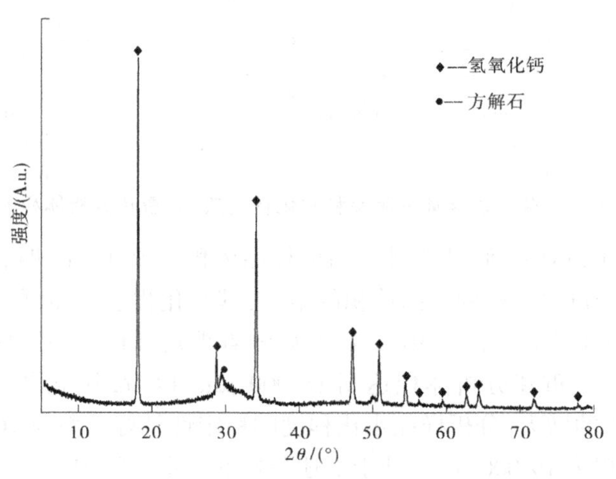

图 4-24　C_3S 浆体水化 360 d 的 XRD 谱图

图 4-25 为水化 7 d 和水化 360 d 的 C_3S 硬化浆体的 TG-DSC 曲线，因为 C_3S 原料水化的产物只有 CH 和水化硅酸钙，如式(4-4)所示。那么在 DSC 曲线上 200 ℃以内的吸热峰是 C_3S 水化产物中的自由水失去及水化凝胶中的水失去的过程，483 ℃附近为 CH 脱水

的吸热峰，对比 C_3S 水化 7 d 和 360 d 的吸热峰可以直观发现，水化 7 d 的 C_3S 硬化浆体的 CH 含量与 C_3S 硬化浆体完全水化所产生的 CH 含量已经非常接近，说明 7 d 时 C_3S 硬化浆体的水化程度已经很高。而在 700 ℃附近，即 CH 碳化所生成的碳酸钙的吸热峰基本上不存在。因此，虽然通过 XRD 测量结果发现水化 360 d 的样品中有碳酸钙晶体存在，即表示其已经发生了碳化，但是其碳化程度非常低，从而无法通过 TG-DSC 曲线进行准确计算，因此该碳化部分可以忽略不计。通过 TG-DSC 测试结果，根据切线法，可以计算水化 7 d 和完全水化(360 d)时的 C_3S 硬化浆体在 483 ℃附近的失水比例分别为 7.9% 和 6.0%。通过式(4-3)可以计算出水化 7 d 的 C_3S 浆体的水化程度为 76.5%。

$$C_3S + nH_2O \rightarrow xCaO \cdot SiO_2 \cdot yH_2O + (3 - x)CH \tag{4-4}$$

式中：$xCaO \cdot SiO_2 \cdot yH_2O$ 为水化硅酸钙；x 为 C-S-H 的钙硅比；y 为水硅比。

通过 SBFSEM 测试分析的结果计算水化 7 d 的 C_3S 浆体的水化程度为 81.3%，该计算结果比通过 TG-DSC 测试的结果略高。这是因为在 3D 图像分析的过程中，一些尺寸小于 16.6 nm×16.6 nm×16.6 nm 的未水化颗粒，由于分辨率的问题，被当作水化产物处理，因此导致其处理结果略高，但是这个偏差也是在误差允许范围内的。通过该方法计算水化程度较其他传统方法，比如通过定量 XRD 分析计算 CH 含量，而后再研究其水化程度而言会更有优势，因为在 CH 测定的过程中会因为其择优取向以及一些无定形 CH 的存在，导致测量结果大幅降低。所以通过 SBFSEM 测试结果所做的 3D 重建分析，不仅可以直接观察其水化产物在空间中的分布情况，而且可以用来定量表征其水化程度，其相关性较好。

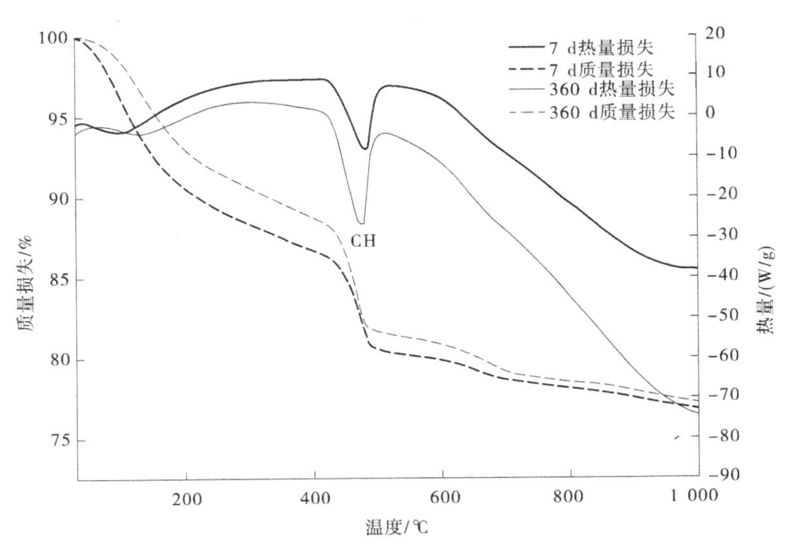

图 4-25　7 d 和 360 d 的 C_3S 硬化浆体水化的 TG-DSC 曲线

4.4.2　与 CT 的对比分析

计算机断层扫描技术是针对水泥基材料研究应用较多的 3D 成像分析技术，是研究水泥基材料较成熟的 3D 成像分析方法。而本节通过与 CT 测试结果进行对比分析，探讨

SBFSEM 方法的适用性。通过 CT 扫描的样品需要制备成针状,直径大约 500 μm,通过连续 3 个小时的扫描可以获得 1 801 张投影图,由投影图经过重构处理可以获取 1 500 张分辨率为 700 nm×700 nm 的断层扫描图像。

图 4-26(a)和 4-26(b)分别是通过 CT 测试直接获取的投影图像和经过算法重建的样品某一个断面的图像。与通过 SBFSEM 获取的图像一样,图像的灰度分布区间为 0~255,共 256 个灰度值。通过观察水化 C_3S 浆体的投影图像和断层扫描图像可以看出灰度值越高的地方,图像越明亮。图像中覆盖在样品的外边缘的透明部分为固定样品的胶水,样品中较明亮的部分为未水化的 C_3S 颗粒,灰色部分为水化产物,样品区域内的黑色部分为孔,样品之外的区域,即图像的四周,为背底。而且因为操作过程中的各种原因,图像中也引入不少背景噪点,需要按照处理连续切片扫描图像的方法进行降噪和阈值分割等。

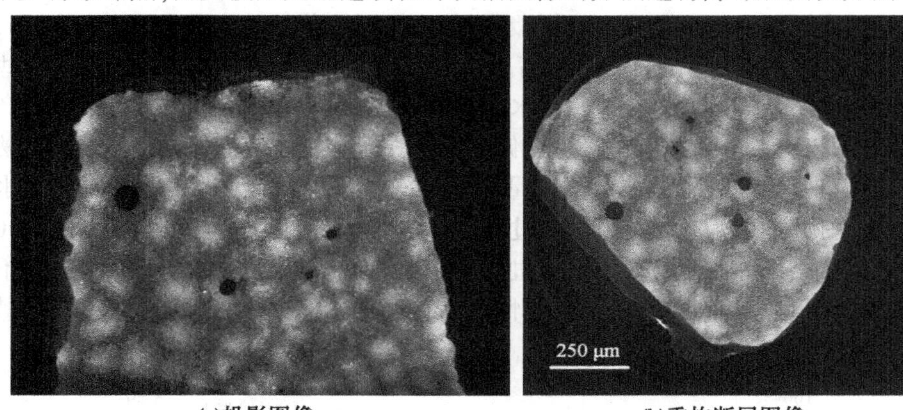

(a)投影图像　　　(b)重构断层图像

图 4-26　通过 CT 测试获得的 C_3S 浆体的投影图像和重构断层图像

同时,为了和通过 SBFSEM 成像测试分析数据保持一致,而且也避免边缘效应对数据分析产生的影响,选择断层扫描图像的中心部分进行分析,其尺寸为 532 μm×532 μm×532 μm。图 4-27 为 C_3S 硬化浆体中未水化的颗粒、孔及整个硬化浆体在 3D 空间上的分布情况,其开口孔和闭口孔也分别通过浅色和深色进行可视化渲染和区分。通过 Avizo 对 X 射线 CT 测得数据进行 3D 重建计算的结果可知,C_3S 硬化浆体在 3D 空间中孔的直径介于 868 nm~125. 7 μm,其平均直径为 3 369 nm;3D 空间中 C_3S 硬化浆体的孔隙体积介于 3.4×10^8 ~ 1.0×10^{15} nm^3,平均体积为 1.4×10^{11} nm^3;开口孔的直径介于 17. 2 ~125. 7 μm,其平均直径为 53. 0 μm,相应的体积介于 2.7×10^{12} ~ 1.0×10^{15} nm^3,平均体积为 1.9×10^{14} nm^3;闭口孔的直径介于 869 nm~51. 9 μm,其平均直径为 2. 8 μm,相应的体积介于 3.4×10^8 ~ 7.3×10^{13} nm^3,平均体积为 5.5×10^{10} nm^3。

对于 C_3S 硬化浆体中的总孔而言,其长宽比介于 1. 0 ~ 6. 18,而其平均长宽比为 1. 73;对于硬化浆体中的开口孔,其长宽比介于 1. 29 ~ 3. 49,而其平均长宽比为 2. 25;对于闭口孔,其长宽比介于 1 ~ 6. 18,而其平均长宽比为 1. 74。未水化颗粒的长宽比介于 1. 0~5. 23,其平均值为 1. 65。根据 Avizo 分析获取的数据和式(4-1)、式(4-2)可以计算出通过 X 射线 CT 测量的数据计算的水化程度为 91. 7%,总的孔隙率为 2. 7%,相应地,其开口孔和闭口孔所占的比例分别为 1. 1%和 1. 6%。

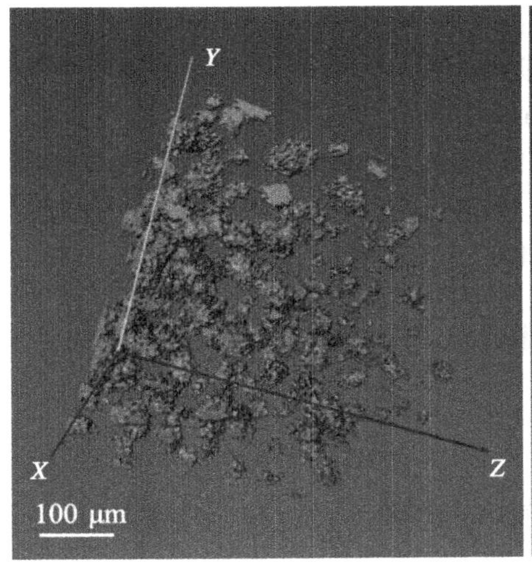

(a)未水化C_3S颗粒

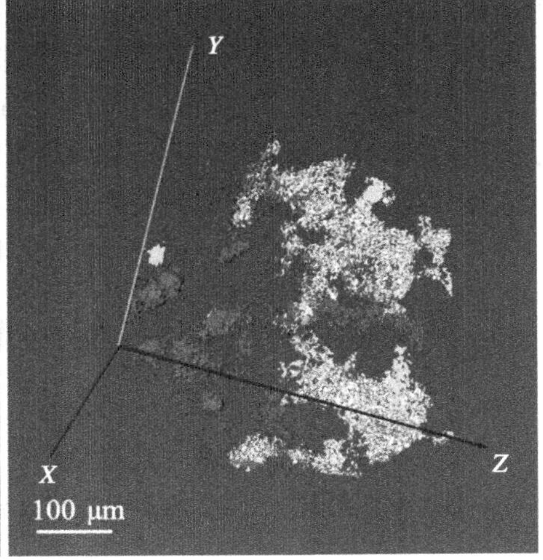

(b)开口孔(深色部分)和闭口孔(浅色部分)

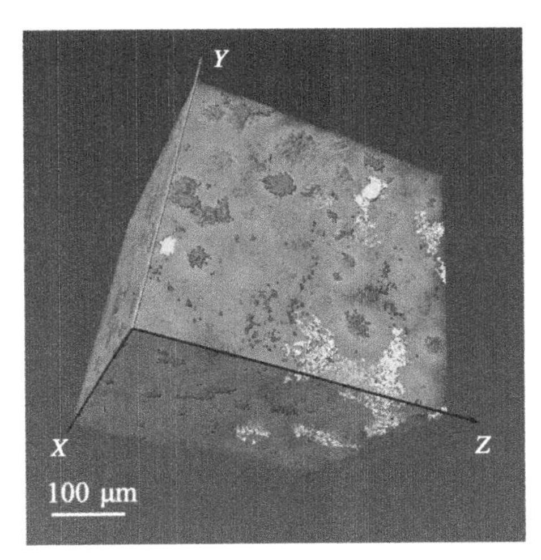

(c) C_3S浆体的三维重构图像

图4-27　X射线CT测量的水化7 d的C_3S浆体的结构图像

与通过SBFSEM测量分析的结果相比,X射线CT可以检测到的最小尺寸为868 nm,通过对比未水化颗粒和孔隙的长宽比可以发现,X射线CT测量的球形度更好,这是因为随着图像分辨率的大幅度降低,未水化颗粒及孔的边缘部分变得更加模糊,而且图像的最低像素为700 nm×700 nm×700 nm,因此图像的细节缺失会更加严重。该现象也可以反映到水化程度和孔隙率上。通过X射线CT测量的数据计算的水化程度比通过SBFSEM测量分析的结果高,这是因为受限于分辨率,一些尺寸较小的未水化颗粒无法识别,因此在物相分割时会默认为水化产物中的一部分。但是相对于通过SBFSEM测量分析的孔隙率而言,通过X射线CT测量分析的孔隙率低了80.9%,特别是开口孔,也由所占比例的44%降为33%。这一方面是因为随着分辨率的降低,一些较小尺寸的孔无法识别,另一方面是因为随着分辨率的大幅度降低,一些长宽比较大的开口孔会因为分辨率降低而导致在灰度分割时将其当作闭口孔处理。其具体情况解释如图 4-28 所示。

图 4-28(a)中的灰色部分为孔隙原本真实的形貌特征,图 4-28(b)中的深色部分为较高分辨率下识别的孔隙形貌特征,图 4-28(c)中的深色部分为较低分辨率下识别的孔隙形貌特征,随着分辨率的下降会对孔隙率、开口孔及闭口孔的识别产生直接的影响。图像分辨率越高,3D 重建分析的孔隙越接近其真实形貌。因此,相对于 X 射线 CT 测试分析,SBFSEM 可以以更高的分辨率去还原孔隙原本的真实形貌特征。

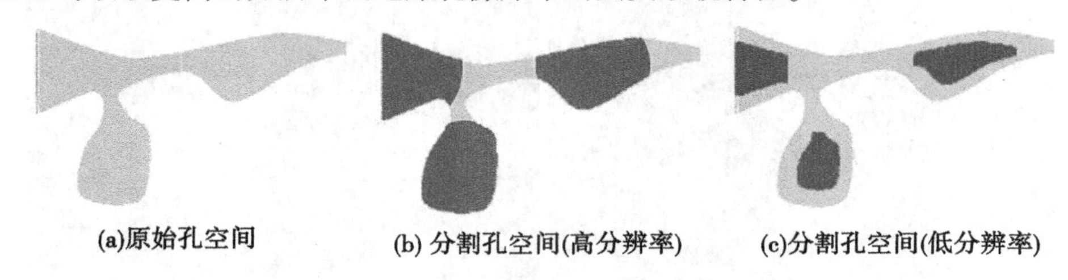

图 4-28　说明分辨率对孔阈值分割的影响

4.4.3　与 MIP 的对比分析

在 C_3S 的水化过程中,随着水化反应的进行,水化产物逐步填充了原来由水所占据的空间,因此随着水反应的进行,其孔隙率也在不断发生着变化。而 MIP 是目前水泥基材料硬化浆体中孔结构研究最常用的方法。压汞法的测试原理是在一定的外界环境压力下,将一种无法浸润的液体压入多孔水泥材料中,这里选择的是汞,根据毛细管现象可知,如果压入的液态汞不能够对材料中的孔隙产生浸润效果,那么这些孔表面的张力会阻止液态汞进入。但是如果这时候施加一定的外力,那么这种外力就会对表面张力产生反作用,从而使得液态汞可以进入孔内。由 Washburn 方程可以知道,只有当外部环境所施加的压力和毛细孔中的表面张力相一致时,毛细孔中的液面才会达到一种平衡状态,从而可以求得孔隙的尺寸 d 为:

$$d=\frac{4\rho\cos\theta}{p} \tag{4-5}$$

式中:ρ 为液态汞的表面张力;θ 为液态汞与水泥基材料的浸润角;p 为施加的外界压力。

将在 20 ℃±2 ℃条件下密闭养护 7 d 的 C_3S 硬化浆体制成 3~5 mm 的颗粒之后,通过 MIP 法测试的粒径分布如图 4-29 所示。可以看到在 15 nm 和 200 nm 尺寸附近有两个明显的峰,通过 MIP 法获得的孔隙率如表 4-1 所示,其总孔隙率为 21.4%。参照吴中伟对水泥基材料孔分类,可以对 MIP 法和 SBFSEM 测量获得的孔隙进一步细分和比较。同时,需要注意的是这里通过不同方法测量所使用的是同一批次样品但是不属于同一个样品,由于水泥基材料样品本身的非均质性,使得分析的数据具有一定的波动性。如前所述,受限于本次测试样品的切割厚度,SBFSEM 无法识别小于 20 nm 的孔。对于 20~50 nm 的孔径,通过 SBFSEM 测量获得的孔隙率(2.4%)与通过 MIP 获得的孔隙率(2.3%)具有较高的一致性;对于 50~200 nm 的孔径,通过 SBFSEM 测量分析的孔隙率(6.2%)略高于通过 MIP 测量的孔隙率(5.4%)。据推测这可能是通过 MIP 测试的过程中,由于液态汞无法进入到闭口孔内,因此其测量的结果主要是开口孔及半开口孔的孔隙率，而通过 SBFSEM 测量分析可以获取分辨率允许范围内的任意开口孔和闭口孔。对于直径大于 200 nm 的孔，通过 SBFSEM 测量分析获取的孔隙率为 5.5%，比通过 MIP 获得的孔隙率小(6.3%)。比较通过 SBFSEM 测量分析的最大孔径(7.7 μm)可知，受到测试样品分析尺寸的局限性，MIP 方法颗粒测量分析更大尺度范围内的孔隙尺寸(10.4 μm)。同时，在通过 MIP 测量的过程中，高压液态汞的侵入也可能导致一些孔壁的破裂和扩大。通过上述对比可以发现，与传统的孔隙测试方法相比，SBFSEM 测试方法不仅可以直观地观察孔隙在 3D 空间的分布情况、形貌特征，而且可以在其分辨率允许的范围内对不同特征孔的参数进行定量分析。

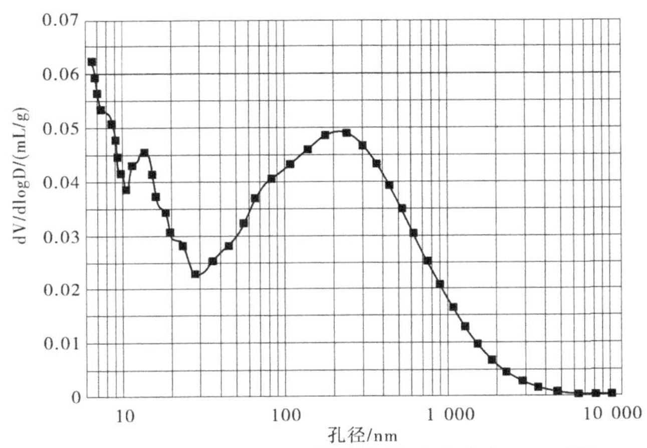

图 4-29　C_3S 水化 7 d 硬化浆体的孔径分布(MIP 法)

表 4-1　通过 MIP 和 SBFSEM 测量的孔隙率

方法	孔隙率/%				
	总量	<20 nm	20~50 nm	50~200 nm	>200 nm
MIP	21.4	7.4	2.3	5.4	6.3
SBFSEM	14.1	—	2.4	6.2	5.5

4.5　本章小结

通过 SBFSEM 技术获取的数据并根据软件进行分析主要按照如下流程进行：通过 ImageJ 将图像转为 TIFF 格式并进行对比度恢复，依据灰度直方图以手动法和切线法对不同物相进行初步分割，以便针对不同类型的灰度图像采用不同的灰度判别方式；根据灰度原理，通过 Avizo 对连续切片图像进行合轴处理，并通过 non-local means filter，median filter 及 unsharp masking 等算法对图像进行降噪处理；选用自动和手动的方式对图像进行阈值分割和二值化处理，并通过 fill holes，remove islands 等算法对分割的结果进一步精修处理；通过可视化的方式对分割的连续切片图像进行 3D 重建和定量分析，可以对未水化原料及孔结构进行定量表征，并可以通过定量表征的结果进一步计算硬化浆体的水化程度和孔隙率等微观结构的特征参数。

用 TG-DSC 测量的方法计算 C_3S 的水化程度,并且与 SBFSEM 测量分析的结果进行比较,结果证明两者具有较好的一致性。通过 SBFSEM 测试分析,不仅可以直接观察水化产物在空间中的分布情况,而且可以对其水化程度进行比较精确的定量表征。

用 X 射线 CT 对同一批样品进行 3D 重构分析,结果证明,由于受限于分辨率,X 射线 CT 在总孔隙率、开口孔、闭口孔及水化程度方面的计算结果低于通过 SBFSEM 测试分析的结果,而且其未水化产物及孔的球形度更接近于 1。对于 3D 成像分析方法,分辨率是决定分析结果精确性的一个重要因素,SBFSEM 测试方法可以以更高的分辨率还原样品 3D 空间上的真实形貌特征,并进行更精确的定量计算。

用 MIP 孔隙测试方法对同一批样品进行测试对比,结果证明,由于在 2 500 倍的放大倍数下,无法观察到 16.6 nm 以下的孔,使得压汞法测试的孔隙率更高,并且由于取样存在一定的偶然性,使得 SBFSEM 测试分析的最大孔径比压汞法小。但是由于压汞法只能测试其孔径分析范围内的开口孔,因此在 SBFSEM 的孔径测量范围内,压汞法测试的结果偏小。对于 SBFSEM 测试分析方法,在其图像及分辨率允许范围内,不仅可以直观观察 3D 空间上孔结构的分布特点,而且可以对孔隙率进行精确的定量计算。

第 5 章　水泥单矿物硬化浆体研究

5.1　概　述

孔结构对水泥基材料的强度及耐久性具有重要影响，目前已经有很多研究者对孔结构的特征与水泥基材料强度和耐久性等的关系做过大量系统的研究。而且针对不同的孔参数与强度和耐久性的关系也做过系统的研究和探讨，但是由于水泥基材料中孔形貌特征的随机性及孔结构相关参数的复杂性，使得该项研究的精确度问题受到一定的限制，因此目前不同水化龄期硬化浆体中的孔径分布、孔体积分布、孔隙率及其形貌特征等成为水泥基材料研究中的一项重要内容。

本章通过 SBFSEM 对水化 0.5 d、3 d、7 d 及 28 d 的 C_3S 硬化浆体及 C_3A 硬化浆体进行连续切片成像和 3D 重建分析，通过研究分析 3D 空间中不同水化龄期的 C_3S 硬化浆体及 C_3A 硬化浆体中未水化颗粒及孔隙的形态特征及尺寸分布特点，并且通过对比不同水化龄期的未水化颗粒及孔隙的直径、平均直径、中位直径、体积及长宽比，对其进行对比研究分析。探讨了不同水化龄期中未水化颗粒的形貌特征及发展规律及孔的形貌特征及相关参数演变规律。同时，通过图像计算方法及 3D 空间中孔隙的定量研究方法，计算不同水化龄期的 C_3S 硬化浆体及 C_3A 硬化浆体的水化程度及孔隙率随水化时间进行的变化规律。

5.2　不同水化龄期的 C_3S 硬化浆体 3D 重建分析

SBFSEM 测试分析技术作为一种连续切片成像并且进行 3D 重建的方法，可以对水泥硬化浆体的整体微观结构进行重建分析。本节通过对分别为水化 0.5 d、3 d、7 d 及 28 d 的 C_3S 硬化浆体进行连续切片成像并进行 3D 重建，对其水化过程中的未水化颗粒及孔结构的总体发展规律进行对比分析，研究未水化颗粒、开口孔、闭口孔，以及总孔的孔径、中位孔径、平均孔径、体积及长宽比随水化反应进行的变化规律。

不同水化龄期的 C_3S 硬化浆体的单个切片图像在 *XY* 平面及 *Z* 轴方向上的分辨率分别为 16.6 nm 和 20 nm，其 2D 图像效果及相应的灰度分布图像如图 5-1 所示。图 5-1(a)、(c)、(e)和(g)分别为水化 0.5 d、3 d、7 d 及 28 d 的 C_3S 硬化浆体的 2D 背散射切片图像，由背散射成像原理可知，孔、水化产物及未水化颗粒会呈现出 3 种不同的灰度效果，而且其在图像中的物相亮度也会依次增强，其效果如图 5-1 所示。同时由于电荷累积，会导致在相同的成像参数条件下，采集的不同图像集合呈现出不同的灰度差异，其灰度分布差异如图 5-1(b)、(d)、(f)和(h)所示。不同水化龄期的连续切片背散射图像物相的灰度峰并不明显，无法通过不同物相之间的灰度峰直接进行分割。因此，在进行物相分割的过程中，通过肉眼直接观察的方法来进行不同物相的区分分割，并且针对孔隙的阈值上限和未水化颗粒的阈值下限,通过切线法进行精度微调。具体的物相分割流程如第 4 章所述。

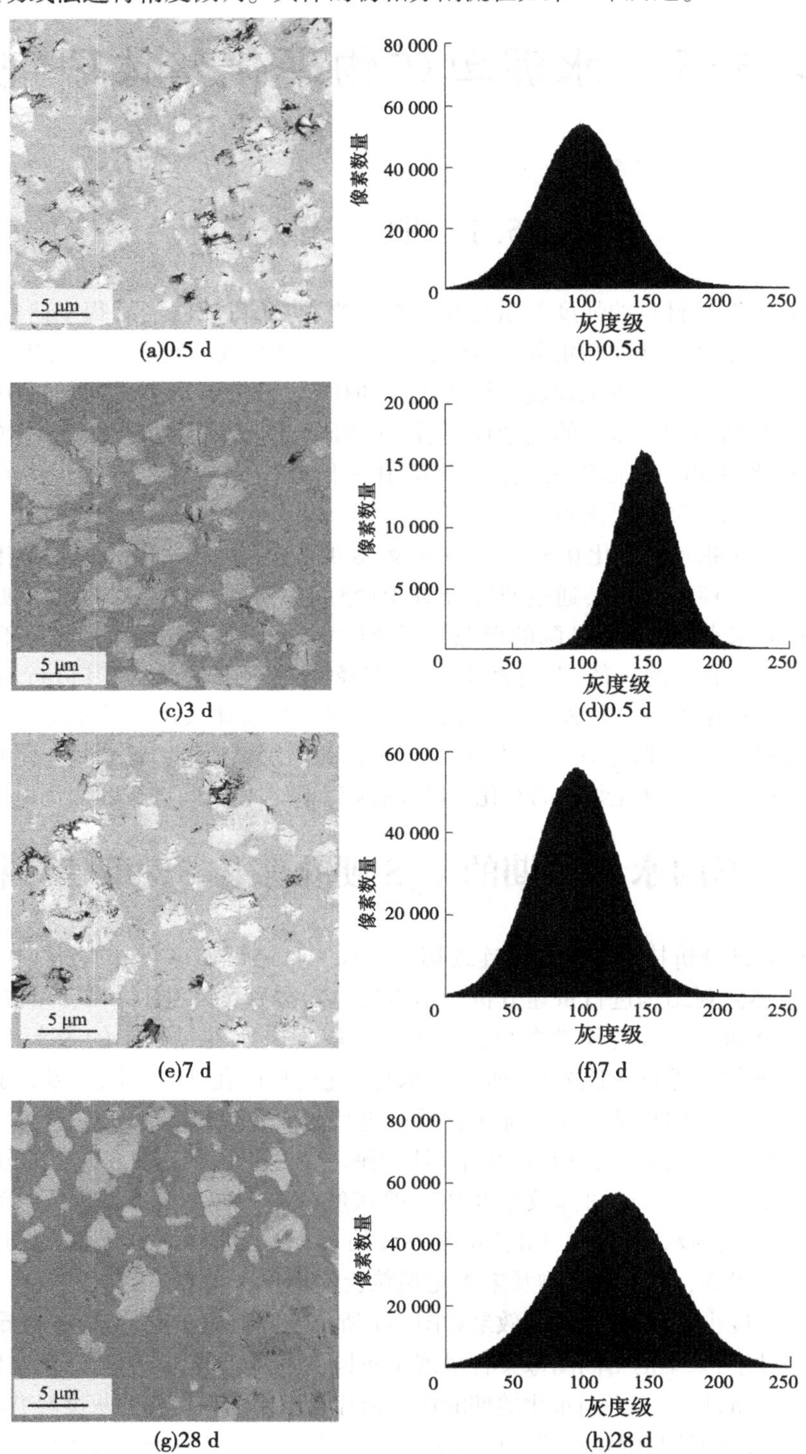

(a)0.5 d　(b)0.5d

(c)3 d　(d)0.5 d

(e)7 d　(f)7 d

(g)28 d　(h)28 d

图 5-1　不同水化龄期的 C_3S 硬化浆体的 2D BSE 图像及其灰度分布直方图

5. 2. 1　硬化浆体中未水化颗粒分析及水化程度分析

图 5-2 为通过连续切片图像重建的不同水化龄期的 C_3S 硬化浆体中未水化颗粒的 3D 空间图像,其中未水化颗粒均被渲染为浅色。通过对比不同水化龄期未水化颗粒的 3D 图像可以明显看出随着水化龄期的增大,未水化颗粒的总体积呈明显递减趋势。由于图像在 *XY* 平面的分辨率为 16. 6 nm,而 *Z* 轴切片方向上的厚度为 20 nm,即为其最高分辨率,因此在通过 3D 重建并且定量分析的过程中,为保证数据分析的准确性,仅对尺度在 20 nm 以上的研究对象进行定量分析。

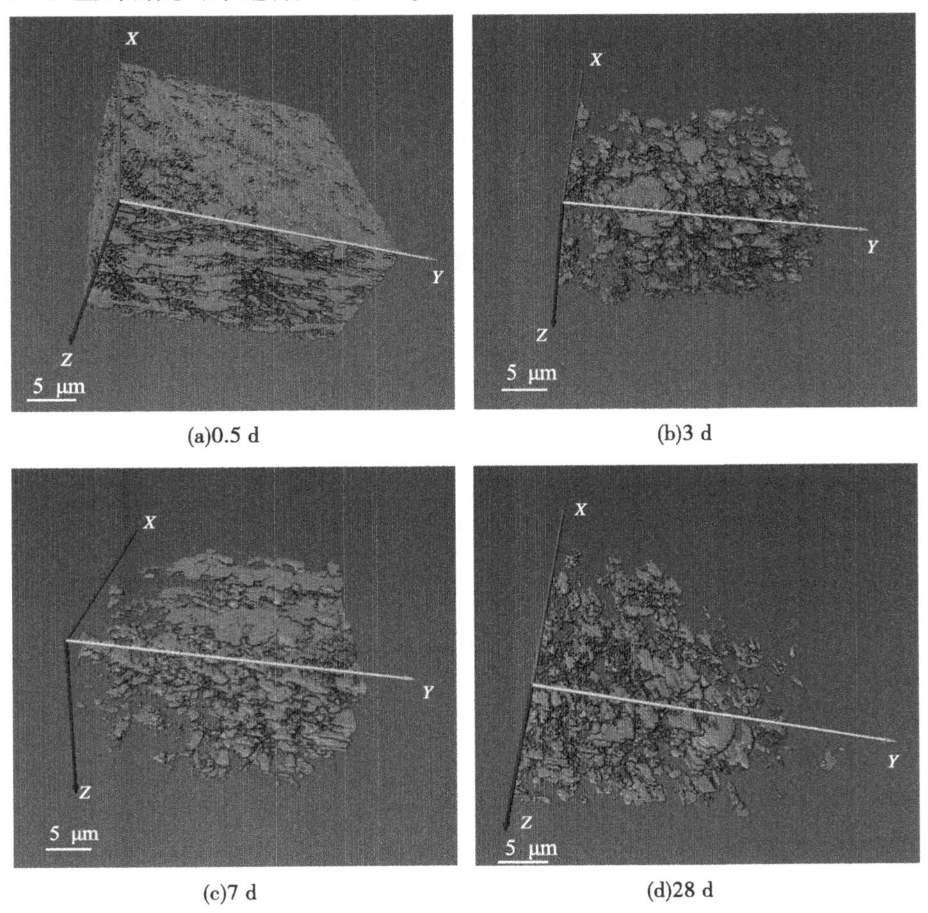

(a)0.5 d　(b)3 d　(c)7 d　(d)28 d

图 5-2　不同水化龄期的 C_3S 硬化浆体中未水化颗粒的 3D 空间图像

5. 2. 1. 1　未水化 C_3S 颗粒直径分析

在 20 nm 分辨率允许的范围内,不同水化龄期 C_3S 硬化浆体中可以识别的最小未水化颗粒直径、最大未水化颗粒直径、未水化颗粒的平均直径以及中位直径分别见表 5-1。由表 5-1 可知,不同水化龄期的最小颗粒尺寸均为 22 nm。而最大颗粒直径整体上随水化龄期的增大呈现降低趋势,同时要考虑到,由于尺度较大的颗粒在 3D 重建的图像中数量占比很低，通常情况下不足 0.1%，在进行选择区域分析时，尺寸较大颗粒的出现也有一定的随机性，因此在进行颗粒统计分析的过程中，尺寸较大颗粒带来的影响具有一定的偶然性。由表 5-1 也可以发现，不同水化龄期硬化浆体中未水化颗粒的平均直径和中位直径随着龄期的增大呈减小趋势。

表 5-1　C_3S 硬化浆体的 3D 图像中未水化颗粒的直径

龄期/d	颗粒直径/nm			
	最小值	平均值	中位值	最大值
0.5	22	129	119	1.8×10^4
3	22	116	113	1.5×10^4
7	22	114	115	1.3×10^4
28	22	109	107	5.0×10^3

由上可知，由于大尺寸颗粒在所有重建分析的 3D 结构中所占的数量比例非常低，在 0.1%以内，而且最大尺寸颗粒的尺度也受到取样的影响，缺乏代表性，因此仅统计分析不同水化龄期的 C_3S 硬化浆体中未水化颗粒尺寸小于 1 μm 的颗粒（见图 5-3）。

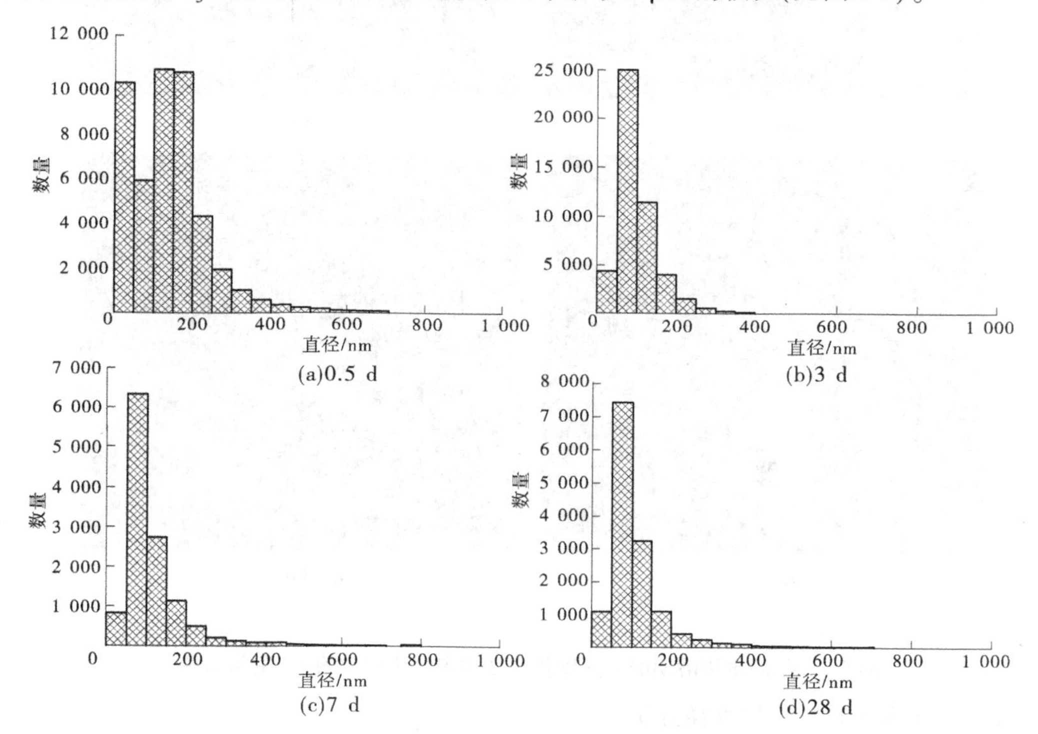

图 5-3　C_3S 硬化浆体的 3D 图像中未水化颗粒的直径分布

通过图 5-3 的颗粒直径分布图可以看到，随着水化反应的进行，未水化颗粒的数量呈现降低趋势。对比不同水化龄期的未水化 C_3S 颗粒，可以看到对于水化 0.5 d 的 C_3S 硬化浆体中，80%以上的颗粒处于直径 200 nm 以内。而随着水化反应的进行，未水化颗粒的数量不断减少,但是通过统计图也可以直接观察到,对于水化龄期为 3 d、7 d 及 28 d 的硬化浆体,90%以上的颗粒处于直径 200 nm 以内。随着反应的进行,数量降低最明显的颗粒是直径 200 nm 以内的颗粒。但是随着水化反应的进行,直径处于 200 nm 以内的颗粒数量占比却有所提升,甚至较水化龄期为 0.5 d 时所占的比例更高,这是因为随着水化反应的进行,一些尺寸较大的未水化颗粒也会逐渐水化而成为尺寸较小的颗粒。

5.2.1.2　未水化 C_3S 颗粒体积分析

表 5-2 为不同水化龄期的 C_3S 硬化浆体的 3D 重建图像中未水化颗粒的最小体积、最大体积、平均体积及中位体积的情况。

表 5-2　C_3S 硬化浆体的 3D 重建图像中未水化颗粒的体积

龄期/d	颗粒体积/nm^3			
	最小值	平均值	中位值	最大值
0.5	8.8×10^3	2.05×10^8	2.2×10^6	2.98×10^{11}
3	8.8×10^3	1.93×10^8	7.5×10^5	7.57×10^{10}
7	8.8×10^3	7.86×10^7	3.8×10^5	1.18×10^{11}
28	8.8×10^3	1.89×10^8	4.2×10^5	6.30×10^{10}

图像分析中受限于图像的最小分辨率,通过 Avizo 定量分析可识别到的 C_3S 硬化浆体中最小未水化颗粒体积均为 8.8×10^3 nm^3。同时,对比不同水化龄期中的未水化的 C_3S 颗粒可以发现,0.5 d、3 d 及 7 d 的未水化颗粒平均体积由 2.05×10^8 nm^3 至 7.86×10^7 nm^3 逐渐递减,但是 28 d 的未水化颗粒平均体积为 1.89×10^8 nm^3,较 7 d 未水化颗粒的平均体积却有所增大,这是因为随着水化反应的进行,体积较小的未水化颗粒数量减少,而且体积较大颗粒的数量具有一定的波动性。不同龄期未水化颗粒的最大体积在 63~298 μm^3 波动。对于 3D 重建的未水化颗粒研究对象,体积 1 μm^3 以下的颗粒数量占统计分析颗粒总量的 99%以上,但是体积 1 μm^3 以上的颗粒体积在总体积中却占较高比例。对于水化龄期为 0.5 d 的硬化浆体,其体积位于 1 μm^3 以上的颗粒数量为未水化颗粒总量的 0.38%,但是其总体积占未水化颗粒体积的 66%。对于水化龄期为 3 d 的硬化浆体,其体积位于 1 μm^3 以上的颗粒数量为未水化颗粒总量的 0.26%,但是其总体积占未水化颗粒体积的 63%。对于水化龄期为 7 d 的硬化浆体,其体积位于 1 μm^3 以上的颗粒数量为未水化颗粒总量的 0.72%,但是其总体积占未水化颗粒体积的 60%。对于水化龄期为 28 d 的硬化浆体,其体积位于 1 μm^3 以上的颗粒数量为未水化颗粒总量的 0.77%,但是其总体积占到未水化颗粒体积的 54%。大体积颗粒的体积占比随着水化龄期的增长呈现降低趋势。通过对比不同尺寸未水化颗粒的体积占比可知,对于通过图像法研究硬化浆体中未水化颗粒时,较大颗粒的体积占比对水化程度的分析具有决定性意义,但是体积位于 1 μm^3 以下的较小颗粒体积的统计分析,则有利于进一步提高水化程度研究分析的精确性。

图 5-4 为不同水化龄期的硬化浆体中体积位于 1 μm^3 以下的未水化颗粒体积的统计分布图。通过图像分析可以直观看出,随着水化反应的进行,较小颗粒的体积数量均占比

较高。对于水化龄期为0.5 d的硬化浆体，其中体积位于0.1 μm^3 以下的未水化颗粒体积数量占总量的98.6%；对于水化龄期为7 d的硬化浆体，其中体积位于0.1 μm^3 以下的未水化颗粒体积数量占总量的98.2%；对于水化龄期为3 d和28 d的硬化浆体，其中体积位于0.1 μm^3 以下的未水化颗粒体积数量占总量的99.5%。这同样可以说明，随着水化反应的进行，体积较大的颗粒通过水化反应的进行成为体积较小的颗粒，而体积较小的颗粒会随着水化反应的进行不断减小，小到图像的分辨率以下，进而消失。体积小于0.1 μm^3 的未水化颗粒体积比例处于一种动态平衡之中。

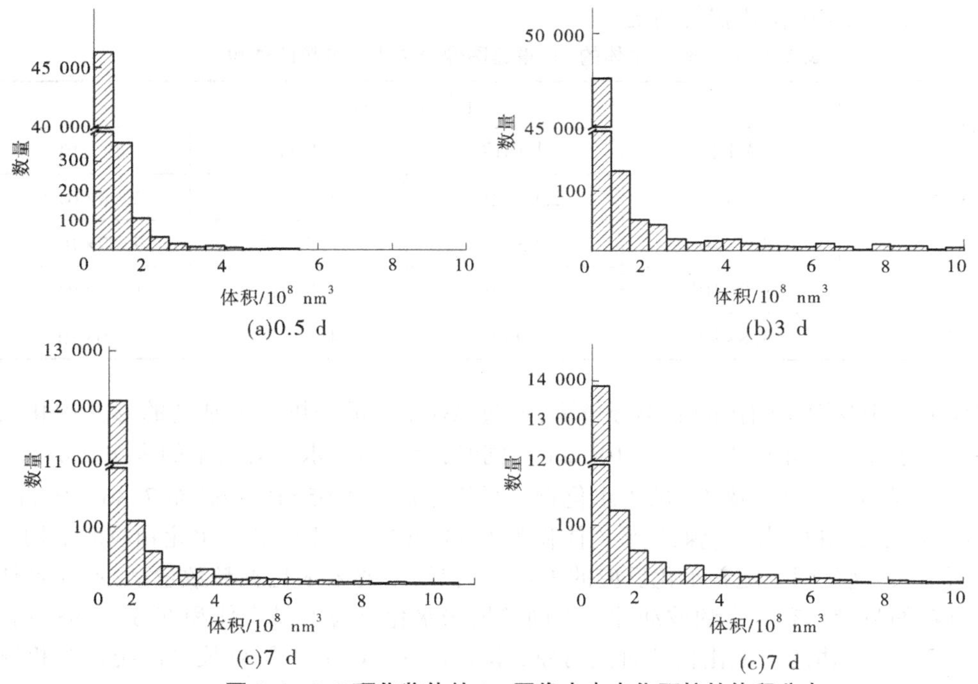

图5-4 C_3S 硬化浆体的3D图像中未水化颗粒的体积分布

5.2.1.3 未水化 C_3S 颗粒长宽比分析

通过对不同水化龄期 C_3S 硬化浆体的3D重建图像进行定量计算，其中硬化浆体中未水化 C_3 颗粒的最小长宽比、最大长宽比、平均长宽比及中位长宽比的情况如表5-3所示。

表5-3 C_3S 硬化浆体的3D图像中未水化颗粒的长宽比

龄期/d	颗粒长宽比			
	最小值	平均值	中位值	最大值
0.5	1	3.8	4.1	33
3	1	1.9	1.8	7.0
7	1	2.0	1.8	13.4
28	1	2.0	1.8	8.2

在水化龄期为 0.5 d 的 C_3S 硬化浆体中，其平均长宽比及中位长宽比都较大，而其最大的长宽比为 33，类似于针状结构，说明 C_3S 颗粒在水化的较早龄期内，尚未发生水化的颗粒大部分是以类似针棒状的形式存在于硬化浆体中。同时，在水化早期过程中，由于水化程度比较低，未水化颗粒之间存在相互连接、搭接等情况，或者不同未水化颗粒之间的间隙非常弱，因此在通过分析软件模型计算识别的过程中，将其识别为一个整体，导致其计算出来的颗粒长宽比也会偏大。而随着 C_3S 硬化浆体水化反应的进行，不同的未水化 C_3S 颗粒之间的界线也越来越清楚，从而将不同的未水化颗粒识别为同一个颗粒计算其长宽比的概率也大幅度降低，在这种情况下也能更真实地反映未水化颗粒的长宽比情况，如表 5-3 所展示的水化 3 d、7 d 及 28 d 硬化浆体中的未水化 C_3S 颗粒，其平均长宽比及中位长宽比都处于 1.8~2.0，说明随着水化反应的进行，大部分未水化颗粒会以椭球形的形状呈现出来，该现象也可以通过其 3D 重建图像（见图 5-2）和长宽比统计分布图（见图 5-5）直接观察。

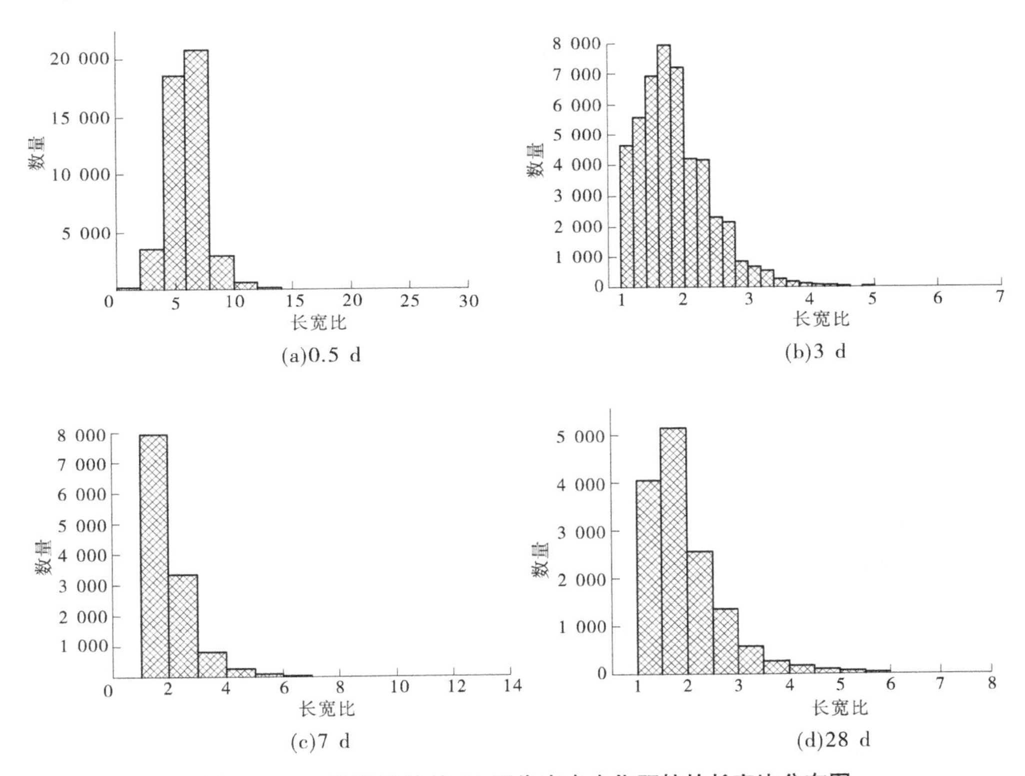

图 5-5　C_3S 硬化浆体的 3D 图像中未水化颗粒的长宽比分布图

由图 5-5 可知，在水化龄期为 0.5 d 的硬化浆体中，98.4% 的未水化颗粒的长宽比处于 10 以内，其中大部分颗粒的长宽比处于 5~7，长宽比位于 2 以内的比例仅占 0.3%。当水化龄期为 3 d 时，长宽比位于 2 以内的未水化颗粒占总量的 61.2%。当水化龄期为 7 d 时，长宽比位于 2 以内的未水化颗粒占总量的 63.4%。当水化龄期为 28 d 时，长宽比位于 2 以内的未水化颗粒占总量的 64.3%。说明随着水化反应的进行，大部分未水化颗粒的形状由棒状结构演变为椭球形。

5.2.1.4 C_3S 硬化浆体水化程度分析

通过真密度仪测得 C_3S 颗粒的真密度为 3.1，水灰比为 0.6，根据式(4-1)和式(4-2)可以计算不同水化龄期的 C_3S 硬化浆体的水化程度，如图 5-6 所示。由图 5-6 可知，水化 0.5 d 以后的水化程度为 55.6%，28 d 以后的水化程度为 88%，通过水化程度曲线也可以看出，随着水化反应的进行，其水化速度会逐步降低。由上述分析可知，随着水化反应的进行，未水化颗粒的体积含量降低，而且未水化颗粒的形貌特征逐步趋于椭球形，从而未水化颗粒的整体比表面积降低，降低水化反应的速率。

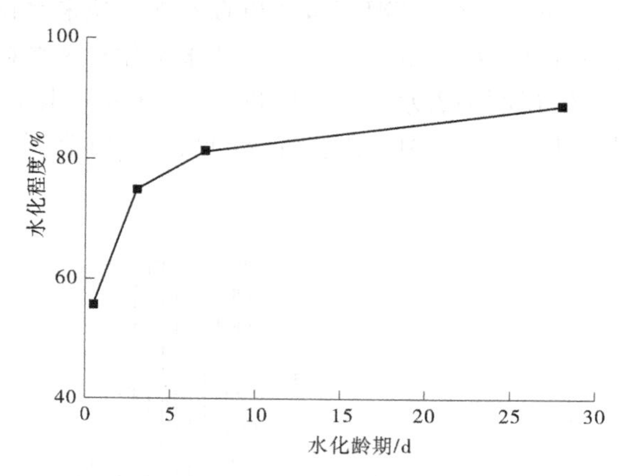

图 5-6 不同水化龄期 C_3S 的水化程度

5.2.2 C_3S 硬化浆体中孔结构分析

图 5-7 为通过 SBFSEM 连续切片成像并进行 Avizo 重建的不同水化龄期的 C_3S 硬化浆体中孔隙的 3D 空间分布图像。其中，开口孔被渲染为浅色，闭口孔被渲染为深色。通过对比不同水化龄期的孔结构的 3D 图像，可以明显看出随着水化龄期的增大，孔含量降低。由于图像在 *XY* 平面的分辨率为 16.6 nm，而 *Z* 轴切片方向上的厚度为 20 nm，因此在进行 3D 重建并且定量分析的过程中，为了保证数据分析的准确性，仅考虑尺度 20 nm 以上的孔。

5.2.2.1 开口孔直径分析

在图像处理分析过程中分辨率允许的范围内，对不同水化龄期 C_3S 硬化浆体重建的 3D 图像中可以识别的最小开口孔直径、最大开口孔直径、开口孔的平均直径以及开口孔的中位直径分别如表 5-4 所示。由表 5-4 可知，不同水化龄期 C_3S 硬化浆体中的最小开口孔直径在 89~106 nm 波动，并没有呈现明显的递增或者递减趋势。这是因为在通过 Avizo 软件对 C_3S 硬化浆体中的开口孔进行阈值判断分割的过程中，软件会按照预先设定的参数对开口孔进行识别，即与重建 C_3S 硬化浆体体积外表面接触的体素数量大于 10 的孔为开口孔，这样一方面提高了开口孔识别的准确性，另一方面使得小于限定体素数的开口孔无法被识别，从而在随后的计算中被认定为闭口孔。所以从这个角度分析，本次统计的开口孔尺寸整体上倾向于孔径尺寸偏大的孔。通过表 5-4 也可以发现，C_3S 硬化浆体的 3D 重建图像中开口孔的上限值随水化龄期的增大不断减小，而平均孔径及中位孔径

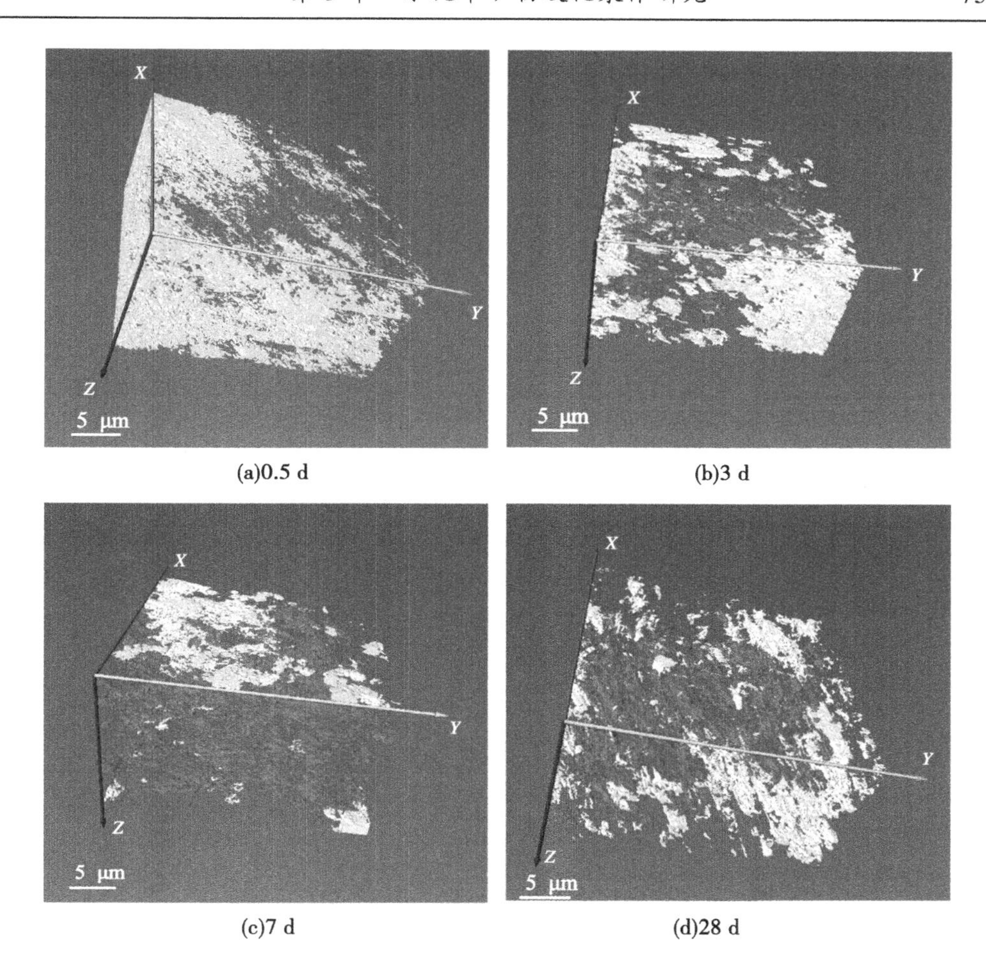

(a)0.5 d　(b)3 d

(c)7 d　(d)28 d

图5-7　不同水化龄期的 C_3S 硬化浆体中开口孔(浅色)和闭口孔(深色)的3D图像

呈现下降趋势。在硬化浆体3D重建图像分析中,中位孔直径的变化也说明了不同水化龄期的 C_3S 硬化浆体中大部分开口孔的直径分布特征,即处于中间位置的孔直径变化规律。

表5-4　C_3S 硬化浆体的3D图像中开口孔的直径

龄期/d	开口孔直径/nm			
	最小值	平均值	中位值	最大值
0.5	89	310	228	1.4×10^4
3	106	299	259	9.8×10^3
7	92	304	181	7.7×10^3
28	89	266	163	5.0×10^3

图 5-8 为不同水化龄期的 C_3S 硬化浆体中直径位于 1 μm 以下的开口孔分布情况。

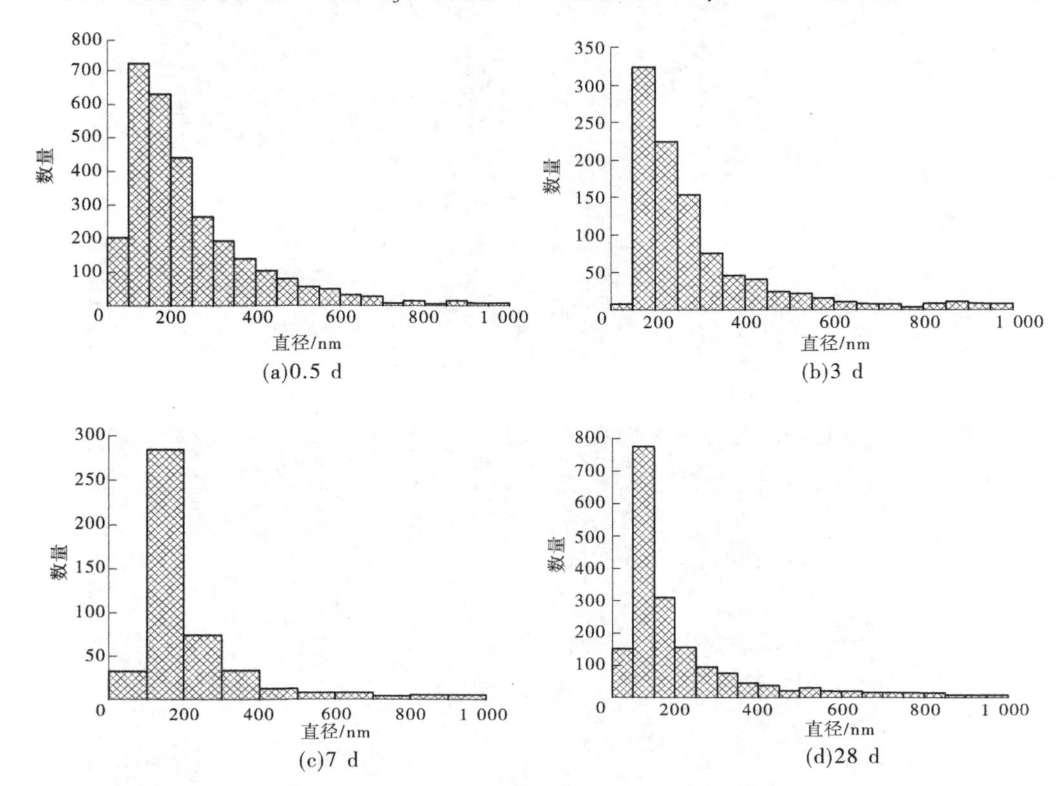

图 5-8　C_3S 硬化浆体的 3D 图像中开口孔的直径分布

对于水化 0.5 d 的 C_3S 硬化浆体，直径位于 1 μm 以下的开口孔占开口孔总数量的 98%以上；对于水化 3 d 的硬化浆体中，孔直径位于 1 μm 以下的开口孔占开口孔总数量的 92%以上；对于水化 7 d 的硬化浆体中，孔直径位于 1 μm 以下的开口孔隙占开口孔总数量的 93%以上；对于水化 28 d 的硬化浆体中，孔直径位于 1 μm 以下的开口孔占开口孔总数量的 96%以上。由图 5-8 可分析得知，对于水化龄期为 0.5 d 的硬化浆体，69%的孔直径介于 100～300 nm。对于水化龄期为 3 d 的硬化浆体，70%的孔直径介于 150～300 nm。对于水化龄期为 7 d 的硬化浆体，76%的孔直径介于 100～300 nm。对于水化龄期为 28 d 的硬化浆体，73%的孔直径处于 100～300 nm。因此，随着水化龄期的增大，大部分开口孔的直径趋于减小。

5.2.2.2　开口孔体积分析

表 5-5 为不同水化龄期 C_3S 硬化浆体重建的 3D 图像中可以识别的最小开口孔体积、最大开口孔体积、开口孔的中位体积以及统计计算分析得到的平均体积。

表 5-5　C_3S 硬化浆体的 3D 图像中开口孔的体积

龄期/d	开口孔体积/nm^3			
	最小值	平均值	中位值	最大值
0. 5	3.6×10^5	5.4×10^8	8.4×10^6	1.3×10^{12}
3	5.3×10^5	1.1×10^9	4.3×10^6	5.0×10^{11}
7	4.0×10^5	9.8×10^8	2.3×10^7	2.4×10^{11}
28	3.7×10^5	1.8×10^8	8.8×10^6	6.6×10^{10}

针对由不同水化龄期 C_3S 硬化浆体获取的 3D 重建图像,其最小的开口孔体积介于 $3.6\times10^5\sim5.3\times10^5$ nm^3,而最大开口孔的体积随着水化龄期的增大不断减小。但是不同水化龄期 C_3S 硬化浆体中的开口孔的平均体积和中位体积并没有呈现明显递减或者递增趋势,这一方面与在对开口孔进行识别时的参数设置有关,另一方面与不同水化龄期的开口孔可识别的数量和较大开口孔所占的比例有关。在通过软件对 C_3S 硬化浆体中的开口孔进行识别的过程中,满足函数条件的情况下才会被识别为开口孔,即和外表面接触的体素数不小于 10,因此体积较小的开口孔和达不到要求的开口孔均无法被识别,而被认定为闭口孔。对于水化龄期为 0. 5 d 的 C_3S 硬化浆体的 3D 重建图像,体积大于 1 μm^3 的开口孔数量占总数量的 1. 4%,其体积占开口孔总体积的 85. 2%。对于水化龄期为 3 d 的硬化浆体的 3D 重建图像,体积大于 1 μm^3 的开口孔数量占总数量的 5. 3%,但是其体积占开口孔总体积的 86. 7%。对于水化龄期为 7 d 的 3D 重建图像,体积大于 1 μm^3 的开口孔数量占总数量的 4. 6%,但是其体积占开口孔总体积的 87. 3%。对于水化龄期为 28 d 的 C_3S 硬化浆体的 3D 重建图像,体积大于 1 μm^3 的开口孔数量占总数量的 2. 4%,但是其体积占开口孔总体积的 75. 3%。对于不同水化龄期 C_3S 硬化浆体的 3D 重建图像,其最大可以识别的开口孔体积随着 C_3S 硬化浆体的水化龄期的增加不断减小,当水化龄期为 0. 5 d 时,其最大的开口孔体积为 1.3×10^{12} nm^3;当水化龄期为 28 d 时,其最大的开口孔体积为 6.6×10^{10} nm^3。

图 5-9 为不同水化龄期的硬化浆体重建的 3D 图像中,体积位于 1 μm^3 以下的开口孔体积的统计分布图。

对于水化龄期为 0. 5 d 的 C_3S 硬化浆体,其中体积位于 0. 2 μm^3 以下的开口孔体积数量占总数量的 97. 6%;对于水化龄期为 3 d 的 C_3S 硬化浆体,其中体积位于 0. 2 μm^3 以下的开孔孔体积数量占总数量的 93. 3%;对于水化龄期为 7 d 的 C_3S 硬化浆体,其中体积位于 0. 2 μm^3 以下的开口孔体积数量占总数量的 95. 8%;对于水化龄期为 28 d 的 C_3S 硬化浆体,其中体积位于 0. 2 μm^3 以下的开口孔体积数量占总数量的 95. 9%。这是因为随着 C_3S 硬化浆体水化反应的进行,体积较大的开口孔,由于水化反应的进行逐渐成为体积较小的开口孔,或者一些闭口孔因为水化反应的进行而成为开口孔。而体积较小的开口孔则会随着水化反应的进行不断减小,甚至消失。因此,随着水化反应的进行,总开口孔的数量整体呈现下降趋势,但是体积位于 0. 2 μm^3 以下的开口孔在总数量比例基本保持稳定不变。

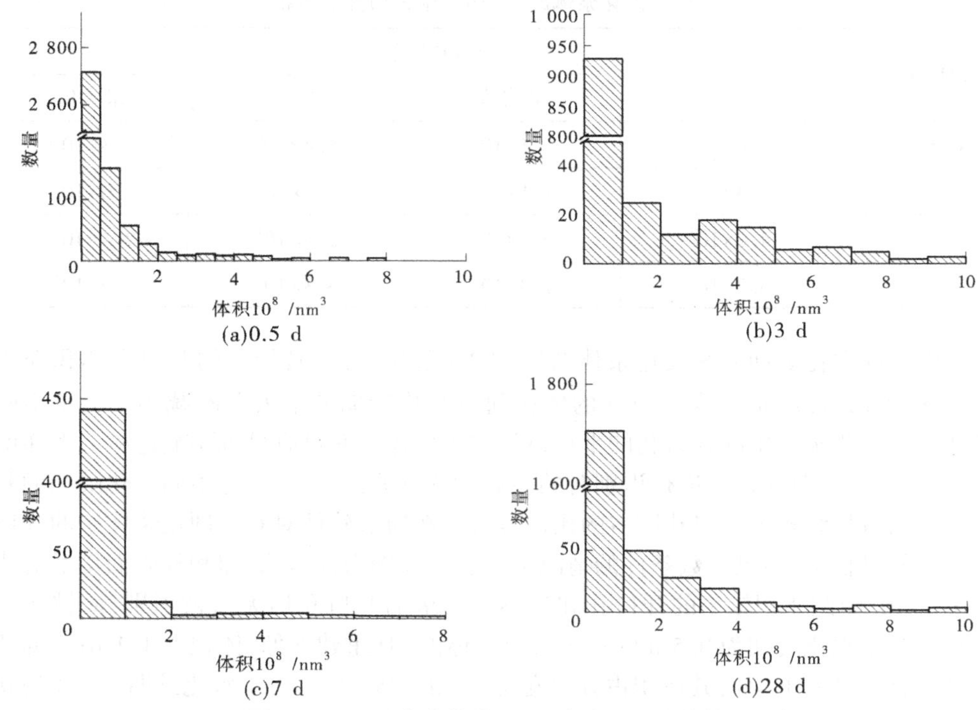

图 5-9 C_3S 硬化浆体的 3D 图像中开口孔的体积分布

5.2.2.3 开口孔长宽比分析

孔的伸长度代表了其物质传输能力的强弱，而不同孔的伸长度差异可以通过其长宽比表示，长宽比越大，则代表其相应物质传输能力越强，其伸长度越好，如表 5-6 所示。

表 5-6 C_3S 硬化浆体的 3D 图像中开口孔的长宽比

龄期/d	开口孔的长宽比			
	最小值	平均值	中位值	最大值
0.5	1.3	6.3	6.1	24.8
3	1.4	3.0	3.1	7.9
7	1.3	3.4	3.8	12.1
28	1.2	3.1	2.7	19.8

表 5-6 展示了不同水化龄期 C_3S 硬化浆体的 3D 重建图像中开口孔的最小长宽比、最大长宽比、平均长宽比及中位长宽比的情况。在龄期为 0.5 d 的硬化浆体中，其平均长宽比及中位长宽比分别为 6.3 和 6.1，而最大长宽比为 24.8。说明在水化早期阶段，开口孔的整体伸长度较大。而随着水化反应的进一步进行，平均开口孔和中位开口孔的长宽比均有所下降，当水化龄期为 3 d、7 d 和 28 d 时，其开口孔长宽比的平均值分别为 3.0、3.4 和 3.1，说明随着水化反应的进行，开口孔的伸长度呈现降低趋势，从而开口孔的伸长度和连通性也随之变弱。当 C_3S 原料处于初始水化阶段时，由于开口孔的伸长度和连通性

好,便于水分的传输,从而水化反应速度较快,但是随着水化反应的进行,由于水化产物的填充,开口孔的伸长度和连通性有所降低,从而不利于水分传输,进而水化反应速度也随之降低。因此,在 28 d 的水化龄期内,不同水化龄期的 C_3S 硬化浆体内的平均开口孔长宽比和中位开口孔的长宽比均随水化龄期的增大呈降低趋势。

图 5-10 为不同水化龄期的 C_3S 硬化浆体 3D 重建图像中所有开口孔长宽比的统计分布图。在水化龄期为 0.5 d 的硬化浆体重建图像中,86.7%的开口孔的长宽比处于 3 以上,即大部分开口孔的伸长性较好,从而便于水分在浆体中的传输。当水化龄期为 3 d 时,长宽比位于 3 以上的开口孔占总数量的 48.5%。当水化龄期为 7 d 时,长宽比位于 3 以上的开口孔占总数量的 55.1%。当水化龄期为 28 d 时,长宽比位于 3 以上的未水化颗粒占总数量的 38.4%。说明随着水化反应的进行开口孔的伸长度和连通性变差,从而使其水分传输能力变弱。

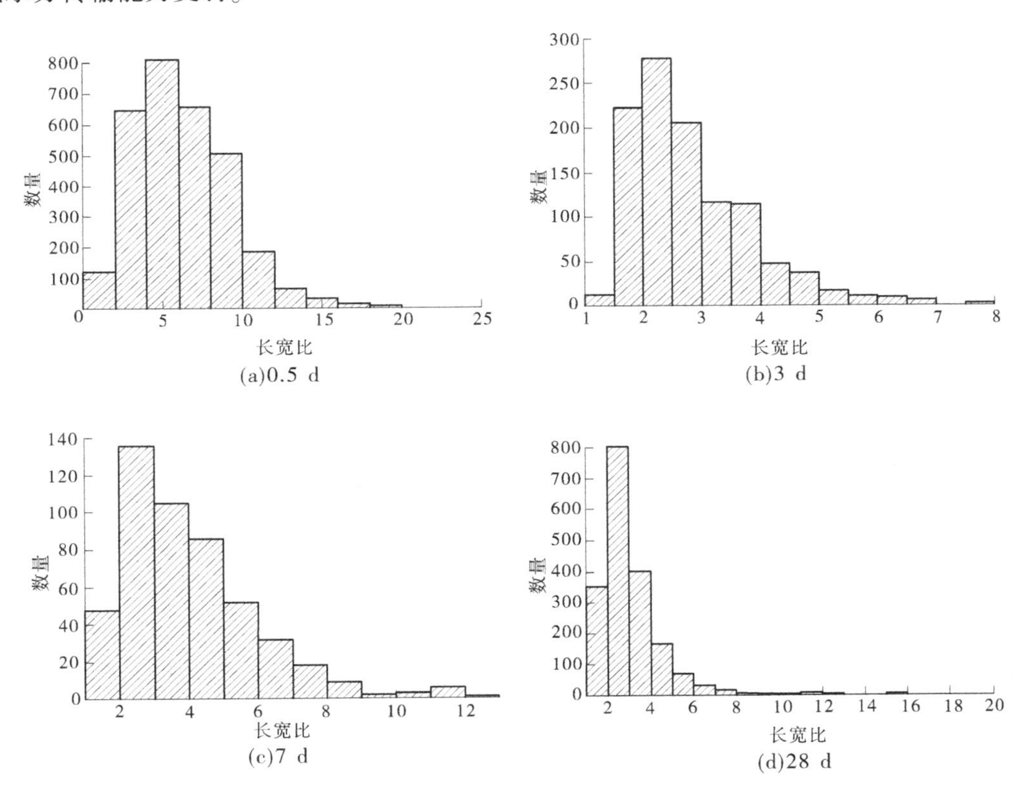

图 5-10　C_3S 硬化浆体的 3D 图像中开口孔的长宽比分布

5.2.2.4　闭口孔直径分析

由表 5-7 可知,不同水化龄期 C_3S 硬化浆体的 3D 重建图像中可识别的最小闭口孔的直径均为 22 nm,即为数据处理时设置的最小分辨范围。不同水化龄期 C_3S 硬化浆体中可识别的最大闭口孔直径介于 3.2~4.8 μm,波动范围较大,这与样品分析选择的目标对象有直接关系,由于大孔在重建硬化浆体分析的体积中数量占比较低,因此其体积大小也存在选样而导致的偶然性,而闭口孔的平均直径和中位直径则随着 C_3S 硬化浆体的水化龄期的增大呈现波动性降低趋势。

表 5-7 C_3S 硬化浆体的 3D 图像中闭口孔的直径

龄期/d	闭口孔直径/nm			
	最小值	平均值	中位值	最大值
0.5	22	122	113	3.3×10^3
3	22	128	132	3.6×10^3
7	22	120	90	4.8×10^3
28	22	100	82	3.2×10^3

不同水化龄期的 C_3S 硬化浆体的闭口孔平均直径及中位直径均随着水化龄期的增大呈现降低趋势。当水化龄期为 0.5 d 时,0.5%的闭口孔直径大于 1 μm;当水化龄期为 3 d 时,0.6%的闭口孔直径大于 1 μm;当水化龄期为 7 d 时,0.3%的闭口孔直径大于 1 μm;当水化龄期为 28 d 时,0.1%的闭口孔直径大于 1 μm。因此,随着 C_3S 硬化浆体水化龄期的增大,直径较小的闭口孔所占的比例呈增大趋势,闭口孔的中位直径和平均直径呈现同样的规律。

图 5-11 为不同水化龄期 C_3S 硬化浆体的 3D 重建图像中直径小于 1 μm 的闭口孔直径分布图。对于水化龄期为 0.5 d 的硬化浆体,89.3%的闭口孔直径位于 200 nm 以内;对于水化龄期为 3 d 的硬化浆体,84.5%的闭口孔直径位于 200 nm 以内;对于水化龄期为 7 d 的硬化浆体,92.2%的闭口孔直径位于 200 nm 以内;对于水化龄期为 28 d 的硬化浆体,96.0%的闭口孔直径位于 200 nm 以内。随着水化反应的进行,直径小于 200 nm 的闭口孔数量在总的闭口孔中所占的比例呈现波动性上升趋势。

5.2.2.5 闭口孔体积分析

由表 5-8 可知,不同水化龄期 C_3S 硬化浆体的 3D 重建图像中可以识别的最小的闭口孔的体积均为 1.2×10^4 nm^3,该值即为数据处理时设置的分辨率允许范围内的最小值。不同水化龄期 C_3S 硬化浆体的 3D 重建图像中可识别的最大闭口孔体积介于 19~60 μm^3,波动范围较大,这与样品成像与分析时选择的视阈范围有直接关系,因为体积比较大的闭口孔在重建图像中的比例非常低,因此其具体值的大小具有随机性。

由 C_3S 硬化浆体水化龄期为 0.5 d 时获取的 3D 图像中的闭口孔体积的平均值和中位值,较水化龄期为 3 d、7 d 和 28 d 时偏小,这主要是因为当 C_3S 硬化浆体的水化龄期为 0.5 d 时,通过 3D 重建分析所获取的体积较小的闭口孔数量及比例占比较高所致。当 C_3S 硬化浆体的水化龄期为 0.5 d 时,体积大于 1 μm^3 的闭口孔数量在总的闭口孔中所占的比例为 0.1%;当 C_3S 硬化浆体的水化龄期为 3 d 时,体积大于 1 μm^3 的闭口孔数量在总的闭口孔中所占的比例为 0.3%;当 C_3S 硬化浆体的水化龄期为 7 d 时,体积大于 1 μm^3 的闭口孔数量在总的闭口孔中所占的比例为 0.3%;当 C_3S 硬化浆体的水化龄期为 28 d 时,体积大于 1 μm^3 的闭口孔数量在总的闭口孔中所占的比例为 0.1%。因此,对于由水化龄期位于 28 d 以内的 C_3S 硬化浆体重建的 3D 图像,体积大于 1 μm^3 的闭口孔所占的数量比一直处于较低位置。

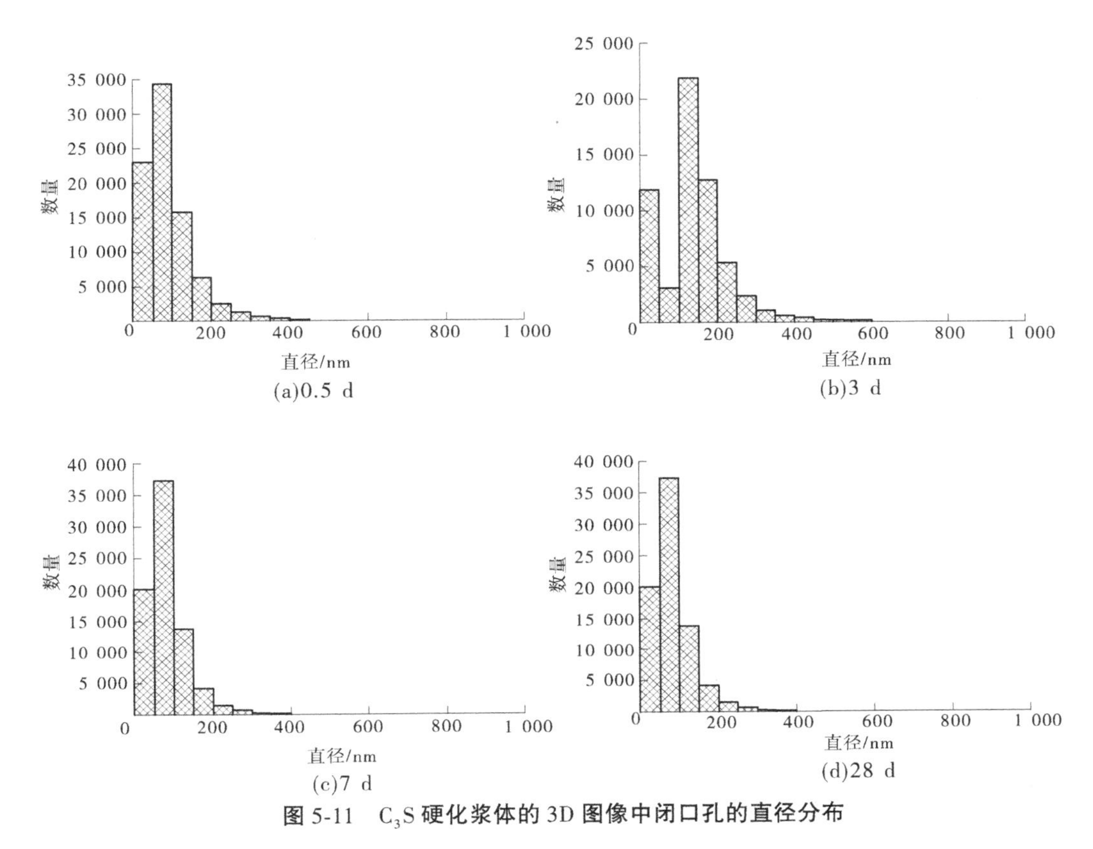

图 5-11　C_3S 硬化浆体的 3D 图像中闭口孔的直径分布

表 5-8　C_3S 硬化浆体的 3D 图像中闭口孔的体积

龄期/d	闭口孔体积/nm^3			
	最小值	平均值	中位值	最大值
0.5	1.2×10^4	3.0×10^6	6.8×10^5	1.9×10^{10}
3	1.2×10^4	1.1×10^8	2.0×10^6	2.4×10^{10}
7	1.2×10^4	1.7×10^7	7.3×10^5	6.0×10^{10}
28	1.2×10^4	4.6×10^6	4.6×10^5	1.6×10^{10}

图 5-12 为不同水化龄期的 C_3S 硬化浆体重建的 3D 图像中体积位于 1 μm^3 以下的闭口孔体积的统计分布图。对于不同水化龄期的 C_3S 硬化浆体的 3D 重建图像，其中体积位于 0.1 μm^3 以下的闭口孔体积数量均占总数量的 99% 以上。这是因为随着水化反应的进行，一部分体积较大的闭口孔随着水化反应的进行被水化产物逐步填充，从而成为体积较小的闭口孔，而体积较小的闭口孔也会随着水化反应的进行逐步消失，但是体积位于 0.1 μm^3 以下的闭口孔在总的闭口孔中所占的数量比例基本保持稳定，即在 C_3S 硬化浆体重建的 3D 图像中，体积位于 0.1 μm^3 以下的闭口孔在 28 d 的水化龄期内，其数量占比是比较稳定的，一直处于较高的比例状态。

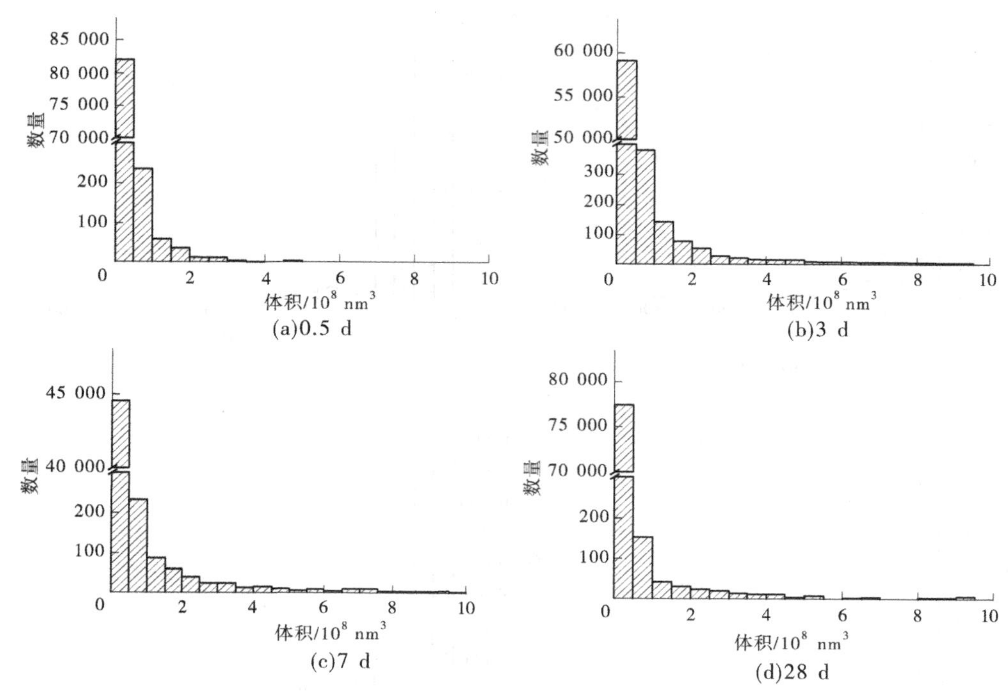

图 5-12　C_3S 硬化浆体的 3D 图像中闭口孔的体积分布

5.2.2.6　闭口孔长宽比分析

对于不同 C_3S 硬化浆体中不同水化龄期硬化浆体的 3D 重建图像，闭口孔的最小长宽比、最大长宽比、平均长宽比及中位长宽比的情况如表 5-9 所示。

表 5-9　C_3S 硬化浆体的 3D 图像中闭口孔的长宽比

龄期/d	闭口孔长宽比			
	最小值	平均值	中位值	最大值
0.5	1	3.6	3.4	23.5
3	1	2.0	1.8	10.3
7	1	2.3	2.2	18.8
28	1	2.2	2.1	18.5

对比 C_3S 硬化浆体中不同水化龄期的闭口孔的平均长宽比和中位长宽比可以发现，在 C_3S 硬化浆体水化龄期为 0.5 d 时的闭口孔的平均长宽比和中位长宽比分别为 3.6 和 3.4，趋于长条棒状形。当 C_3S 硬化浆体水化龄期分别为 3 d、7 d 及 28 d 时，闭口孔的平均长宽比和中位长宽比均处于 2.0 左右，即 C_3S 硬化浆体中不同水化龄期的闭口孔的长宽比随水化龄期的增大呈现降低趋势。

图 5-13 为不同水化龄期的硬化浆体中所有闭口孔的长宽比的统计分布。在水化龄

期为 0.5 d 硬化浆体的 3D 重建图像中,46.3%的闭口孔的长宽比大于 3,其中大部分闭口孔的长宽比处于 3~6,即为针棒状。长宽比位于 2 以内的占比为 11.4%。在水化龄期为 3 d 硬化浆体的 3D 重建图像中,83.4%的闭口孔的长宽比小于 3,其中长宽比位于 2 以内的占比为 32.5%。在水化龄期为 7 d 硬化浆体的 3D 重建图像中,79.9%的闭口孔的长宽比小于 3,其中长宽比位于 2 以内的占比为 33.6%。在水化龄期为 28 d 硬化浆体的 3D 重建图像中,83.0%的闭口孔的长宽比小于 3,其中长宽比位于 2 以内的占比为 53.1%。水化程度越高,闭口孔的球形度越好。

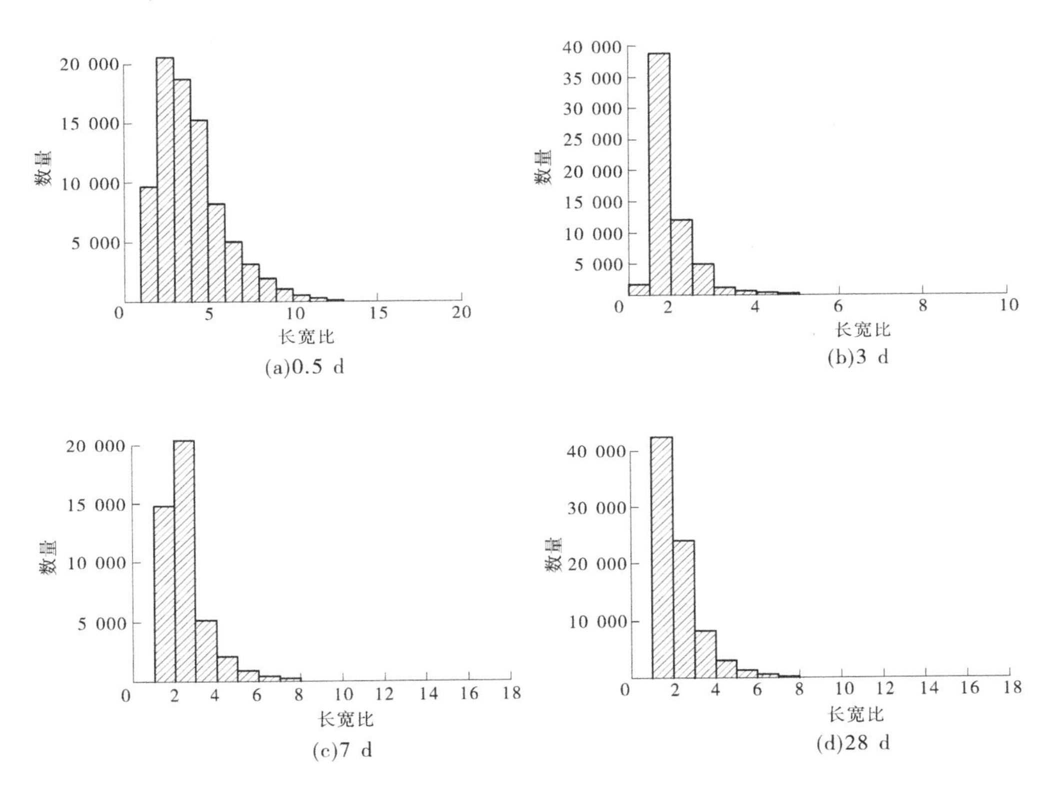

图 5-13　C_3S 硬化浆体的 3D 图像中闭口孔的长宽比分布

5.2.2.7　总孔的直径分析

由表 5-10 可知,不同水化龄期的 C_3S 硬化浆体的 3D 重建图像中可以识别的最小孔的直径均为 22 nm,即为数据处理时设置的最小分辨允许范围。不同水化龄期可识别的最大闭口孔直径介于 5~14 μm,并且可识别的最大孔的直径随水化龄期的增大而不断减小,不同水化龄期的孔的平均直径及中位直径呈现降低趋势。

表 5-10 C_3S 硬化浆体的 3D 图像中总孔的直径

龄期/d	孔直径/nm			
	最小值	平均值	中位值	最大值
0.5	22	128	101	1.4×10^4
3	22	146	143	9.8×10^3
7	22	123	91	7.7×10^3
28	22	104	85	5.0×10^3

对于不同水化龄期 C_3S 硬化浆体的 3D 重建图像，直径小于 1 μm 的孔均占孔数量总量的99%以上。图 5-14 统计分析了直径小于 1 μm 的孔的直径分布情况。在该尺寸范围内，对于水化龄期为 0.5 d 的 C_3S 硬化浆体，90.7%的孔直径位于 200 nm 以内；对于水化龄期为 3 d 的硬化浆体，89.7%的孔直径位于 200 nm 以内；对于水化龄期为 7 d 的硬化浆体，92.1%的孔直径位于 200 nm 以内；对于水化龄期为 28 d 的硬化浆体，95.6%的孔直径位于 200 nm 以内。因此，随着水化反应的进行，直径位于 200 nm 以内的孔隙比例呈现增大趋势。

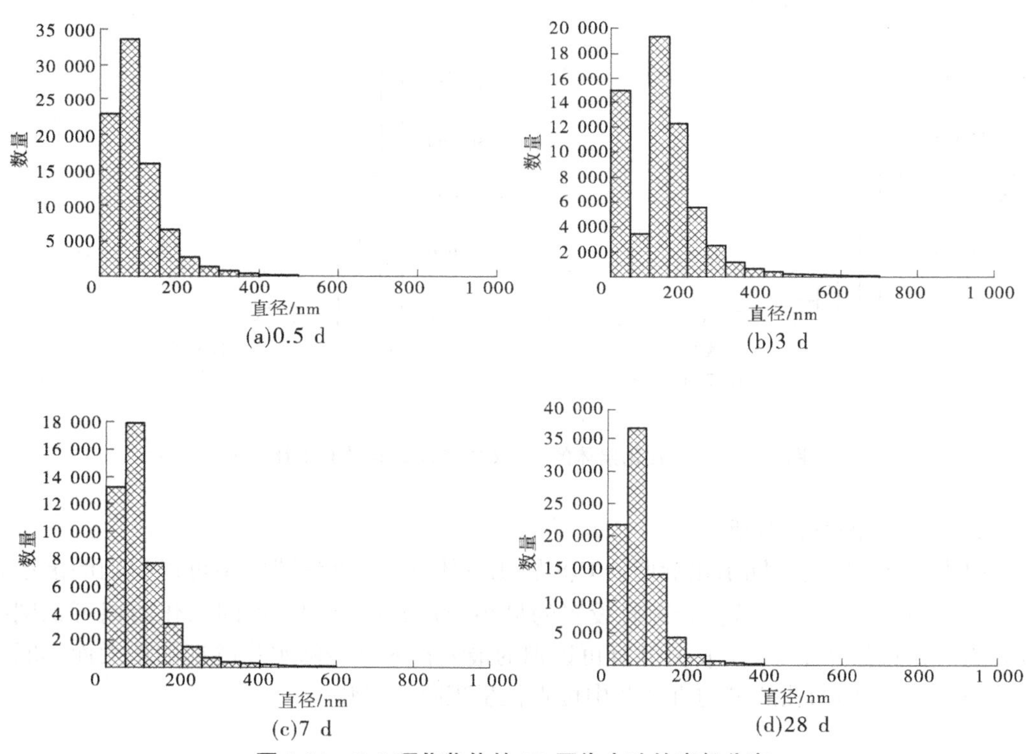

图 5-14 C_3S 硬化浆体的 3D 图像中孔的直径分布

5.2.2.8　孔的体积分析

由表 5-11 可知，不同水化龄期 C_3S 硬化浆体的 3D 重建图像中可识别的最小孔隙的体积为 1.2×10^4 nm^3，即为数据处理时设置的最小分辨范围。而可识别的最大孔隙体积随水化龄期的增长呈下降趋势。C_3S 硬化浆体的水化龄期为 0.5 d 和 28 d 时的孔体积的平均值和中位值较 3 d 和 28 d 时小，一方面与总的孔的数量有关，另一方面与体积较大孔所占的比例有关。当 C_3S 硬化浆体的水化龄期为 0.5 d 时，体积大于 1 μm^3 的孔占总孔数的比例为 0.4%；当 C_3S 硬化浆体的水化龄期为 3 d 时，体积大于 1 μm^3 的孔占总孔数的比例为 0.3%；当 C_3S 硬化浆体的水化龄期为 7 d 时，体积大于 1 μm^3 的孔占总孔数的比例为 0.2%；当 C_3S 硬化浆体的水化龄期为 28 d 时，体积大于 1 μm^3 的孔占总孔数的比例为 0.2%，即 C_3S 硬化浆体的水化龄期位于 28 d 以内时，体积大于 1 μm^3 的孔占总孔数的比例一直处于较低的比例。

表 5-11　C_3S 硬化浆体的 3D 图像中孔的体积

龄期/d	孔体积/nm^3			
	最小值	平均值	中位值	最大值
0.5	1.2×10^4	1.2×10^7	4.9×10^5	1.3×10^{12}
3	1.2×10^4	3.7×10^7	2.0×10^6	5.0×10^{11}
7	1.2×10^4	3.0×10^7	5.1×10^5	2.4×10^{11}
28	1.2×10^4	8.9×10^6	4.5×10^5	6.6×10^{10}

图 5-15 为由不同水化龄期的 C_3S 硬化浆体重建的 3D 图像中体积位于 1 μm^3 以下的孔体积的统计分布。对于水化龄期为 0.5 d 的 C_3S 硬化浆体的 3D 重建图像，其中体积位于 0.1 μm^3 以下的孔体积数量占总孔数量的 99%以上，其体积含量占总孔体积的 43%。对于水化龄期为 3 d 的 C_3S 硬化浆体的 3D 重建图像，其中体积位于 0.1 μm^3 以下的孔体积数量占总孔数量的 99%以上，体积含量占总孔体积的 44%。对于水化龄期为 7 d 的 C_3S 硬化浆体的 3D 重建图像，其中体积位于 0.1 μm^3 以下的孔体积数量占总孔数量的 99%以上，体积含量占总孔体积的 50%。对于水化龄期为 28 d 的 C_3S 硬化浆体的 3D 重建图像，其中体积位于 0.1 μm^3 以下的孔体积数量占总孔数量的 99%以上，体积含量占总孔体积的 58%。

5.2.2.9　孔的长宽比分析

在不同水化龄期的 C_3S 硬化浆体的 3D 重建图像中，孔的最小长宽比、最大长宽比、平均长宽比及中位长宽比的情况如表 5-12 所示。

对比不同水化龄期 C_3S 硬化浆体中孔的平均长宽比和中位长宽比可知，在水化龄期为 0.5 d 时的 C_3S 硬化浆体中孔的平均长宽比和中位长宽比分别为 3.7 和 3.3，趋于长条形，说明孔隙具有较好的连通性。当 C_3S 硬化浆体的水化龄期分别为 3 d、7 d 及 28 d 时，孔的平均长宽比和中位长宽比均处于 1.8~2.2，呈椭球形，说明随着 C_3S 硬化浆体水化反应的进行，大部分孔隙会趋向于椭球形发展。

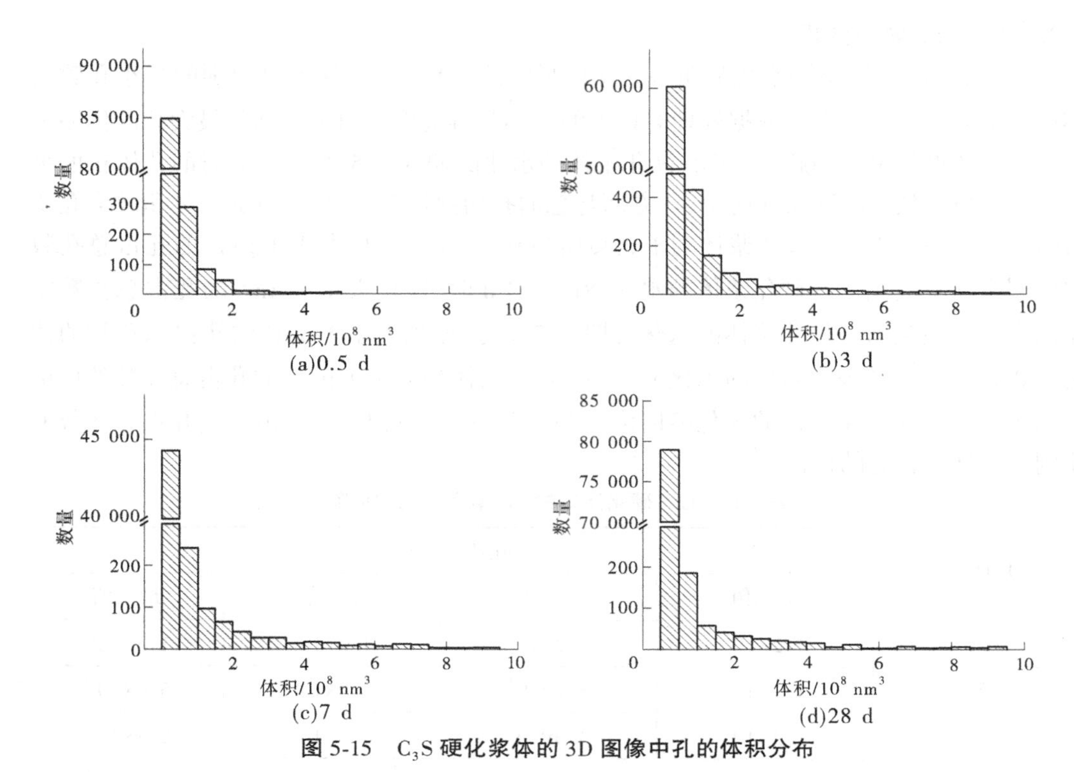

图 5-15 C_3S 硬化浆体的 3D 图像中孔的体积分布

表 5-12 C_3S 硬化浆体的 3D 图像中孔的长宽比

龄期/d	孔的长宽比			
	最小值	平均值	中位值	最大值
0.5	1	3.7	3.3	24.8
3	1	2.0	1.8	10.3
7	1	2.1	2.2	18.8
28	1	2.2	2.1	19.8

图 5-16 为不同水化龄期的 C_3S 硬化浆体中所有孔的长宽比的统计分布。在水化龄期为 0.5 d 的 C_3S 硬化浆体的 3D 重建图像中，64.9%的孔的长宽比大于 3，其中大部分孔隙的长宽比处于 3~6，即为针棒状，长宽比位于 2 以内的孔数量占比为 11.2%。在水化龄期为 3 d 的 C_3S 硬化浆体的 3D 重建图像中，85.4%的孔的长宽比小于 3，其中长宽比位于 2 以内的孔数量占比为 53.2%。在水化龄期为 7 d 的 C_3S 硬化浆体的 3D 重建图像中，79.5%孔的长宽比小于 3，其中长宽比位于 2 以内的孔占比为 33.3%。在水化龄期为 28 d 的 C_3S 硬化浆体的 3D 重建图像中，83.3%孔的长宽比小于 3，其中长宽比位于 2 以内的孔数量占比为 53.0%。说明随着水化反应的进行，C_3S 硬化浆体中的孔会趋于椭球形。在 28 d 水化龄期内，C_3S 硬化浆体的整体水化程度越高，其内部孔的伸长度越差，即连通性越差。

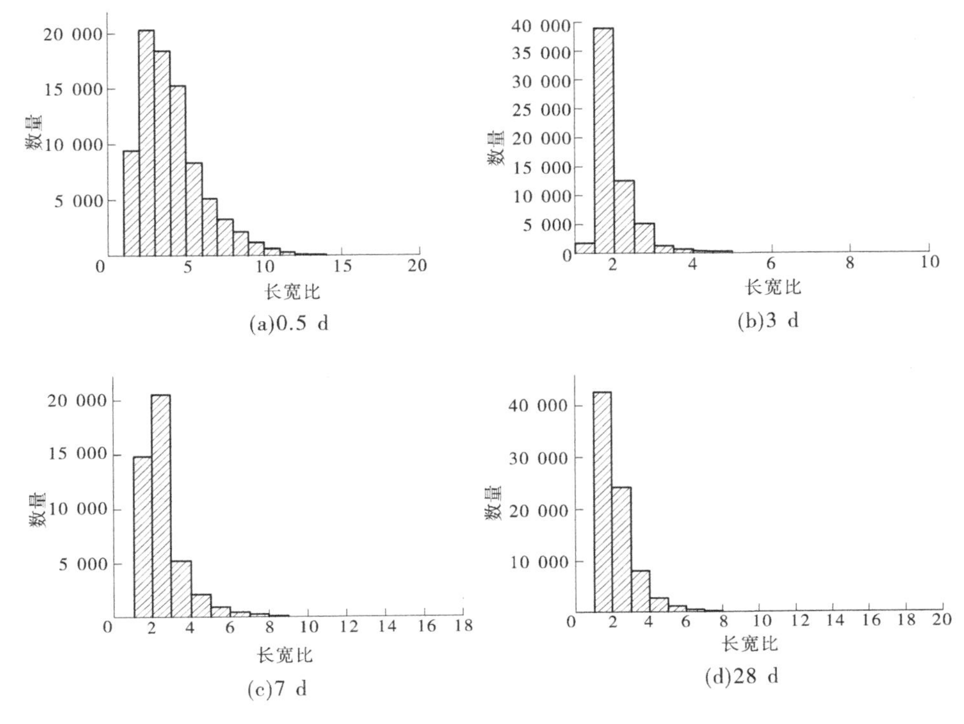

图 5-16　C_3S 硬化浆体的 3D 图像中孔的长宽比分布

5.2.2.10　孔隙率分析

通过 Avizo 进行 3D 重建的 C_3S 硬化浆体的总体积为 18 μm×33 μm×33 μm，如图 5-17 所示，其中灰色部分代表未水化颗粒，浅色部分代表开口孔，深灰色部分代表闭口孔，浅灰色部分代表水化产物。其不同物相在 3D 空间的分布情况可以直接观察。

根据 3D 重建的 C_3S 硬化浆体体积中的开口孔、闭口孔及总孔的体积与 3D 重建图像中 C_3S 硬化浆总体积的比值即可计算不同水化龄期 C_3S 硬化浆体重建体积的开口孔的孔隙率、闭口孔的孔隙率及总孔隙的孔隙率。其计算结果如图 5-18 所示。

图 5-18 展示了 3D 重建的 C_3S 硬化浆体体积中开口孔、闭口孔及总孔的孔隙率随水化龄期增大的变化规律。通过对比 C_3S 硬化浆体中不同类别孔的孔隙率随水化龄期增大的变化规律可知，通过 C_3S 硬化浆体进行的 3D 重建体积中，开口孔、闭口孔及总孔的孔隙率随着水化龄期的增大呈现降低趋势，但是其中闭口孔的孔隙率随水化龄期增大而降低的速度相对于开口孔以及总孔降低趋势慢。这是因为在大部分情况下，C_3S 硬化浆体的水化反应过程主要是在水化样品的表面及开口孔中进行的，相对于闭口孔，大部分在开口孔中由于水化反应而产生的固体水化产物会填充在开口孔所在的区域范围内，这可以导致一部分体积较大的开口孔的体积不断减小，而一些体积较小的开口孔则会因为水化产物的填充作用而不断减小甚至消失。而一些体积较大的闭口孔也会因为水化反应的进行而成为体积较小的闭口孔。

图 5-19 显示了水化不同水化龄期的 C_3S 硬化浆体中不同尺寸范围内孔的孔隙率的

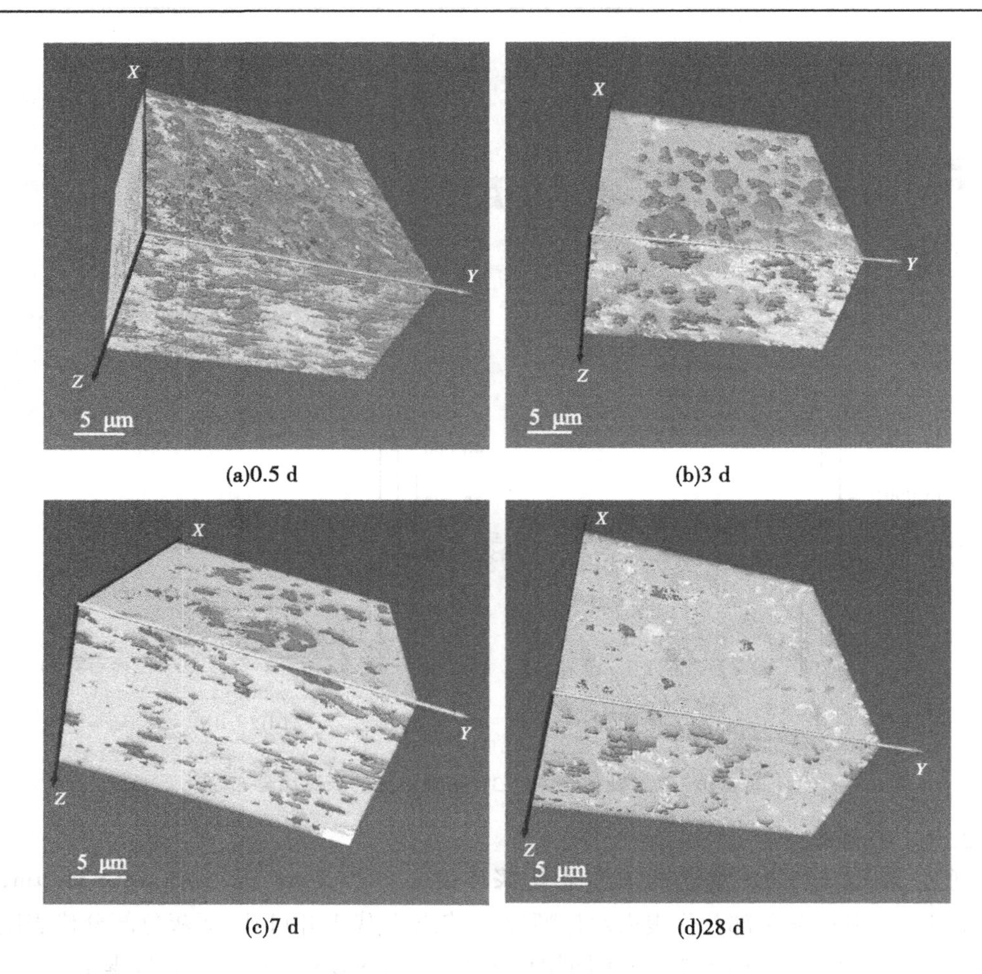

图 5-17　不同水化龄期的 C_3S 硬化浆体的 3D 图像

变化情况。通过对比图 5-19 中不同尺寸范围内孔的孔隙率随水化龄期的增长而变化的情况可以看出，在 C_3S 硬化浆体的水化过程中，直径在大于 200 nm 的孔的孔隙率随着水化龄期的增长持续下降，直径介于 50～200 nm 的较小孔的孔隙率随水化龄期的增长呈现较小的波动性下降趋势，即水化龄期为 3 d 时，该尺度孔的孔隙率比 0.5 d 时高，而后随着水化反应的进行，当水化龄期为 7 d 和 28 d 时，其相应的孔隙率出现小幅度的降低趋势。而直径在 20～50 nm 范围内的孔的孔隙率则随着水化龄期的增大呈现波动性增长趋势，即 C_3S 硬化浆体的水化龄期为 0.5 d、3 d 及 7 d 时，该尺寸范围内的孔隙率随着水化龄期的增大而增高，而后当水化龄期达到 28 d 时，其孔隙率呈现降低趋势。结果表明，在 C_3S 硬化浆体中，随着水化反应的不断进行，水化产物不断填充在孔中，将大孔分离为数量较多的小孔，从而在硬化的 C_3S 浆体中产生了更细的孔结构和更低的孔隙度，导致其微观结构变得更加密实。

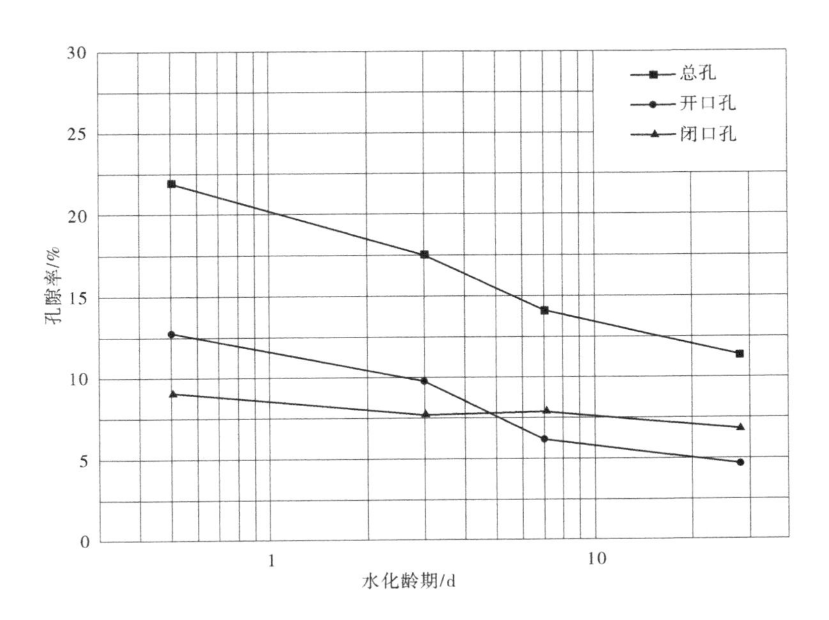

图 5-18　C_3S 硬化浆体的总孔、开口孔及闭口孔的孔隙率在水化过程中的变化

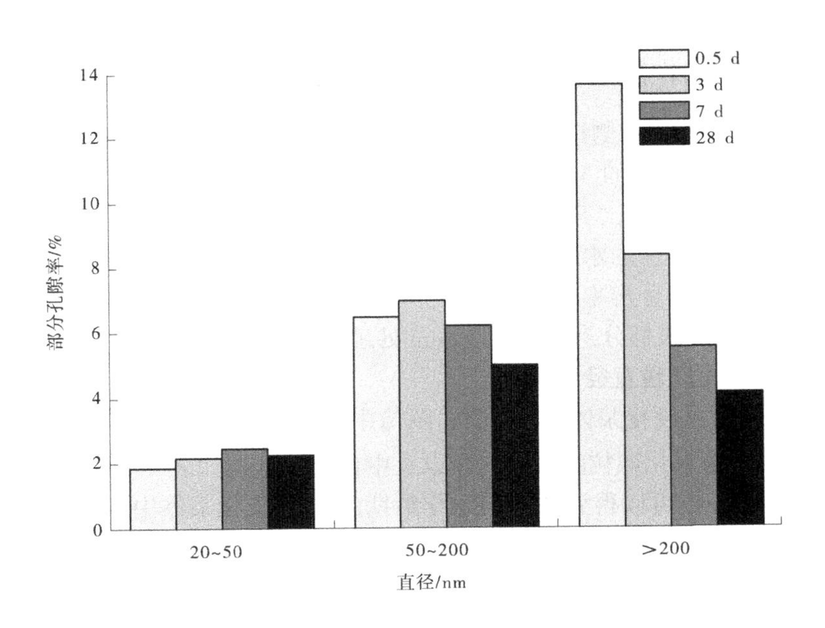

图 5-19　水化不同时间的 C_3S 硬化浆体中不同尺寸孔的孔隙率

5.3　不同水化龄期的 C_3A 硬化浆体 3D 重建分析

通过分别对水化 0.5 d、3 d、7 d 及 28 d 的 C_3A 硬化浆体进行连续切片成像并进行 3D 重建分析，对不同水化龄期硬化浆体的 3D 重建图像中的未水化颗粒及孔结构进行定量分析，研究未水化颗粒、开口孔、闭口孔及总孔的等效直径、体积及长宽比随水化反应进行的变化规律。

通过 SBFSEM 对不同水化龄期的 C_3A 硬化浆体进行连续切片成像，其在 *XY* 平面的分辨率为 16.6 nm，其在 *Z* 轴方向上的切片厚度为 30 nm，因此在对连续切片图像进行分割重建的过程中，其最低分辨率按照 30 nm 计算。不同水化龄期的 C_3A 硬化浆体的单个切片图像效果及相应的灰度分布图像如图 5-20 所示。图 5-20(a)、(c)、(e)和(g)分别为水化 0.5 d、3 d、7 d 及 28 d 的 C_3A 硬化浆体的 2D 背散射切片图像，由背散射成像原理可知，孔、水化产物及未水化颗粒会呈现 3 种不同的灰度效果，而且其在图像中的物相亮度也会依次增强，相应的图像的灰度分布如图 5-20(b)、(d)、(f)和(h)所示。由其相应的灰度分布图可知，不同水化龄期的连续切片背散射切片图像物相的灰度峰并不明显，无法通过物相之间的灰度峰对不同的物相进行识别，因此在进行图像分割的过程中，通过肉眼直接观察的方法来进行不同物相的分割，并且针对孔的阈值上限和未水化颗粒的阈值下限，通过切线法进行局部精度微调。具体的物相分割流程如第 4 章所述。

5.3.1　C_3A 硬化浆体中未水化颗粒分析及水化程度分析

图 5-21 为通过 SBFSEM 测试获取的系列连续切片 2D 图像重建的不同水化龄期的 C_3A 硬化浆体中未水化颗粒的 3D 空间结构分布图像，其中在 3D 空间结构中，未水化颗粒均被渲染为深色。通过对比不同水化龄期 C_3A 硬化浆体中的未水化颗粒的 3D 图像可以看出，随着 C_3A 硬化浆体的水化龄期的增大，其中未水化颗粒的体积呈递减趋势。连续切片图像在 *XY* 平面的分辨率为 16.6 nm，但是由于图像在 *Z* 轴切片方向上的厚度为 30 nm，因此该组图像的最低分辨率按照 30 nm 处理。

5.3.1.1　未水化 C_3A 颗粒直径分析

不同水化龄期 C_3A 硬化浆体的 3D 重建图像中可以识别的最小未水化颗粒直径、最大未水化颗粒直径、未水化颗粒的平均直径以及中位直径分别如表 5-13 所示。由表 5-13 可知，通过 3D 重建分析可以得到的不同水化龄期的 C_3A 硬化浆体中未水化颗粒的最小直径呈增大趋势，而可识别的最大未水化颗粒直径依次减小。同时要考虑到，由于尺度较大的未水化颗粒数量较少，同时受到选择区域的影响，因此在进行颗粒统计分析的过程中具有一定的随机性和偶然性。不同水化龄期的 C_3A 硬化浆体中未水化颗粒的平均直径及中位直径随着水化龄期的增大呈现增大趋势，这是因为 C_3A 活性高，随着水化反应的进行，一些较小的未水化颗粒完全水化或者随着反应的进行，其尺寸不断减小，小到图像的分辨率范围之外，这样可以统计计算分析的较小直径的颗粒数大幅度降低，从而平均值和相应的中位直径会因此增大。

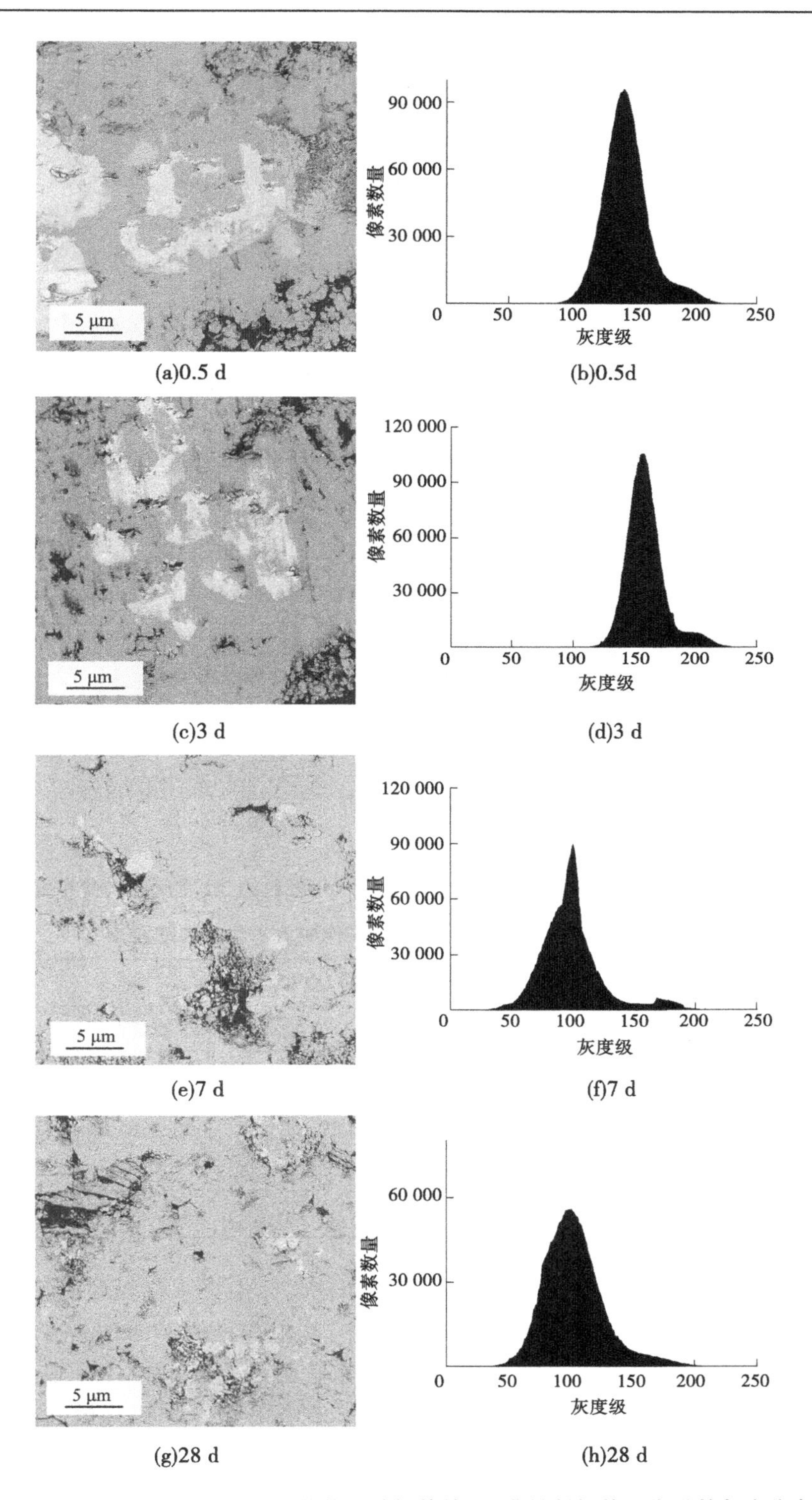

(a)0.5 d　(b)0.5d

(c)3 d　(d)3 d

(e)7 d　(f)7 d

(g)28 d　(h)28 d

图 5-20　不同水化龄期的 C_3A 硬化浆体连续切片的 2D 背散射切片图像及其灰度分布直方图

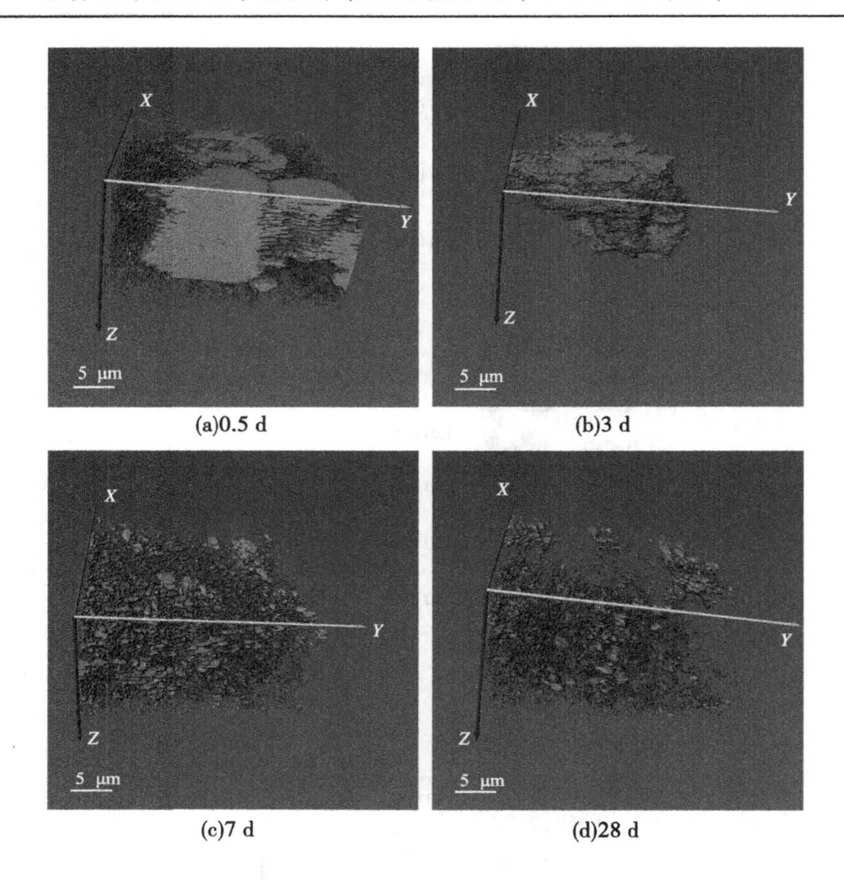

(a)0.5 d (b)3 d

(c)7 d (d)28 d

图 5-21 不同水化龄期的 C_3A 硬化浆体中未水化颗粒的 3D 空间结构分布图像

表 5-13 C_3A 硬化浆体的 3D 重建图像中未水化颗粒的直径

龄期/d	颗粒直径/nm			
	最小值	平均值	中位值	最大值
0.5	40	83	76	1.8×10^4
3	40	87	77	1.4×10^4
7	72	103	91	4.0×10^3
28	88	138	118	3.7×10^3

通过图 5-22 统计分析不同水化龄期的 C_3A 硬化浆体中未水化颗粒的尺寸分布特点可以发现,对于水化龄期为 0.5 d 的 C_3A 硬化浆体,其中直径位于 200 nm 以内的未水化颗粒数量占未水化 C_3A 颗粒总量的 98.6%;对于水化龄期为 3 d 的 C_3A 硬化浆体,其中直径位于 200 nm 以内的未水化 C_3A 颗粒的数量占未水化 C_3A 颗粒总量的 97.8%;对于水化龄期为 7 d 的 C_3A 硬化浆体,其中直径位于 200 nm 以内的未水化 C_3A 颗粒数量占未水化 C_3A 颗粒总量的 96.8%;对于水化龄期为 28 d 的 C_3A 硬化浆体,其中直径位于 200 nm 以内的未水化 C_3A 颗粒占未水化 C_3A 颗粒总量的 92.4%。由于 C_3A 晶体颗粒的

水化活性比较高，随着水化反应的进行，在图像分辨率允许范围内可检测的直径小于200 nm的未水化C_3A颗粒比例逐渐降低。

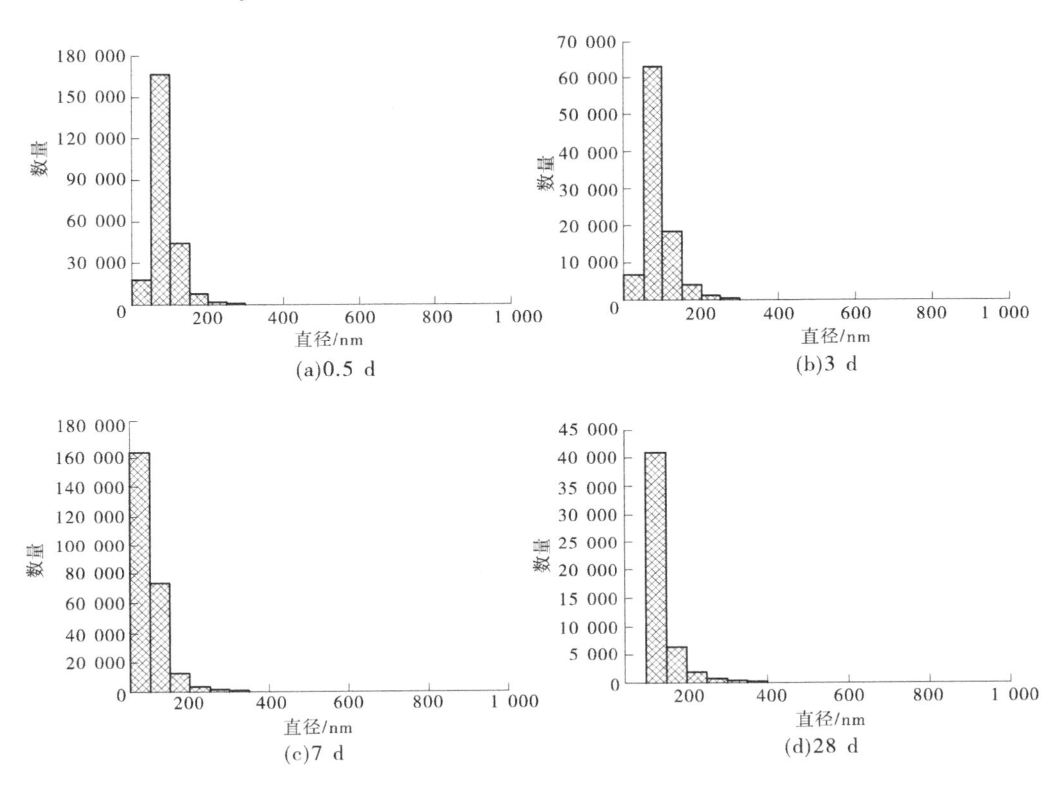

图5-22　C_3A硬化浆体的3D图像中未水化颗粒的直径分布

5.3.1.2　未水化C_3A颗粒体积分析

表5-14为不同水化龄期C_3A硬化浆体的3D重建图像中尚未发生水化的C_3A颗粒的最小体积、最大体积、平均体积及中位体积的具体情况。由表5-14分析可知，不同水化龄期C_3A硬化浆体中可识别到的最小未水化颗粒的体积随水化龄期的增大呈波动增大趋势，而可以检测到的最大未水化颗粒体积则随水化龄期的增大呈现减小趋势，该变化规律与上述相应C_3A硬化浆体中未水化C_3A颗粒直径的变化规律相符。

表5-14　C_3A硬化浆体的3D重建图像中未水化颗粒的体积

龄期/d	颗粒体积/nm^3			
	最小值	平均值	中位值	最大值
0.5	3.3×10^4	1.40×10^7	2.7×10^5	3.2×10^{12}
3	3.3×10^4	1.5×10^7	2.3×10^5	1.3×10^{12}
7	2.0×10^5	2.7×10^6	4.0×10^5	3.1×10^{10}
28	5.3×10^5	5.9×10^6	9.2×10^5	2.6×10^{10}

对于水化龄期为 0.5 d 的 C_3A 硬化浆体，体积大于 1 μm^3 的未水化 C_3A 颗粒数量占未水化 C_3A 颗粒总数量的 0.003%，其体积比例占总颗粒体积的 65.8%。对于水化龄期为 3 d 的 C_3A 硬化浆体，体积大于 1 μm^3 的未水化 C_3A 颗粒数量占未水化 C_3A 颗粒总数量的 0.02%，其体积比例占总颗粒体积的 55.9%。对于水化龄期为 7 d 的 C_3A 硬化浆体，体积大于 1 μm^3 的未水化颗粒数量占未水化 C_3A 颗粒总数量的 0.06%，其体积比例占总颗粒体积的 42.6%。对于水化龄期为 28 d 的 C_3A 硬化浆体，体积大于 1 μm^3 的未水化颗粒数量占未水化 C_3A 颗粒总数量的 0.13%，其体积比例占总颗粒体积的 43.3%。说明对于 C_3A 硬化浆体而言，随着水化龄期的增大，其体积大于 1 μm^3 的未水化 C_3A 颗粒数目占比呈现下降趋势，但是其相应的体积占比却呈现增大趋势。因此，在通过图像法分析水化反应程度时，图像的分辨率越高，可以识别的未水化 C_3A 颗粒体积越小，通过未水化 C_3A 颗粒体积占比的方法计算水化反应的精确性也越高。图 5-23 为不同水化龄期的硬化 C_3A 浆体中体积位于 1 μm^3 以下的未水化 C_3A 颗粒体积的统计分布。随着水化反应的进行，未水化 C_3A 颗粒数目会有所降低，但是较小颗粒的体积数量一直占比很高，均占颗粒总数量的 99%以上。这同样可以说明，随着 C_3A 硬化浆体水化反应的进行，体积较小的 C_3A 颗粒会不断减小，进而消失；而体积较大的 C_3A 颗粒会因为水化的作用成为体积较小的 C_3A 颗粒，体积小于 0.1 μm^3 的未水化 C_3A 颗粒数量比例达到动态平衡，即随着水化龄期的增大，体积小于 0.1 μm^3 的未水化 C_3A 颗粒在未水化 C_3A 颗粒中所占的总量基本不变。

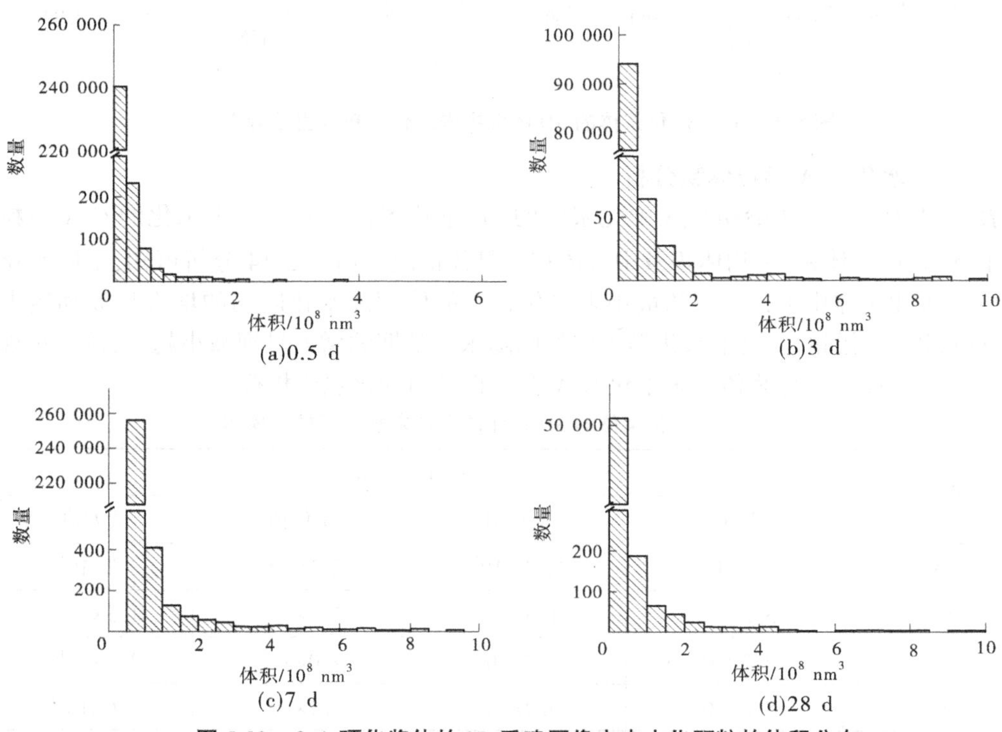

图 5-23　C_3A 硬化浆体的 3D 重建图像中未水化颗粒的体积分布

5.3.1.3　未水化 C_3A 颗粒长宽比分析

通过 SBFSEM 测试分析获取的不同水化龄期 C_3A 硬化浆体的 3D 重建图像中，尚未发生水化的 C_3A 颗粒的最小长宽比、最大长宽比、平均长宽比及中位长宽比的具体情况如表 5-15 所示。通过对比不同水化龄期的未水化 C_3A 颗粒的长宽比可以发现，当水化龄期为 0.5 d 及 3 d 时，未水化 C_3A 颗粒的最小长宽比为 1，而当水化龄期为 7 d 及 28 d 时，未水化 C_3A 颗粒的最小长宽比为 1.3。这说明 C_3A 硬化浆体中的未水化颗粒在水化早期球形度较好，而随着水化龄期的增长，其未水化颗粒的球形度变差。同时比较不同水化龄期的 C_3A 硬化浆体中未水化颗粒的平均长宽比和中位长宽比可以发现其长宽比均随水化龄期的增大而增大。说明随着水化反应的进行，C_3A 硬化浆体中未水化颗粒的形状轮廓会逐步由球形转化为针棒状。

表 5-15　C_3A 硬化浆体的 3D 重建图像中未水化颗粒的长宽比

龄期/d	颗粒的长宽比			
	最小值	平均值	中位值	最大值
0.5	1	3.1	2.8	17.0
3	1	3.5	3.2	21.1
7	1.3	4.1	3.9	16.3
28	1.3	5.3	5.1	16.6

由图 5-24 可知，在水化龄期为 0.5 d 的 C_3A 硬化浆体中，8.8%的未水化颗粒的长宽比介于 5 以上，其中大部分颗粒的长宽比介于 2~4，长宽比位于 2 以下的比例为 19.1%。在水化龄期为 3 d 的 C_3A 硬化浆体中，16.6%的未水化颗粒的长宽比在 5 以上，其中大部分颗粒的长宽比介于 2~4，长宽比在 2 以下的比例为 13.4%。在水化龄期为 7 d 的 C_3A 硬化浆体中，19.1%的未水化颗粒的长宽比在 5 以上，其中大部分颗粒的长宽比介于 3~5，长宽比在 2 以下的比例为 0.4%。在水化龄期为 28 d 的 C_3A 硬化浆体中，54.3%的未水化颗粒的长宽比在 5 以上，其中大部分未水化颗粒的长宽比介于 4~6，长宽比在 2 以下的比例为 0.3%。通过对比上述数据可以发现，随着水化反应的进行，大部分未水化颗粒的形状会随着水化龄期的增大逐步由椭球形演变为针棒状。

5.3.1.4　C_3A 硬化浆体水化程度分析

通过真密度仪测得的 C_3A 颗粒原料的真密度为 3.0，水灰比为 0.6，根据式(4-1)和式(4-2)及未水化 C_3A 颗粒的体积总含量可以计算不同水化龄期的 C_3A 硬化浆体的水化程度，其结果如图 5-25 所示。由图 5-25 可知，水化 3 d 以后的 C_3A 硬化浆体的水化程度为 83.3%，水化 7 d 以后的 C_3A 硬化浆体的水化程度为 91.2%，水化 28 d 以后的 C_3A 硬化浆体的水化程度为 96.4%。通过图 5-25 还可以看出，随着水化反应的进行，其水化速度会随着水化龄期的增大而逐步降低。

5.3.2　C_3A 硬化浆体中孔结构分析

图 5-26 为通过 SBFSEM 测试分析获取的细列连续切片 2D 图像重建的不同水化龄期

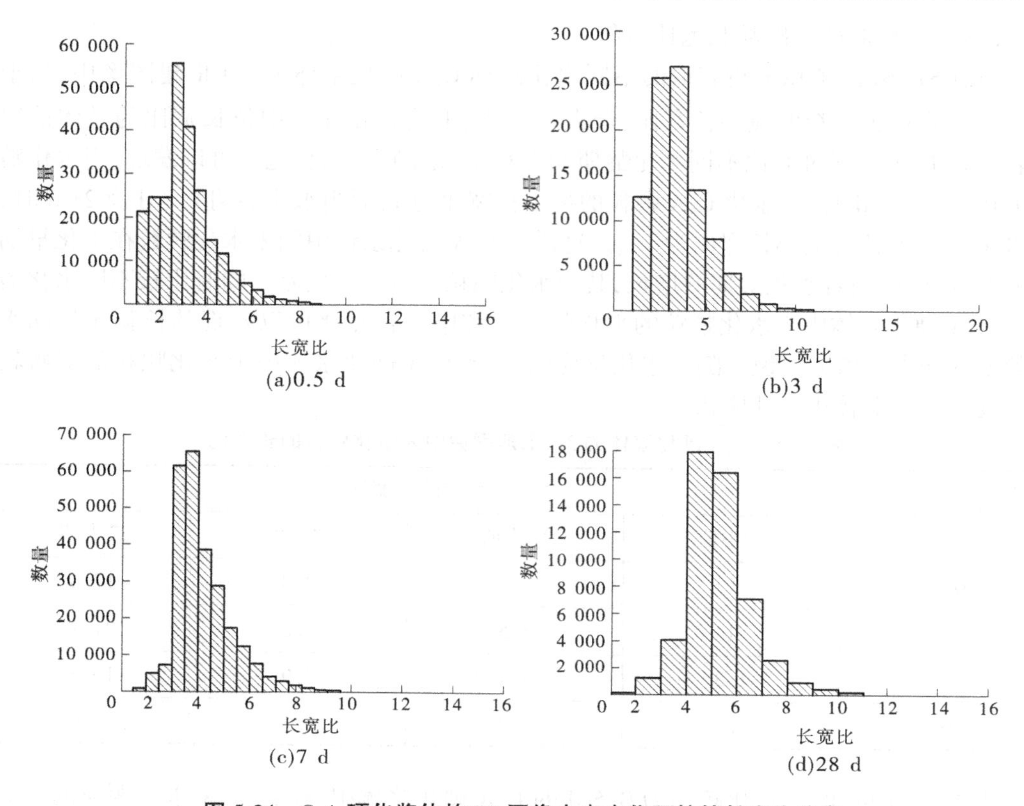

图 5-24　C_3A 硬化浆体的 3D 图像中未水化颗粒的长宽比分布

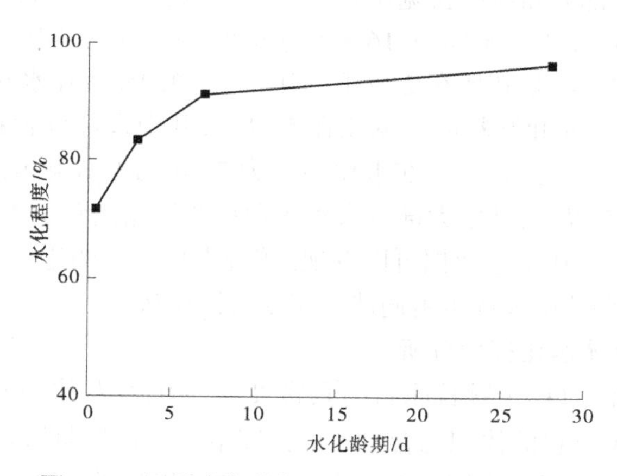

图 5-25　不同水化龄期 C_3A 硬化浆体的水化程度

的 C_3A 硬化浆体中孔的 3D 空间分布图像。其中开口孔被渲染为浅色，闭口孔被渲染为深色。通过对比不同水化龄期孔结构的 3D 图像，可以明显观察到随着水化龄期的增大，C_3A 硬化浆体中的孔含量降低，并且开口孔的降低更明显。由于图像在 XY 平面的分辨率为 16.6 nm，而 Z 轴切片方向上的厚度为 30 nm，因此在通过 3D 重建并且定量分析的过程中，为了提高数据分析的准确性，30 nm 为孔分辨的下限。

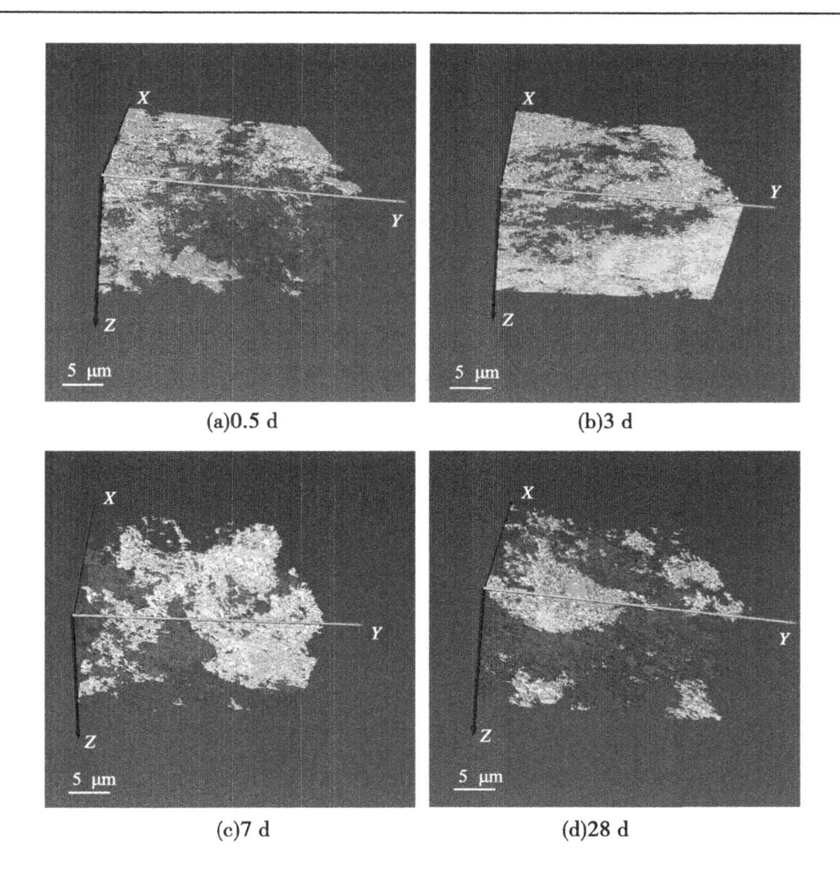

图 5-26　不同水化龄期的 C_3A 硬化浆体中开口孔(浅色)和闭口孔(深色)的 3D 图像

5.3.2.1　开口孔直径分析

不同水化龄期 C_3A 硬化浆体的 3D 重建图像中可以识别的最小开口孔隙直径、最大开口孔隙直径、开口孔隙的平均直径以及开口孔隙的中位直径分别见表 5-16。由表 5-16 可知,不同水化龄期的最小开口孔直径均为 89 nm,为开口孔的最小体素尺寸所决定的最小值。不同水化龄期最大开口孔则随着龄期增大呈现减小趋势。不同水化龄期的开口孔的平均直径和中位直径则随着水化龄期的增大而增大,这是因为 C_3A 的活性较高,当水化 7 d 以后,其大部分体积较小的开口孔已经演变为闭口孔或者消失,从而导致其平均孔径增大。

表 5-16　C_3A 硬化浆体的 3D 图像中开口孔的直径

龄期/d	开口孔直径/nm			
	最小值	平均值	中位值	最大值
0.5	89	274	192	1.6×10^4
3	89	289	213	1.6×10^4
7	89	314	234	1.0×10^4
28	89	436	278	7.2×10^3

对于水化龄期为0.5 d的C_3A硬化浆体,97.8%的开口孔直径介于1 μm以内;对于水化龄期为3 d的C_3A硬化浆体,98.0%的开口孔直径介于1 μm以内;对于水化龄期为7 d的C_3A硬化浆体,96.7%的开口孔直径介于1 μm以内;对于水化龄期为28 d的C_3A硬化浆体,97.0%的开口孔直径介于1 μm以内。图5-27展示了不同水化龄期的硬化浆体中直径小于1 μm的开口孔的分布情况。对于水化龄期为0.5 d的硬化浆体,在1 μm以下范围内,83.0%的孔隙直径介于100~300 nm。对于水化龄期为3 d的硬化浆体,在1 μm以下范围内,67.2%的孔隙直径介于150~300 nm。对于水化龄期为7 d的硬化浆体,在1 μm以下范围内,59.9%的孔隙直径介于100~300 nm,对于水化龄期为28 d的硬化浆体,在1 μm以下范围内,88.3%的孔隙直径介于100~300 nm,即随着水化反应的进行,直径较小的开口孔比例有所降低。

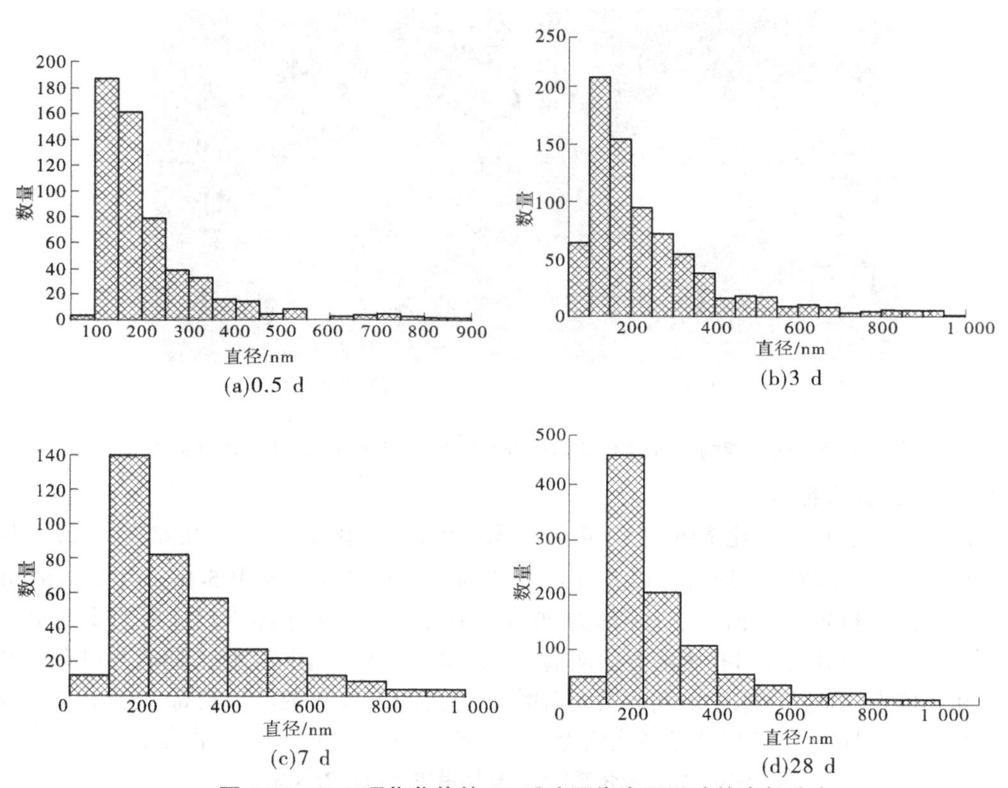

图5-27 C_3A硬化浆体的3D重建图像中开口孔的直径分布

5.3.2.2 开口孔体积分析

表5-17为不同水化龄期C_3A硬化浆体重建的3D图像中可以识别的最小开口孔隙体积、最大开口孔隙体积、开口孔隙的中位体积以及平均体积。针对不同水化龄期硬化浆体的3D重建图像,最小的开口孔体积均为3.6×10^5 nm³,其最大开口孔体积随着龄期增大而不断减小。平均开口孔体积介于2.4×10^8~3.2×10^9 nm³,中位开口孔体积介于3.7×10^6~1.6×10^7 nm³。对于水化龄期为0.5 d的3D重建图像,体积大于1 μm³的开口孔数量占总数

量的 5.5%,但是其体积占开口孔总体积的 66.5%。对于水化龄期为 3 d 的 3D 重建图像,体积大于 1 μm³ 的开口孔数量占总数量的 1.2%,其体积占开口孔总体积的 65.8%。对于水化龄期为 7 d 的 3D 重建图像,体积大于 1 μm³ 的开口孔数量占总数量的 4.3%,其体积占开口孔总体积的 66.1%。对于水化龄期为 28 d 的 3D 重建图像,体积大于 1 μm³ 的开口孔数量占总数量的 2.0%,其体积占开口孔总体积的 62.0%。对于不同水化龄期硬化浆体的 3D 重建图像,其最大可以识别的开口孔体积随着龄期的增加不断减小,当水化龄期为 0.5 d 时,其最大的开口孔体积为 1.0×10^{12} nm³,当水化龄期为 28 d 时,其最大的开口孔体积为 2×10^{11} nm³。

表 5-17　C_3A 硬化浆体的 3D 重建图像中开口孔的体积

龄期/d	开口体积/nm³			
	最小值	平均值	中位值	最大值
0.5	3.6×10^{5}	3.5×10^{8}	3.7×10^{6}	1.0×10^{12}
3	3.6×10^{5}	2.4×10^{8}	5.0×10^{6}	9.1×10^{11}
7	3.6×10^{5}	3.2×10^{9}	1.6×10^{7}	3.7×10^{11}
28	3.6×10^{5}	4.6×10^{8}	8.2×10^{6}	2.0×10^{11}

图 5-28 为不同水化龄期的 C_3A 硬化浆体重建的 3D 图像中,体积位于 1 μm³ 以下的开口孔体积的统计分布图。对于水化龄期为 0.5 d 的硬化浆体,其中体积位于 0.2 μm³ 以下的开口孔口体积数量占总数量的 86.1%;对于水化龄期为 3 d 的硬化浆体,其中体积位于 0.2 μm³ 以下的开口孔体积数量占总数量的 96.4%;对于水化龄期为 7 d 的硬化浆体,其中体积位于 0.2 μm³ 以下的开口孔体积数量占总数量的 94.1%;对于水化龄期为 28 d 的硬化浆体,其中体积位于 0.2 μm³ 以下的开口孔体积数量占总数量的 96.8%。随着水化反应的进行,体积较大的开口孔通过水化反应的进行逐渐成为体积较小的开口孔,或者因为水化产物的填充而成为多个闭口孔。而体积较小的开口孔会随着水化反应的进行不断减小,甚至消失。但是体积位于 0.2 μm³ 以下的开口孔在总的开口孔中数量比例呈增大趋势。

5.3.2.3　开口孔长宽比分析

不同水化龄期 C_3A 硬化浆体的 3D 重建图像中,开口孔的最小长宽比、最大长宽比、平均长宽比及中位长宽比的情况如表 5-18 所示。

由表 5-18 可知,不同水化龄期硬化浆体开口孔最小长宽比介于 1.3~1.6,最大长宽比介于 13.1~24.8。而不同龄期开口孔的平均值和中位值则介于 4.2~4.8,通过对比不同水化龄期硬化浆体中的开口孔的平均值和中位值可以发现,开口孔的平均值变化规律可以体现其伸长度会随着水化龄期的增大不断减小的趋势,但是中位值的变化规律不能体现这一点。

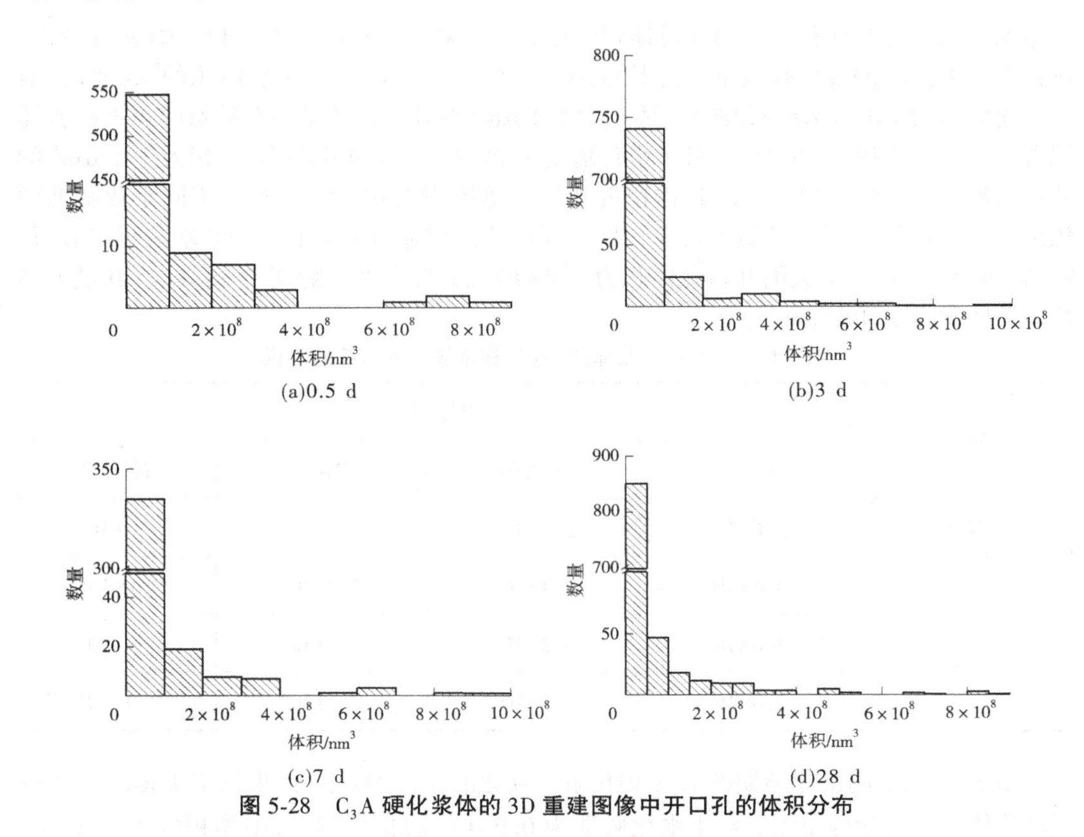

图 5-28 C_3A 硬化浆体的 3D 重建图像中开口孔的体积分布

表 5-18 C_3A 硬化浆体的 3D 重建图像中开口孔的长宽比

龄期/d	开口孔长宽比			
	最小值	平均值	中位值	最大值
0.5	1.6	4.7	4.3	21.1
3	1.5	4.8	4.7	20.9
7	1.3	4.3	4.3	24.8
28	1.4	4.2	4.4	13.1

图 5-29 为不同水化龄期的硬化浆体 3D 重建图像中所有开口孔长宽比的统计分布。

在水化龄期为 0.5 d 的硬化浆体重建图像中，79.9%的开口孔的长宽比位于 3 以上，1%的开口孔的长宽比位于 2 以下，其中大部分开口孔的长宽比位于 5 左右。当水化龄期为 3 d 时，长宽比位于 3 以上的开口孔占总量的 95.5%，长宽比位于 2 以下的开口孔为 0.4%，其中大部分开口孔的长宽比位于 5 左右。当水化龄期为 7 d 时，长宽比位于 3 以上的开口孔占总量的 71.2%；5.9%的开口孔的长宽比位于 2 以下，其中大部分开口孔的长宽比位于 4 左右。当水化龄期为 28 d 时，长宽比位于 3 以上的未水化颗粒占总量的 70.1%，8.6%的开口孔的长宽比位于 2 以下，其中大部分开口孔的长宽比位于 4 左右。

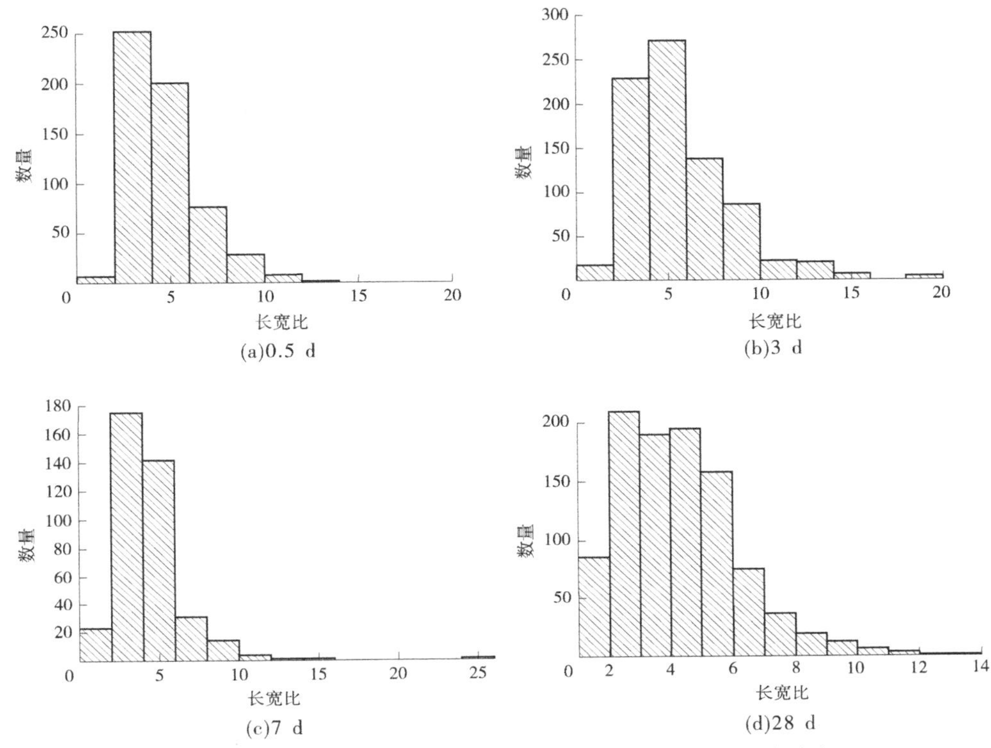

图 5-29　C_3A 硬化浆体的 3D 重建图像中开口孔的长宽比分布

5.3.2.4　闭口孔直径分析

由表 5-19 可知,不同水化龄期 C_3A 硬化浆体的 3D 重建图像中可识别的最小闭口孔的直径均为 40 nm,最大闭口孔直径处于 4.1~9.1 μm。平均直径和中位直径则随着水化龄期的增大而不断减小。

表 5-19　C_3A 硬化浆体的 3D 重建图像中闭口孔的直径

龄期/d	闭口孔直径/nm			
	最小值	平均值	中位值	最大值
0.5	40	116	91	4.1×10^3
3	40	109	89	3.3×10^3
7	40	98	82	5.8×10^3
28	40	95	82	9.1×10^3

图 5-30 为不同水化龄期 C_3A 硬化浆体的 3D 重建图像中,直径小于 1 μm 的闭口孔分布图。

对于水化龄期为 0.5 d 的硬化浆体,93.9%的闭口孔直径位于 200 nm 以内;对于水化龄期为 3 d 的硬化浆体,92.9%的闭口孔直径位于 200 nm 以内;对于水化龄期为 7 d 的硬

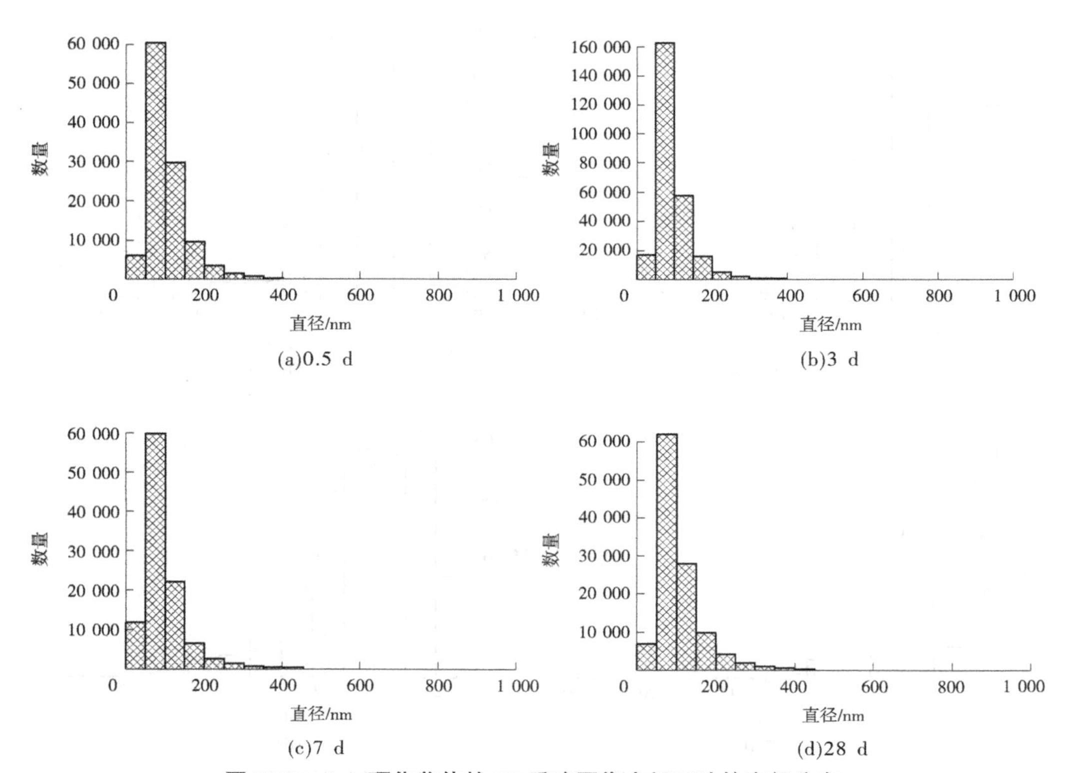

图 5-30 C_3A 硬化浆体的 3D 重建图像中闭口孔的直径分布

化浆体,94.1%的闭口孔直径位于 200 nm 以内;对于水化龄期为 28 d 的硬化浆体,95.1%的闭口孔直径位于 200 nm 以内。因此,随着水化反应的进行,直径位于 200 nm 以内的闭口孔所占的比例不断增大。

5.3.2.5 闭口孔体积分析

由表 5-20 可知,不同水化龄期 C_3A 硬化浆体的 3D 重建图像中可识别的最小闭口孔的体积为 3.4×10^4 nm^3,即为数据处理时设置的最小分辨范围。不同水化龄期可识别的最大闭口孔体积处于 19~100 μm^3,波动范围较大,这是因为闭口孔的极大值受分析样品的影响,有一定的随机性。不同水化龄期硬化浆体中的平均孔体积较稳定,在 3.3×10^6 ~ 4.3×10^6 nm^3 的范围内波动。

表 5-20 C_3A 硬化浆体的 3D 重建图像中闭口孔的体积

龄期/d	闭口孔体积/nm^3			
	最小值	平均值	中位值	最大值
0.5	3.4×10^4	4.3×10^6	4.2×10^5	3.6×10^{10}
3	3.4×10^4	3.7×10^6	3.8×10^5	1.9×10^{10}
7	3.4×10^4	3.3×10^6	3.4×10^5	1.0×10^{11}
28	3.4×10^4	3.7×10^6	3.6×10^5	2.0×10^{10}

当水化龄期为 0.5 d 时,体积大于 1 μm³ 的闭口孔数量在总的闭口孔中所占的比例为 0.03%,其体积总含量占总的闭口孔的比例为 35.5%。当水化龄期为 3 d 时,体积大于 1 μm³ 的闭口孔数量占总闭口孔的比例为 0.02%,其体积总含量占总闭口孔的比例为 27.9%。当水化龄期为 7 d 时,体积大于 1 μm³ 的闭口孔数量占总闭口孔的比例为 0.03%,其体积总含量占总闭口孔的比例为 55.2%。当水化龄期为 28 d 时,体积大于 1 μm³ 的闭口孔数量占总闭口孔的比例为 0.04%,其体积总含量占总闭口孔的比例为 67.2%。

图 5-31 为不同水化龄期 C_3A 硬化浆体的 3D 重建图像中,体积位于 1 μm³ 以下的闭口孔体积的统计分布图。对于水化龄期分别为 0.5 d、3 d、7 d 及 28 d 的硬化浆体的 3D 重建图像,其中体积位于 0.1 μm³ 以下的闭口孔体积数量均达到总量的 99%以上,但是其占体积的含量却有所差异。水化龄期为 0.5 d 的硬化浆体,体积小于 0.1 μm³ 的闭口孔体积占 1 μm³ 内孔隙体积总量的 63.1%。水化龄期为 3 d 的硬化浆体,体积小于 0.1 μm³ 的闭口孔体积占 1 μm³ 内孔隙体积总量的 73.4%。水化龄期为 7 d 的硬化浆体,体积小于 0.1 μm³ 的闭口孔体积占 1 μm³ 内孔隙体积总量的 66.8%。水化龄期为 28 d 的硬化浆体,体积小于 0.1 μm³ 的闭口孔体积占 1 μm³ 内孔隙体积总量的 67.8%,即随着水化反应的进行,体积小于 0.1 μm³ 的闭口孔的体积在总的体积中所占的比例处于增大趋势。

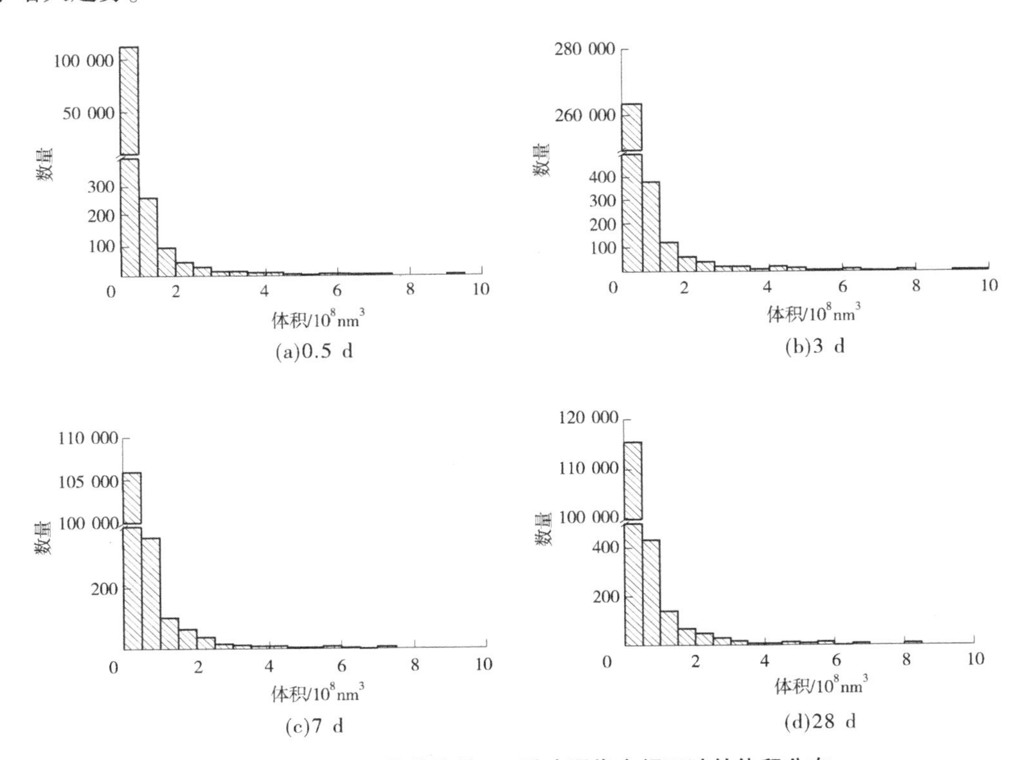

图 5-31　C_3A 硬化浆体的 3D 重建图像中闭口孔的体积分布

5.3.2.6　闭口孔长宽比分析

不同水化龄期 C_3A 硬化浆体的 3D 重建图像中,闭口孔的最小长宽比、最大长宽比、平均长宽比及中位长宽比的情况如表 5-21 所示。

表 5-21 C_3A 硬化浆体的 3D 重建图像中闭口孔的长宽比

龄期/d	密闭孔长宽比			
	最小值	平均值	中位值	最大值
0.5	1	3.6	3.3	28
3	1	3.7	3.5	24
7	1	3.2	3.1	18
28	1	3.3	3.1	20

对比不同水化龄期的闭口孔的平均长宽比和中位长宽比可以发现其最小长宽比均为1,而最大长宽比介于 18~28。不同龄期开口孔的平均值和中位值则位于 3.1~3.7,随着水化反应的进行,闭口孔的伸长度基本呈现下降趋势。

图 5-32 为不同水化龄期的硬化浆体中所有闭口孔的长宽比的统计分布。

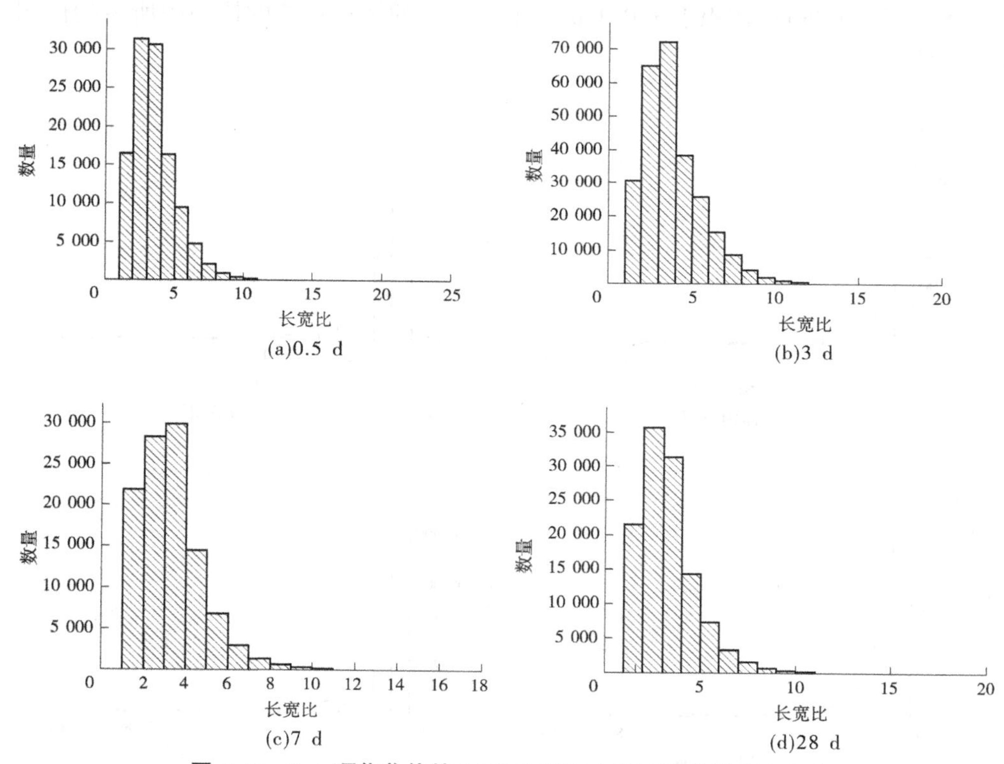

图 5-32 C_3A 硬化浆体的 3D 重建图像中闭口孔的长宽比分布

在水化龄期为 0.5 d 的硬化浆体 3D 重建图像中,57.6%的闭口孔的长宽比位于 3 以上,14.6%的闭口孔的长宽比位于 2 以下,其中大部分闭口孔的长宽比位于 3.5 左右。当水化龄期为 3 d 时,长宽比位于 3 以上的闭口孔占总量的 63.4%,长宽比位于 2 以下的闭口孔占总量的 11.6%,其中大部分闭口孔的长宽比位于 3.5 左右。当水化龄期为 7 d 时,长宽比位于 3 以上的闭口孔占总量的 53.0%,20.5%的闭口孔的长宽比位于 2.0 以下,其中大部分闭口孔的长宽比位于 3.0 左右。当水化龄期为 28 d 时,长宽比位于 3.0 以上的闭口孔占总量的 50.9%,18.4%的闭口孔的长宽比位于 2 以下,其中大部分闭口孔的长宽比位于 3.0 左右。说明随着水化反应的进行闭口孔整体的球形度增大,伸长度有所降低,这主要是随着水化反应的进行水化产物填充所致的。

5.3.2.7　孔的直径分析

由表 5-22 可知,不同水化龄期 C_3A 硬化浆体的 3D 重建图像中可识别的最小孔的直径均为 40 nm,即为数据处理时设置的最小允许分辨孔径。不同水化龄期可识别的最大孔直径位于 9.1~16 μm,并且可识别的最大孔隙的直径随水化龄期的增大而减小。平均直径代表了孔隙的整体尺度分布情况,当水化龄期为 0.5 d 时,其平均直径为 121 nm,其后随着水化龄期的增大而有所降低。

表 5-22　C_3A 硬化浆体的 3D 重建图像中孔的直径

龄期/d	孔隙直径/nm			
	最小值	平均值	中位值	最大值
0.5	40	121	92	1.6×10^4
3	40	113	83	1.5×10^4
7	40	100	82	1.1×10^4
28	40	111	90	9.1×10^3

对于不同水化龄期的 C_3A 硬化浆体,孔径大于 1 μm 的孔隙在总的孔隙中的数量占比不足 0.1%。图 5-33 为不同水化龄期 C_3A 硬化浆体的 3D 重建图像中,直径小于 1 μm 的闭口孔分布图。

对于水化龄期为 0.5 d 的硬化浆体,91.7%的闭口孔直径位于 200 nm 以内;对于水化龄期为 3 d 的硬化浆体,93.8%的闭口孔直径位于 200 nm 以内;对于水化龄期为 7 d 的硬化浆体,94.0%的闭口孔直径位于 200 nm 以内;对于水化龄期为 28 d 的硬化浆体,93.8%的闭口孔直径位于 200 nm 以内。说明随着水化反应的进行,C_3A 硬化浆体中直径小于 200 nm 的闭口孔隙数量处于一种动态平衡之中,并没有发生明显变化。

5.3.2.8　孔的体积分析

由表 5-23 可知,不同水化龄期 C_3A 硬化浆体的 3D 重建图像中可识别的最小闭口孔的体积为 3.3×10^4 nm^3,即为数据处理时设置的最小分辨范围。不同水化龄期硬化浆体中最大孔体积位于 200~1 000 μm^3,其中最大孔体积随水化龄期的增长呈现明显下降趋势。不同水化龄期的硬化浆体的平均孔体积一方面与总孔的数量有关,另一方面与体积较大孔所占的比例有关。当水化龄期为 0.5 d 时,体积大于 1 μm^3 的孔占总孔的数量的比例为 0.03%,其体积总含量占总孔的比例为 44.8%;当水化龄期为 3 d 时,体积大于 1 μm^3 的孔占总孔数量的比例为 0.02%,其体积总含量占总孔的比例为 42.0%;当水化龄期为 7 d 时,体积大于 1 μm^3 的孔占总孔数量的比例为 0.05%,其体积总含量占总孔的比例为 43.2%;当水化龄期为 28 d 时,体积大于 1 μm^3 的孔占总孔数量的比例为 0.06%,其体积

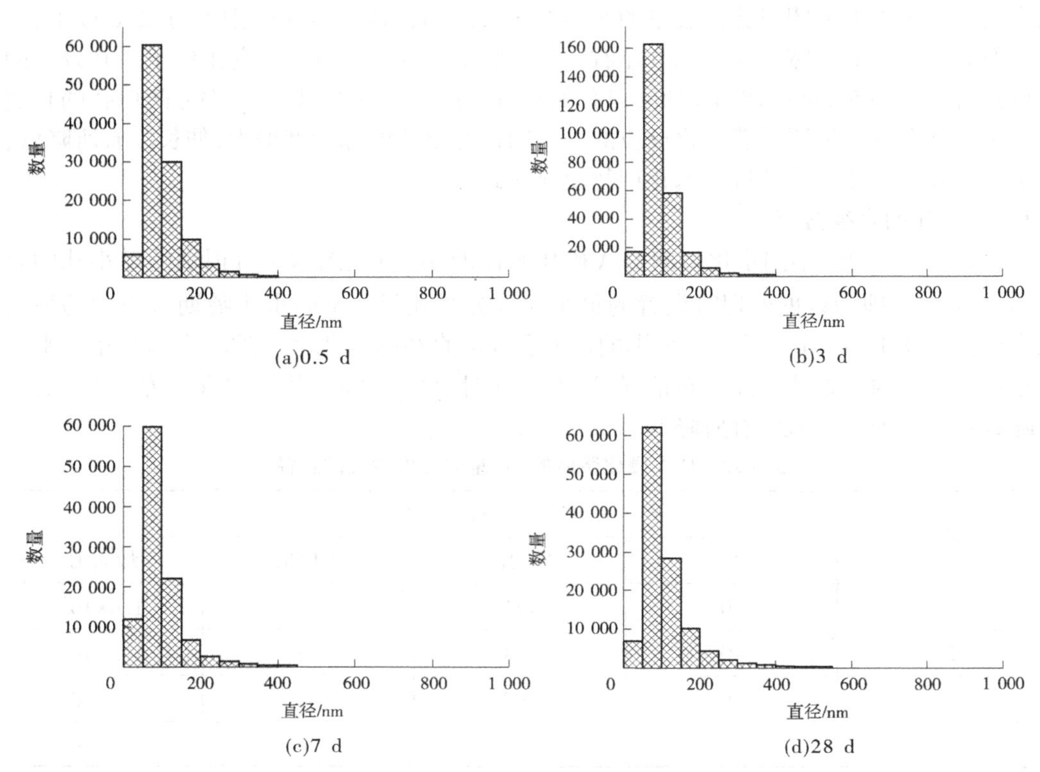

图 5-33 C_3A 硬化浆体的 3D 重建图像中孔的直径分布

总含量占总孔的比例为 38.2%。中位孔体积则说明不同水化龄期的硬化浆体中大部分孔隙体积处于 $2.8\times10^5\sim4.2\times10^5$ nm^3。

表 5-23 C_3A 硬化浆体的 3D 重建图像中孔的体积

龄期/d	孔体积/nm^3			
	最小值	平均值	中位值	最大值
0.5	3.3×10^4	2.1×10^7	4.2×10^5	1.0×10^{12}
3	3.3×10^4	9.0×10^6	3.6×10^5	9.0×10^{11}
7	3.3×10^4	1.7×10^7	2.8×10^5	3.7×10^{11}
28	3.3×10^4	1.2×10^7	3.6×10^5	2.0×10^{11}

图 5-34 为不同龄期 C_3A 硬化浆体的 3D 重建图像中，体积位于 1 μm^3 以下的孔体积的统计分布。对于不同水化龄期硬化浆体的 3D 重建图像，其中体积位于 0.1 μm^3 以下的孔体积数量均达到总量的 99%以上，但是其体积占比却有所差异。水化龄期为 0.5 d 的硬化浆体，体积小于 0.1 μm^3 的孔体积占 1 μm^3 内孔隙体积总量的 32.3%。水化龄期为 3 d 的硬化浆体，体积小于 0.1 μm^3 的孔体积占 1 μm^3 内孔隙体积总量的 28.9%。水化龄期为 7 d 的硬化浆体，体积小于 0.1 μm^3 的孔体积占 1 μm^3 内孔隙体积总量的 35.8%。水化龄期为 28 d 的硬化浆体，体积小于 0.1 μm^3 的孔体积占 1 μm^3 内孔隙体积

总量的 36.8%。说明随着水化反应的进行,体积小于 0.1 μm³ 的孔隙体积含量处于一种波动上升的趋势。

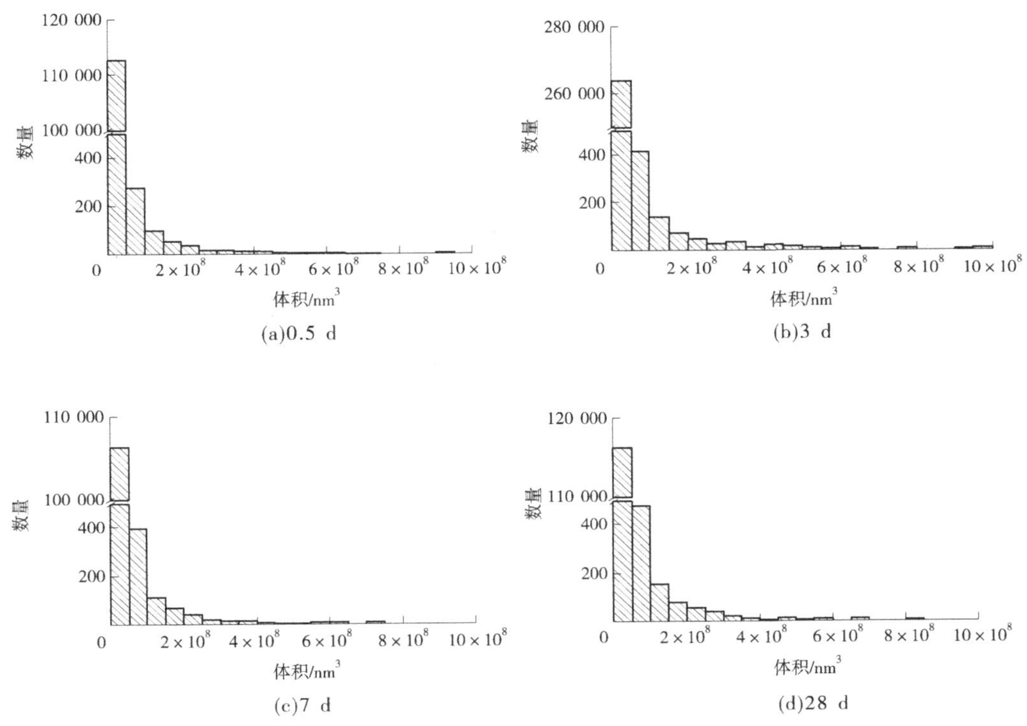

图 5-34　C_3A 硬化浆体的 3D 重建图像中孔的体积分布

5.3.2.9　孔的长宽比分析

不同水化龄期 C_3A 硬化浆体的 3D 重建图像中,孔隙的最小长宽比、最大长宽比、平均长宽比及中位长宽比的情况如表 5-24 所示。由表 5-24 可知,不同水化龄期 C_3A 硬化浆体中孔隙的最小长宽比均为 1,最大长宽比介于 20.2~28.0。而不同水化龄期硬化浆体中孔的平均值则介于 3.2~3.7,说明随着水化反应的进行,整体上不同水化龄期的孔的伸长度呈现波动降低趋势。

表 5-24　C_3A 硬化浆体的 3D 图像中孔的长宽比

龄期/d	孔隙长宽比			
	最小值	平均值	中位值	最大值
0.5	1	3.6	3.3	28.0
3	1	3.7	3.5	23.5
7	1	3.2	3.1	24.8
28	1	3.3	3.1	20.2

图 5-35 为不同水化龄期的 C_3A 硬化浆体中所有孔的长宽比的统计分布。

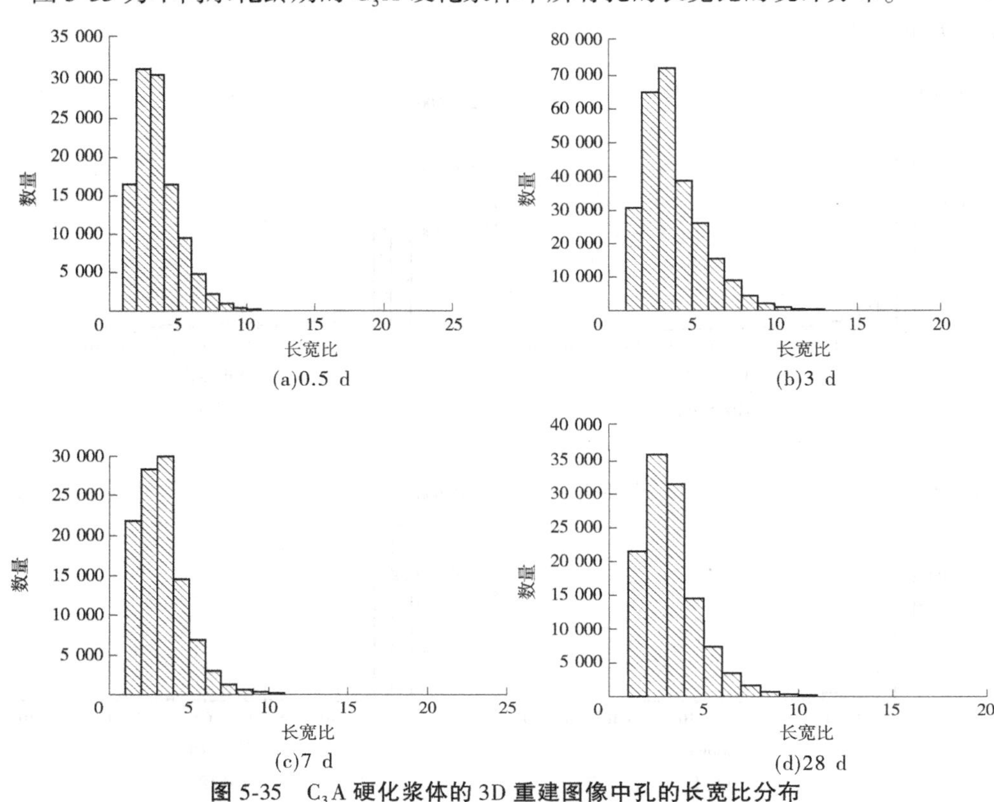

图 5-35 C_3A 硬化浆体的 3D 重建图像中孔的长宽比分布

在水化龄期为 0.5 d 的 C_3A 硬化浆体的 3D 重建图像中，其中 57.7%的孔的长宽比位于 3 以上，14.6%的开口孔的长宽比位于 2 以下，其中大部分孔的长宽比位于 3.5 左右；当 C_3A 硬化浆体的水化龄期为 3 d 时，其 3D 重建图像中长宽比位于 3 以上的孔占孔隙总量的 26.1%，长宽比位于 2 以下的孔占孔隙总量的 11.6%，其中大部分孔的长宽比位于 3.5 左右；当水化龄期为 7 d 时，C_3A 硬化浆体中长宽比位于 3 以上的孔占孔隙总量的 53.0%，20.4%的孔的长宽比位于 2 以下，其中大部分孔的长宽比位于 3.0 左右；当水化龄期为 28 d 时，C_3A 硬化浆体中长宽比位于 3 以上的孔占孔隙总量的 51.0%，22.4%的孔的长宽比位于 2 以下，其中大部分孔的长宽比位于 3.0 左右。通过对比上述分析数据可以发现，随着水化反应的进行，C_3A 硬化浆体中整体的孔隙形态以波动性的方式朝椭球形方向发展。

5.3.2.10 孔隙率分析

通过 Avizo 分析软件进行 3D 重建的 C_3A 硬化浆体的总体积为 18 μm × 33 μm × 33 μm。如图 5-36 所示，其中深黑色部分代表 C_3A 硬化浆体中尚未发生水化的 C_3A 颗粒，浅灰色部分代表 C_3A 硬化浆体中的开口孔，黑色部分代表 C_3A 硬化浆体中的闭口孔，灰色部分代表 C_3A 硬化浆体中的水化产物。根据开口孔、闭口孔及总孔的体积与 3D 重建图像体积的比值关系即可计算不同水化龄期的 C_3A 硬化浆体中开口孔的孔隙率、闭口孔的孔隙率及总孔的孔隙率。其计算结果则如图 5-37 所示。

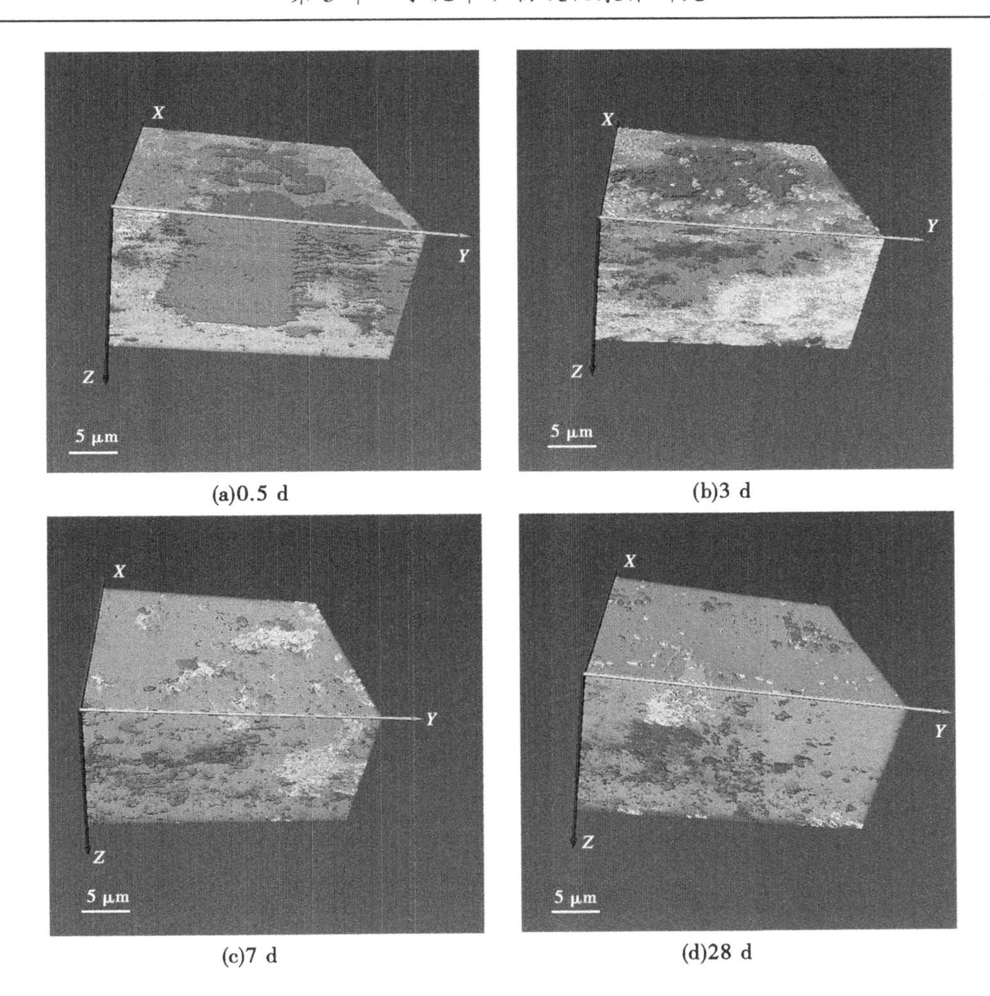

(a)0.5 d　(b)3 d

(c)7 d　(d)28 d

图 5-36　不同水化龄期的 C_3A 硬化浆体的 3D 重建图像

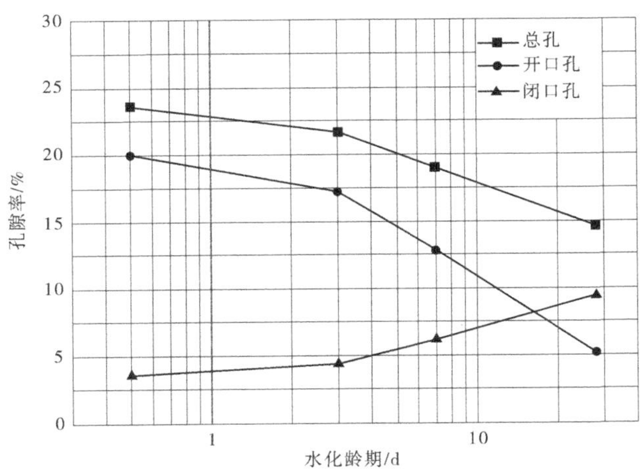

图 5-37　C_3A 硬化浆体的总孔、开口孔及闭口孔的孔隙率在水化过程中的变化

图 5-37 展示了通过 Avizo 数据分析软件重建的 C_3A 硬化浆体的图像中开口孔、闭口孔及总孔的孔隙率随水化龄期的增大的变化规律。在 28 d 的水化龄期内，随着 C_3A 硬化浆体的水化龄期的不断增大，由 SBFSEM 获取的连续切片图像所重建的 3D 图像中总孔的孔隙率和开口孔的孔隙率则会越来越低，但是闭口孔的孔隙率却随着水化龄期的增大而呈现递增趋势。这是因为在通常情况下 C_3A 硬化浆体的水化反应是在样品的表面及开口孔中进行的，相对于闭口孔，大部分在开口孔中水化反应产生的固体水化产物会填充在开口孔的区域内，这不仅可以导致开口孔的体积减小，而且开口孔也可能因此转化为闭口孔，从而闭口孔的孔隙率也就有可能随着 C_3A 硬化浆体的水化龄期的增大而呈现不断增大的趋势。

图 5-38 展示了不同水化龄期的 C_3A 硬化浆体中位于不同尺寸范围内孔的孔隙率随水化龄期增大的变化情况。

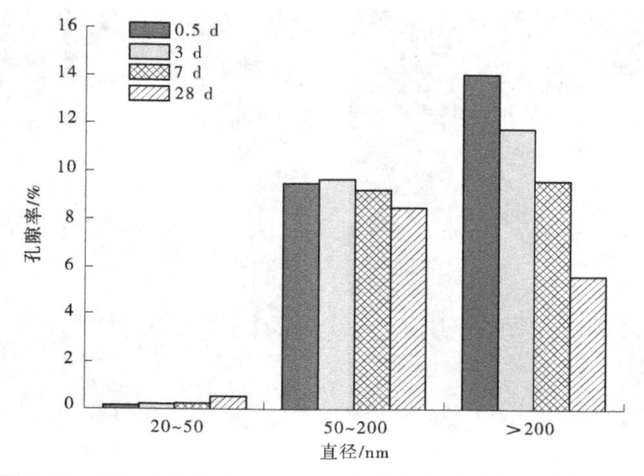

图 5-38 不同水化龄期的 C_3A 硬化浆体中不同尺寸孔的孔隙率

通过对比图 5-38 中不同尺寸孔的孔隙率随 C_3A 硬化浆体水化龄期的增长而变化的情况可以看出，在 C_3A 硬化浆体的水化过程中，直径小于 50 nm 的孔的孔隙率随着水化龄期的增长持续增大，而直径大于 50 nm 的孔的孔隙率随水化龄期的增大不断减小。这主要是因为随着水化反应的不断进行，C_3A 硬化浆体中的水化产物会不断填充在孔中，特别是开口孔，从而使得一些较大的孔会因为水化产物的填充作用而逐渐变小，或者一些开口孔被逐步填充为许多体积更小的开口孔或者闭口孔。随着 C_3A 硬化浆体水化反应程度的加深，C_3A 硬化浆体中的孔将会更小、更致密，从而其微观结构也将变得更加密实。

5.4 本章小结

通过 SBFSEM 对不同水化龄期的 C_3S 和 C_3A 硬化浆体进行连续切片成像，其 *XY* 平面的分辨率均为 16.6 nm，其 *Z* 轴方向的切片厚度分别为 20 nm 和 30 nm，通过 Avizo 进行 3D 重建分析可得到如下结论：

随着水化反应的进行，未水化 C_3S 颗粒的直径逐渐递减，颗粒的形貌特征也逐渐由条状向椭球形转变。通过图像法计算的水化程度会越来越高，并且随着水化反应程度的加深，其水化反应速率会逐渐减小。

随着水化反应的进行，C_3S 硬化浆体中孔的平均直径会呈降低趋势，但是直径 200 nm 以内的孔的数量比呈增大趋势。孔的平均长宽比会随着水化反应程度的加深而减小，即孔的伸长度会变差。随着水化反应的进行，总孔和开口孔的孔隙率会随着水化反应程度的加深不断下降，但是闭口孔的孔隙率呈现波动性降低，并且其降低速度较总孔和开口孔慢。针对不同直径的孔的孔隙率分析可以发现，随着水化反应的进行，200 nm 以上孔的孔隙率持续性降低，50~200 nm 的孔的孔隙率波动性降低，20~50 nm 的孔隙率则呈增大趋势。

随着水化反应的进行，硬化浆体中未水化 C_3A 颗粒的直径不断减小，其形貌特征逐步趋于棒状结构。通过图像法计算的水化程度会随着水化龄期的增大而越来越高，但是其水化反应速率会逐渐降低。

随着水化反应的进行，C_3A 硬化浆体中孔的平均直径会呈现降低趋势，但是直径 200 nm 以内的孔的数量比基本保持不变。孔的平均长宽比随着水化反应程度的加深基本维持不变，即孔的伸长度没有发生明显改变。随着水化反应的进行，总孔和开口孔的孔隙率会随着水化反应程度的加深不断下降，但是闭口孔的孔隙率随着水化反应程度的增大而增大。针对不同直径的孔的孔隙率分析可以发现，随着水化反应的进行，200 nm 以上孔的孔隙率不断降低，50~200 nm 的孔的孔隙率波动性降低，而 20~50 nm 的孔隙率不断增大。

第6章 水泥单矿物多元体系硬化浆体研究

6.1 概 述

本章通过SBFSEM测试技术对水化龄期分别为0.5 d、3 d、7 d及28 d的硅酸盐水泥熟料单矿物多元体系的硬化浆体进行连续切片成像并进行3D重建分析。其不同成分的质量配合比为$C_3S:C_2S:C_3A:C_4AF:2H_2O \cdot CaSO_4 = 60:15:10:10:5$，以模拟研究硅酸盐水泥的水化机制及水化过程，研究硅酸盐水泥单矿物多元体系不同水化龄期硬化浆体中的未水化颗粒、开口孔、闭口孔和总孔的平均直径、体积及长宽比等特征参数的变化规律，并分析硅酸盐水泥单矿物多元体系硬化浆体的水化程度及开口孔、闭口孔及总孔的孔隙率随水化龄期增大的变化规律。最后通过关系曲线建立硅酸盐水泥单矿物硬化浆体的微观结构中的孔隙率、孔的平均直径及孔的平均长宽比与其相应的抗压强度和吸水率之间的关系并且拟合回归方程，从而为水泥水化过程中微观结构的演变和性能发展之间的关联性研究提供试验的数据。

6.2 不同水化龄期的多元体系硬化浆体的3D重建分析

将C_3S、C_2S、C_3A、C_4AF 4种硅酸盐水泥单矿物及$2H_2O \cdot CaSO_4$按照12:3:2:2:1的质量关系对其干粉进行均匀搅拌混合，然后按照0.6的水灰比加入去离子水后均匀搅拌并且置于密闭的塑料容器内进行养护，最后按照第3章的方法进行连续切片成像样品的制备和成像分析。同时，对于不同水化龄期的多元体系硬化浆体的样品各预留6个尺寸分别为2 cm的正方体试块，以便于后续对其进行抗压强度和吸水率的测试分析。

不同水化龄期的硅酸盐水泥单矿物复合体系硬化浆体的单个切片图像在XY平面及Z轴方向上的分辨率分别为16.6 nm和30 nm，通过SBFSEM测试获取的连续切片的数目为1 000张，即累计厚度为30 μm，其单张2D背散射图像效果及相应的灰度分布图像如图6-1所示。其中图6-1(a)、(c)、(e)和(g)分别为水化0.5 d、3 d、7 d及28 d的硅酸盐水泥单矿物复合体系硬化浆体的2D背散射切片图像，根据背散射图像成像原理可知，水泥基材料中的孔、水化产物及未水化颗粒会呈现出3种不同的灰度效果，而且不同物相在图像中的灰度差异也较明显，其效果如图6-1所示。不同水化龄期的硅酸盐水泥单矿物多元体系硬化浆体的2D背散射图像的灰度分布分别如图6-1(b)、(d)、(f)和(h)所示。对比不同水化龄期的硅酸盐水泥单矿物多元体系硬化浆体的2D切片图像及其相应的灰度分布图可知，不同水化龄期多元体系硬化浆体的连续切片背散射图像物相的灰度峰并不明显，无法通过物相之间的灰度峰对不同的物相界限直接通过人眼进行识别，因此在进行切片图像二值化分割的过程中，通过肉眼直接观察的方法来进行不同物相的二值化分割,并且针对硅酸盐水泥单矿物多元体系硬化浆体的 2D 切片图像中的孔隙的阈值上限和未水化颗粒的阈值下限,通过切线法进行局部灰度范围的精度微调。具体的物相分割流程如第 4 章所述。

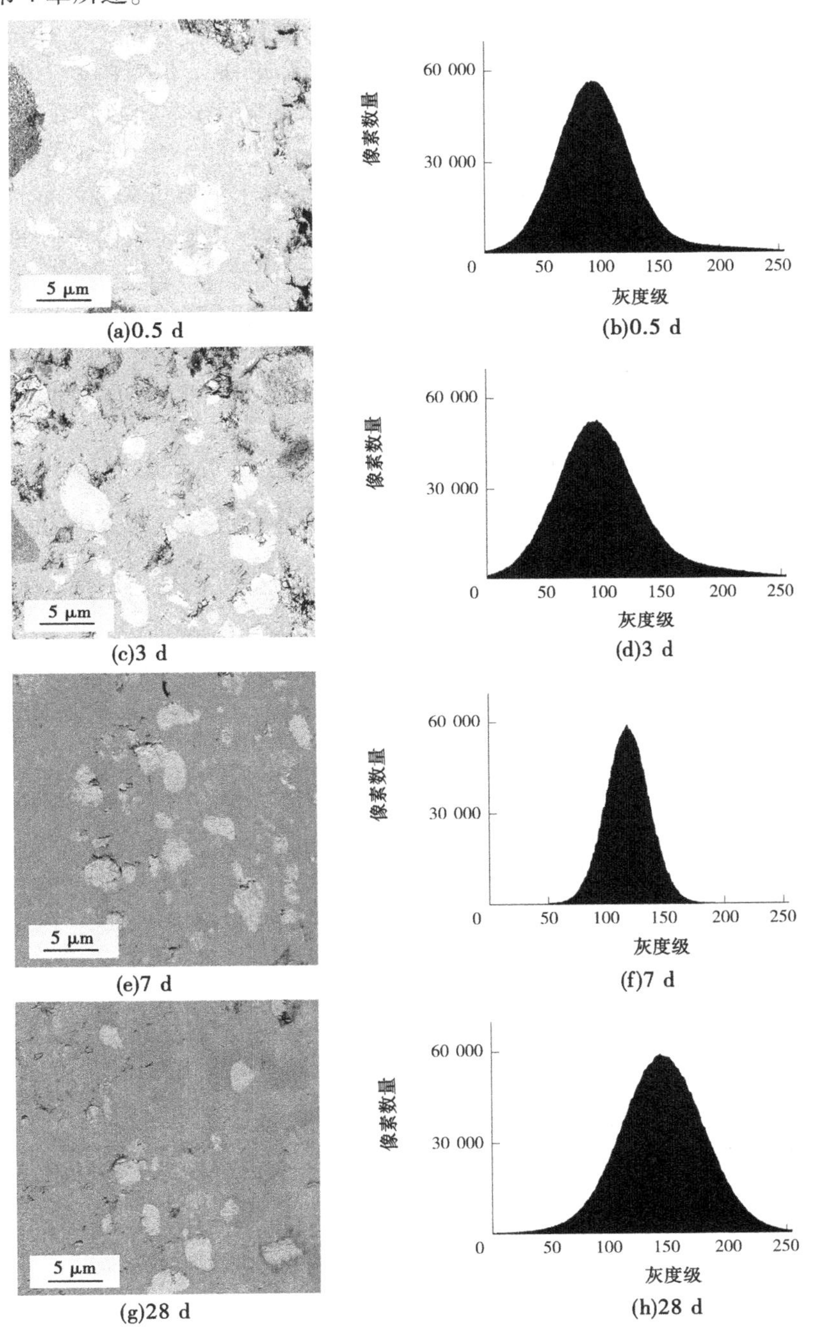

(a)0.5 d　(b)0.5 d

(c)3 d　(d)3 d

(e)7 d　(f)7 d

(g)28 d　(h)28 d

图 6-1　不同水化龄期的多元体系硬化浆体背散射图像和灰度分布直方图

6.2.1 硬化浆体中未水化颗粒分析及水化程度分析

图 6-2 为通过 SBFSEM 获取的连续切片 2D 图像所重建的不同水化龄期的多元体系硬化浆体中未水化颗粒在 3D 空间上的分布图像。该多元体系硬化浆体的 3D 重建体积尺寸为 30 μm×30 μm ×30 μm,其中多元体系硬化浆体中的未水化颗粒被渲染为黑色。通过对比不同水化龄期多元体系硬化浆体中的未水化颗粒的 3D 空间图像分布可以明显看出,随着水化龄期的增大,多元体系硬化浆体中未水化颗粒的总体积呈明显递减趋势。由于图像在 *XY* 平面的分辨率为 16.6 nm,而 *Z* 轴切片方向上的厚度为 30 nm,即其最高分辨能力。因此,在通过 3D 重建并且定量分析的过程中,为了提高数据分析的准确性,仅对尺度处于 30 nm 以上的对象进行研究分析。

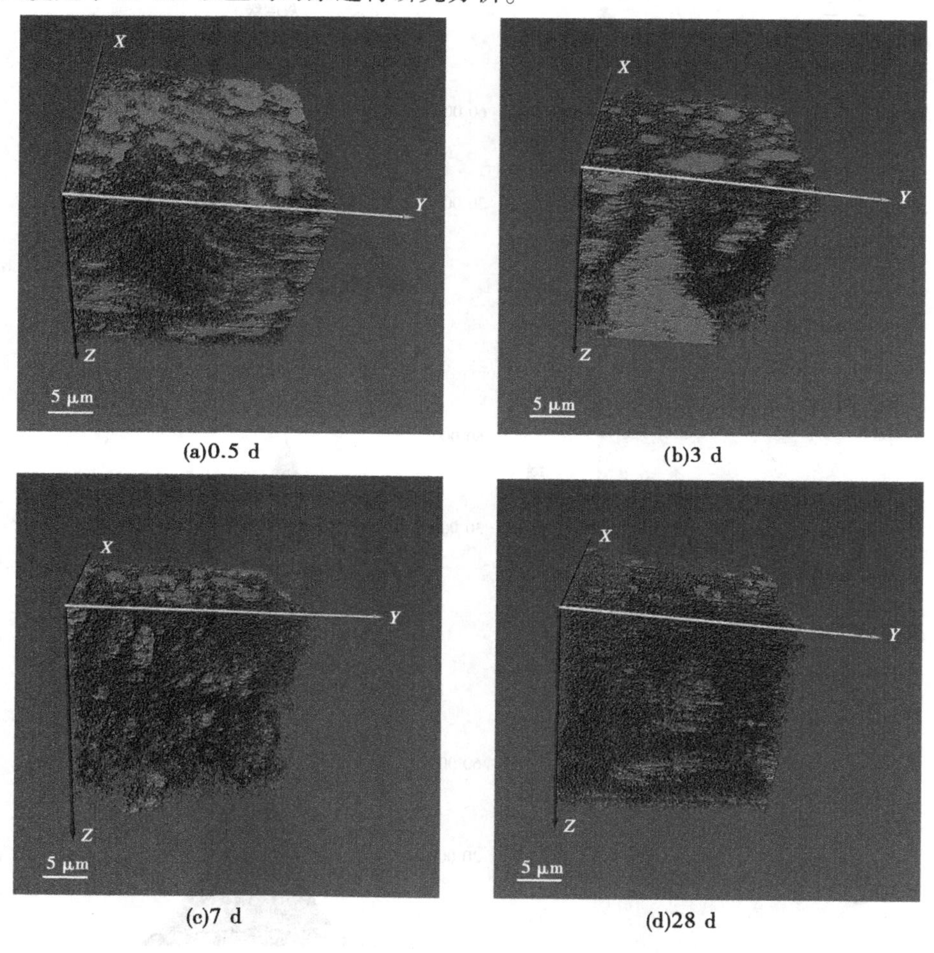

图 6-2 不同水化龄期的多元体系硬化浆体中未水化颗粒的 3D 图像

6.2.1.1 多元体系未水化颗粒直径分析

在 30 nm 分辨率允许的范围内,不同水化龄期多元体系硬化浆体可以识别统计到的最小未水化颗粒直径、最大未水化颗粒直径、未水化颗粒的平均直径以及中位直径分别如

表6-1所示。

表6-1 多元体系硬化浆体的3D图像中未水化颗粒的直径

龄期/d	颗粒直径/nm			
	最小值	平均值	中位值	最大值
0.5	40	90	82	1.5×10^4
3	40	91	81	1.2×10^4
7	40	88	80	8.8×10^3
28	40	87	81	7.7×10^3

由表6-1可知,不同水化龄期的多元体系硬化浆体中的最小未水化颗粒直径均为40 nm。而最大未水化颗粒直径随着水化龄期的增大不断减小,同时要注意到,由于尺寸较大的未水化颗粒在3D重建的图像中数量占比很低,同时在选择区域分析的时候也有一定的随机性,因此在颗粒统计分析的过程中,对于最大颗粒的体积分析而言具有偶然性。不同水化龄期的未水化颗粒的平均直径和中位直径随着水化龄期的增大而呈现波动性降低趋势,这是受到选择分析区域的波动影响所致。

如上所述,由于大尺寸颗粒在所有重建分析的多元体系硬化浆体的3D图像中所占数量的比例非常低,其数量占比可以忽略不计,而且最大尺寸颗粒的尺度也受到取样的影响,缺乏代表性,因此仅统计分析不同水化龄期的多元体系硬化浆体中未水化颗粒尺寸小于1 μm的颗粒直径部分,如图6-3所示。对比不同水化龄期多元体系中的未水化颗粒可知,对于水化龄期为0.5 d的多元体系硬化浆体,98.6%的颗粒尺寸处于200 nm以内;对于水化3 d的多元体系硬化浆体,96.2%的颗粒尺寸处于200 nm以内;对于水化7 d的多元体系硬化浆体,98.2%的颗粒尺寸处于200 nm以内;对于水化28 d的多元体系硬化浆体,99.5%的颗粒尺寸处于200 nm以内。随着多元体系硬化浆体水化反应的进行,其中未水化颗粒的总数量有所减少,但是直径处于200 nm以内的颗粒数量比例却有所提升,甚至较水化0.5 d时所占的比例更高,即处于一种动态平衡之中,这是因为随着水化反应的进行,多元体系硬化浆体中一些尺寸较大的颗粒也会逐渐水化为尺寸较小的颗粒。

6.2.1.2 多元体系未水化颗粒体积分析

表6-2为多元体系不同水化龄期的硬化浆体的3D重建图像中,未水化颗粒的最小体积、最大体积、平均体积及中位体积的具体情况。在对切片图像进行分析的过程中,根据图像最小分辨率的设定,在相应条件下可以识别到的最小颗粒体积均为3.3×10^4 nm^3,其最大颗粒体积则随着水化龄期的增大而递减。同时,对比多元体系不同水化龄期未水化的颗粒可以发现,不同水化龄期的多元体系中的未水化颗粒的平均体积和中位体积分别在4.0×10^6~5.6×10^6 nm^{3}及2.1×10^5~4.0×10^5 nm^{3}波动,整体上均呈现降低趋势。对于3D重建的不同水化龄期硬化浆体中的未水化颗粒,体积小于1 μm^{3}的颗粒数量均占统计分析颗粒总量的99%以上。对于水化龄期为0.5 d的硬化浆体,其体积位于1 μm^{3}以上的颗粒数量不足未水化颗粒总量的0.01%,但是其总体积占未水化颗粒体积的71%。对于水化龄期为3 d的硬化浆体,其体积位于1 μm^{3}以上的颗粒数量为未水化颗粒总量的

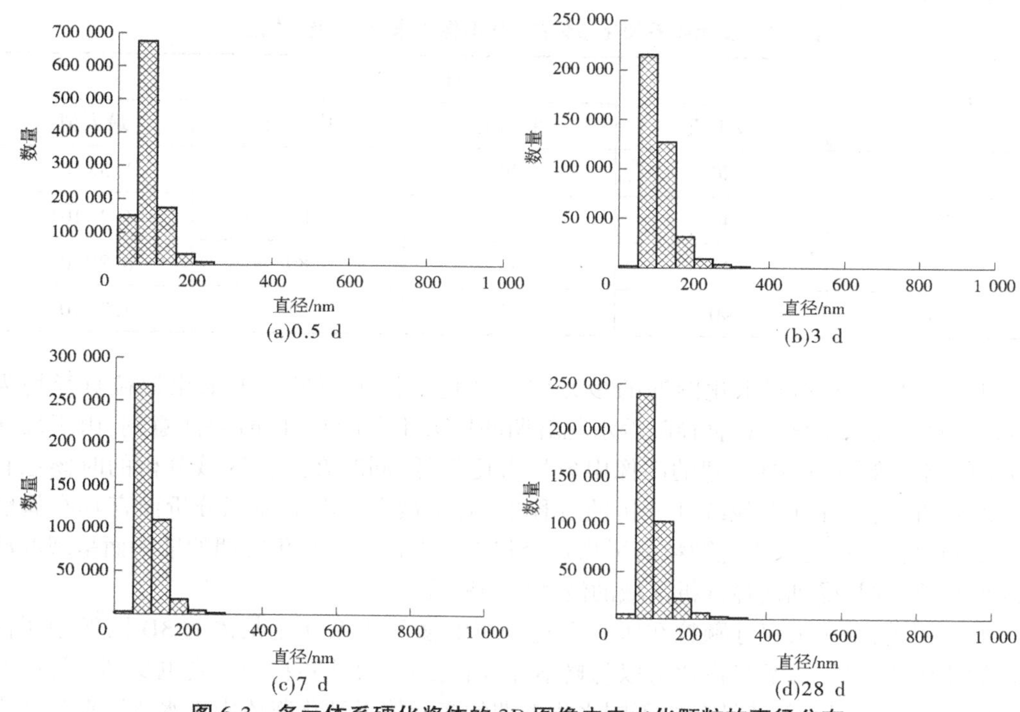

图 6-3　多元体系硬化浆体的 3D 图像中未水化颗粒的直径分布

0.02%，但是其总体积占未水化颗粒体积的 66%。对于水化龄期为 7 d 的硬化浆体，其体积位于 1 μm³ 以上的颗粒数量为未水化颗粒总量的 0.04%，但是其总体积占未水化颗粒体积的 69%。对于水化龄期为 28 d 的硬化浆体，其体积位于 1 μm³ 以上的颗粒数量为未水化颗粒总量的 0.02%，但是其总体积占未水化颗粒体积的 58%。体积大于 1 μm³ 的未水化颗粒的体积占比随着水化龄期的增长波动性下降。同时对于通过图像法研究硬化浆体中未水化颗粒时，较大颗粒的体积占比对水化程度的分析具有决定性意义，但是体积位于 1 μm³ 以下的较小颗粒体积的统计分析则有利于进一步提高水化程度研究分析的精确性。

表 6-2　多元体系硬化浆体的 3D 重建图像中未水化颗粒的体积

龄期/d	颗粒体积/nm³			
	最小值	平均值	中位值	最大值
0.5	3.3×10^{4}	4.8×10^{6}	3.0×10^{5}	1.1×10^{12}
3	3.3×10^{4}	5.6×10^{6}	4.0×10^{5}	4.6×10^{11}
7	3.3×10^{4}	5.2×10^{6}	3.3×10^{5}	2.2×10^{11}
28	3.3×10^{4}	4.0×10^{6}	2.1×10^{5}	1.8×10^{11}

图 6-4 为不同水化龄期的硬化浆体中体积位于 1 μm³ 以下的未水化颗粒体积的统计分布。通过图像分析可以直观看出，随着水化反应的进行，体积较小的颗粒的数量占比一

直较高。对于不同水化龄期的硬化浆体,体积位于 0.1 μm^3 以下的未水化颗粒体积数量均占总量的 99%以上,这是因为随着水化反应的进行,体积较大的颗粒会通过水化反应的进行成为体积较小的颗粒,而体积较小的颗粒会随着水化反应的进行不断减小,进而消失。体积小于 0.1 μm^3 的未水化颗粒体积比例处于一种动态平衡之中。

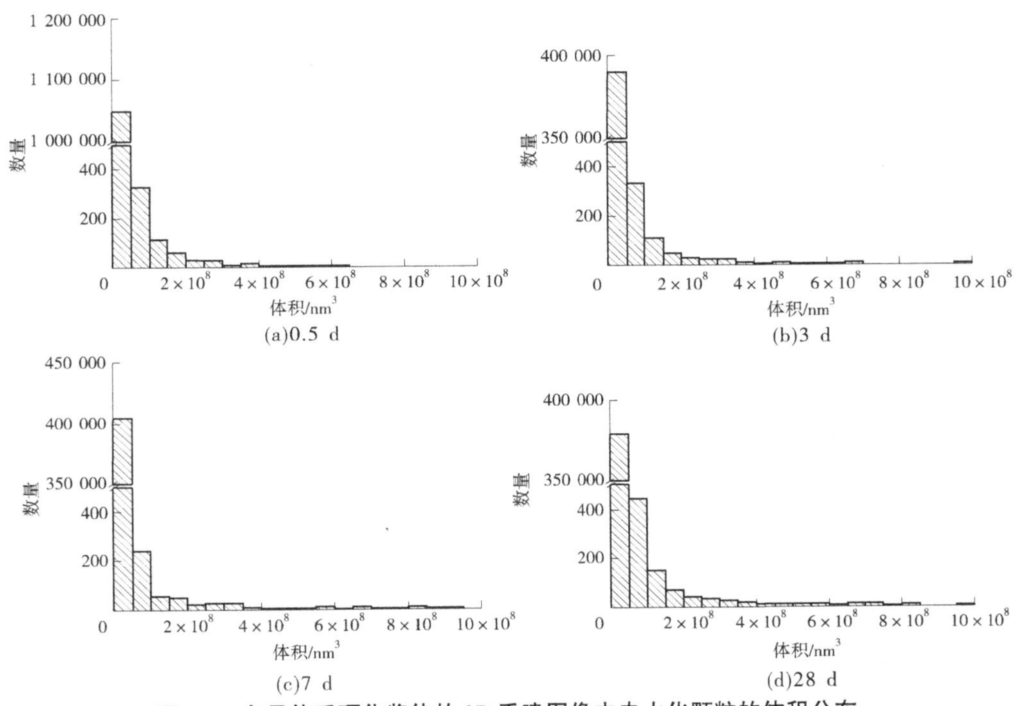

图 6-4　多元体系硬化浆体的 3D 重建图像中未水化颗粒的体积分布

6.2.1.3　多元体系未水化颗粒长宽比分析

多元体系不同水化龄期硬化浆体的 3D 重建图像中,未水化颗粒的最小长宽比、最大长宽比、平均长宽比及中位长宽比的情况如表 6-3 所示。在龄期为 0.5 d 的硬化浆体中,其平均长宽比及中位长宽比都大于或等于 3.0,而其最大的长宽比为 17.6,类似于针状,说明多元体系水化早期,未水化颗粒大部分以类似针棒状的形式存在于浆体中。同时,在水化早期过程中,由于水化程度比较低,未水化颗粒之间存在相互连接搭接等情况,或者不同未水化颗粒之间的间隙非常弱,因此在通过模型计算识别时,将其视为一个整体,计算出来的长宽比也会偏大。而随着水化反应的进行,不同的未水化颗粒之间的界线也越来越清楚,将不同的颗粒视为同一个颗粒计算其长宽比的概率也大幅度降低,因此也更能真实地反映未水化颗粒的长宽比情况,如表 6-3 所示的 3 d、7 d 及 28 d 中的未水化颗粒,其平均长宽比及中位长宽比都处于 1.9~2.2,说明随着水化反应的进行大部分未水化颗粒会趋于椭球形。

表 6-3 多元体系硬化浆体的 3D 重建图像中未水化颗粒的长宽比

龄期/d	颗粒长宽比			
	最小值	平均值	中位值	最大值
0.5	1	3.1	3.0	17.6
3	1	2.2	1.9	12.3
7	1	2.0	1.9	10.3
28	1	2.1	2.0	26.7

图 6-5 为不同水化龄期的硬化浆体中所有未水化颗粒长宽比的统计分布图。在水化龄期为 0.5 d 的硬化浆体中,56.4%的未水化颗粒的长宽比大于 3,大部分颗粒的长宽比位于 3 左右,其中长宽比位于 2 以内的比例占 22.1%。当水化龄期为 3 d 时,14.5%的未水化颗粒的长宽比大于 3,大部分颗粒的长宽比位于 1.9 左右,长宽比位于 2 以内的比例占 55.9%。当水化龄期为 7 d 时,8.3%的未水化颗粒的长宽比大于 3,其中大部分颗粒的长宽比位于 1.9 左右,长宽比位于 2 以内的比例占 64.3%。当水化龄期为 28 d 时,19.2%的未水化颗粒的长宽比大于 3,其中大部分颗粒的长宽比位于 2.0 左右,长宽比位于 2 以内的比例占 58.9%。随着水化反应的进行,未水化颗粒的形状由棒状结构趋向于椭球形。

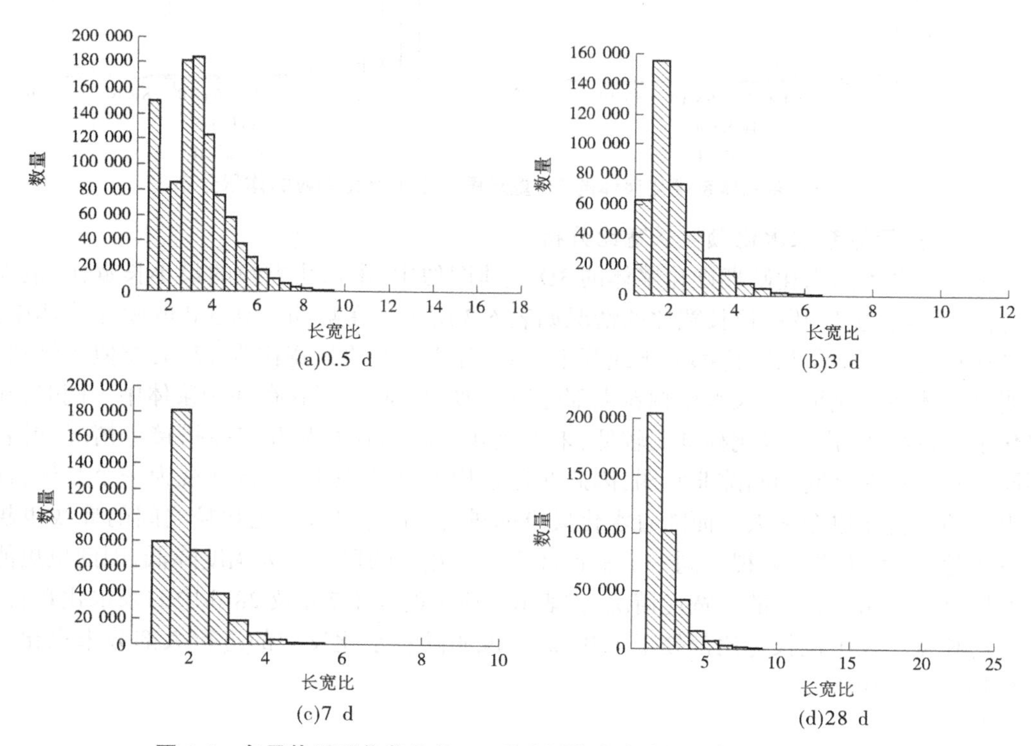

图 6-5 多元体系硬化浆体的 3D 重建图像中未水化颗粒的长宽比分布

6.2.1.4　多元体系硬化浆体水化程度分析

通过真密度仪测得的多元体系的真密度为 3.0，水灰比为 0.6，根据式(4-1)和式(4-2)可以计算多元体系硬化浆体养护不同龄期后的水化程度，其具体计算结果如图 6-6 所示。由图 6-6 可知，当多元体系硬化浆体的水化龄期为 0.5 d 时其水化程度达 62.3%，当多元体系硬化浆体的水化龄期为 28 d 以后的水化程度为 83.1%。通过水化程度曲线也可以看出，随着水化反应的进行，其水化速度会随着水化龄期的增大而逐步降低。由上述分析可知，随着水化反应的进行，多元体系硬化浆体中未水化颗粒的体积含量降低，而且多元体系硬化浆体中未水化颗粒的形貌特征逐步趋于椭球形，从而多元体系硬化浆体中的未水化颗粒的整体比表面降低，降低水化反应的进行。

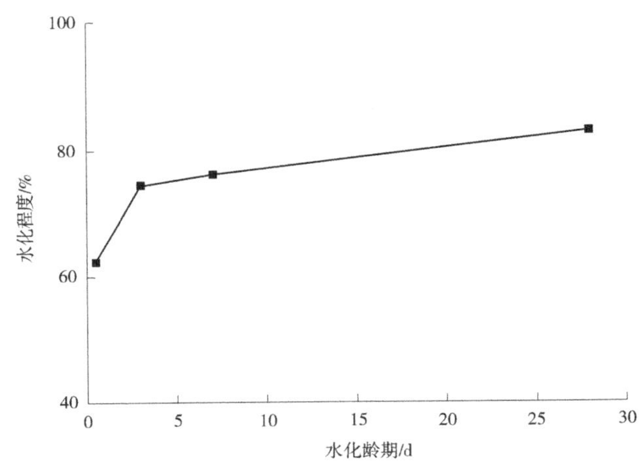

图 6-6　多元体系不同水化龄期的水化程度

6.2.2　多元体系硬化浆体中孔结构分析

图 6-7 为通过 SBFSEM 连续切片并进行重建分析的多元体系不同水化龄期的硬化浆体中孔隙的 3D 空间分布图像。其中，开口孔渲染为浅色，闭口孔渲染为深色。通过对比不同水化龄期的孔结构的 3D 图像，可以明显看出随着水化龄期的增大，孔含量降低，特别是代表开口孔的浅色孔隙降低更明显。由于图像在 *XY* 平面的分辨率为 16.6 nm，而 *Z* 轴切片方向上的厚度为 30 nm，因此在通过 3D 重建并且定量分析的过程中，为了提高数据分析的准确性，仅考虑尺度 30 nm 以上的孔隙。

6.2.2.1　开口孔直径分析

在图像分辨率允许的范围内，多元体系不同水化龄期硬化浆体重建的 3D 图像中可以识别的最小开口孔直径、最大开口孔直径、开口孔的平均直径以及开口孔的中位直径如表 6-4 所示。由表 6-4 可知，不同水化龄期的最小开口孔直径均为 89 nm，而最大开口孔的直径呈现递减趋势。代表开口孔直径平均分布情况的平均孔径及中位孔径呈现波动性下降趋势。

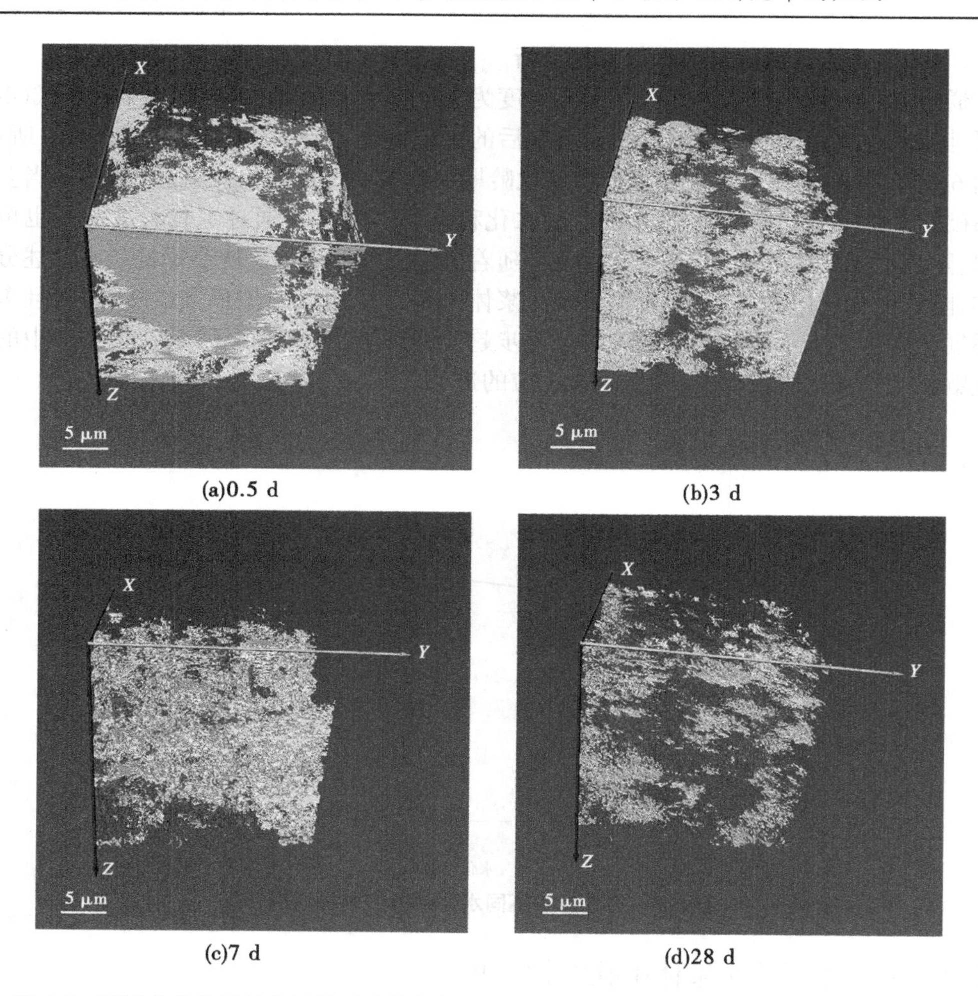

(a)0.5 d　(b)3 d　(c)7 d　(d)28 d

图 6-7　不同水化龄期的多元体系硬化浆体中开口孔(浅色)和闭口孔(深色)的 3D 重建图像

表 6-4　多元体系硬化浆体的 3D 重建图像中开口孔的直径

龄期/d	开口孔直径/nm			
	最小值	平均值	中位值	最大值
0.5	89	303	228	1.7×10^4
3	89	253	188	1.6×10^4
7	89	259	216	1.4×10^4
28	89	246	168	6.6×10^3

对于不同水化龄期的多元体系硬化浆体,直径位于 1 μm 以下的开口孔均占开口孔总数量的 99%以上。图 6-8 为不同水化龄期的硬化浆体中,直径位于 1 μm 以下的开口孔分布情况。对于水化龄期为 0.5 d 的硬化浆体,72.8%的孔直径处于 100~300 nm,即大部分开口孔的直径处于中位直径 228 nm 左右。对于水化龄期为 3 d 的硬化浆体,80.0%

的孔直径处于100~300 nm,即大部分开口孔的直径处于中位直径188 nm左右。对于水化龄期为7 d的硬化浆体,76.7%的孔直径处于100~300 nm,即大部分开口孔的直径处于中位直径216 nm左右。对于水化龄期为28 d的硬化浆体,81.5%的孔直径处于100~300 nm,即大部分开口孔的直径处于中位直径168 nm左右。随着水化龄期的增大,开口孔的直径趋于减小。

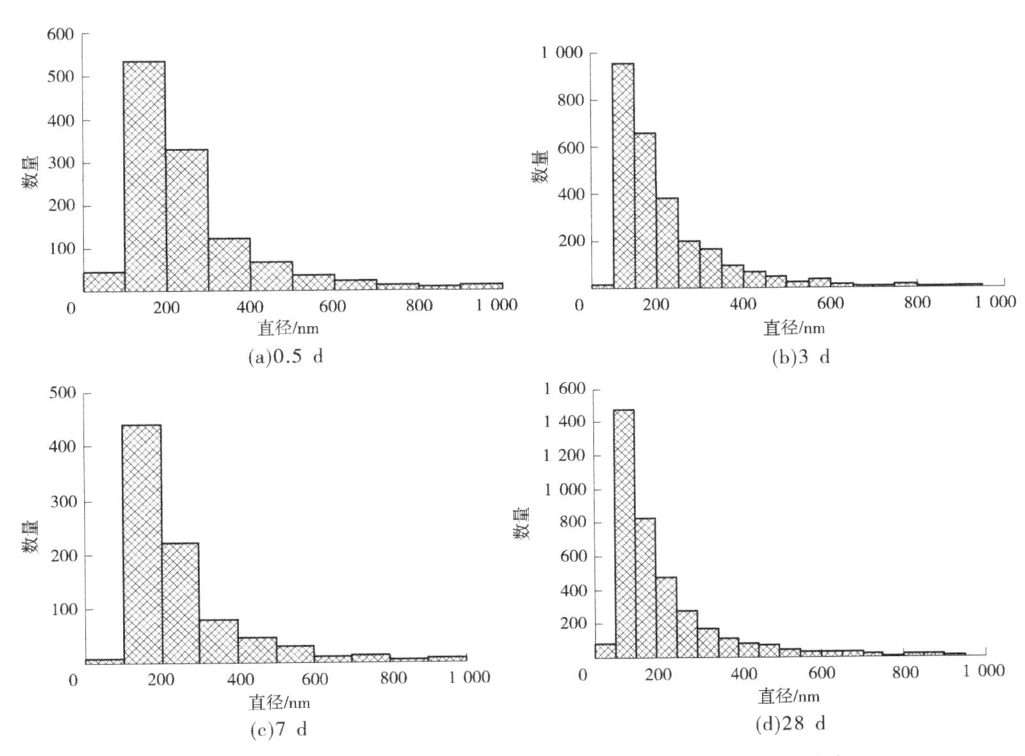

图6-8　多元体系硬化浆体的3D重建图像中开口孔的直径分布

6.2.2.2　开口孔体积分析

表6-5为多元体系不同水化龄期硬化浆体的3D重建图像中可以识别的最小开口孔体积、最大开口孔体积、开口孔的中位体积以及平均体积。不同水化龄期硬化浆体的最小的开口孔体积均为3.6×10^5 nm^3,而最大开口孔的体积随着水化龄期的增大而不断减小。不同水化龄期硬化浆体的开口孔的平均体积和中位体积分别在1.3×10^8~2.4×10^9 nm^{3}和1.9×10^6~5.3×10^6 nm^{3}波动,并没有呈现明显递减或者递增趋势,这与不同水化龄期的开口孔可识别的数量和较大开口孔所占的比例有关。在通过Avizo软件对开口孔进行识别的过程中,满足函数条件的情况下才会被识别为开口孔,即和外表面接触的体素数不小于10,因此体积较小的开口孔和达不到函数要求的开口孔均无法被识别。

表 6-5 多元体系硬化浆体的 3D 重建图像中开口孔的体积

龄期/d	开口孔体积/nm^3			
	最小值	平均值	中位值	最大值
0. 5	3.6×10^5	2.4×10^9	1.9×10^6	1.4×10^{12}
3	3.6×10^5	8.7×10^8	2.3×10^6	1.1×10^{12}
7	3.6×10^5	8.9×10^8	5.3×10^6	7.0×10^{11}
28	3.6×10^5	1.3×10^8	4.1×10^6	7.5×10^{10}

对于水化龄期为 0. 5 d 的硬化浆体的 3D 重建图像，体积大于 1 μm^3 的开口孔数量占总数量的 1. 7%，但是其体积占开口孔总体积的 75. 2%。对于水化龄期为 3 d 的硬化浆体的 3D 重建图像，体积大于 1 μm^3 的开口孔数量占总数量的 1. 1%，但是其体积占开口孔总体积的 76. 7%。对于水化龄期为 7 d 的 3D 重建图像，体积大于 1 μm^3 的开口孔数量占总数量的 0. 9%，但是其体积占开口孔总体积的 77. 3%。对于水化龄期为 28 d 的 3D 重建图像，体积大于 1 μm^3 的开口孔数量占总数量的 0. 8%，但是其体积占开口孔总体积的 65. 3%。

图 6-9 为体积位于 1 μm^3 以下的开口孔体积的统计分布。对于水化龄期为 0. 5 d 的硬化浆体，其中体积位于 0. 2 μm^3 以下的开口孔体积数量占总量的 80. 6%；对于水化龄期为 3 d 的硬化浆体，体积位于 0. 2 μm^3 以下的开孔数量占总量的 85. 1%；对于水化龄期为 7 d 的硬化浆体，体积位于 0. 2 μm^3 以下的开口孔体积数量占总量的 96. 1%；对于水化龄期为 28 d 的硬化浆体，体积位于 0. 2 μm^3 以下的开口孔体积数量占总量的 97. 7%。说明随着水化反应的进行，体积较大的开口孔通过水化反应的进行逐渐成为体积较小的开口孔，随着水化反应的进行，体积位于 0. 2 μm^3 以下的开口孔在总的开口孔中数量比例呈现递增趋势。

6. 2. 2. 3 开口孔长宽比分析

多元体系不同水化龄期硬化浆体的 3D 重建图像中，开口孔的最小长宽比、最大长宽比、平均长宽比及中位长宽比的情况如表 6-6 所示。在水化龄期为 0. 5 d 的硬化浆体中，其平均长宽比及中位长宽比分别为 6. 9 和 6. 3，而最大长宽比为 40. 6。说明在水化早期阶段，开口孔的整体伸长度较好。而随着水化反应的进一步进行，平均开口孔和中位开口孔的长宽比均有波动下降，当水化龄期为 3 d、7 d 和 28 d 时，其开口孔长宽比的平均值分别为 3. 9、2. 9 和 3. 6，说明随着水化反应的进行，开口孔的伸长度呈现波动降低趋势，从而开口孔的伸长度和连通性也随之变弱。当多元体系处于初始水化阶段时，由于开口孔的伸长度和连通性好，便于水分的传输，从而水化反应速度较快，但是随着水化反应的进行，由于水化产物的填充，开口孔的伸长度和连通性有所降低，从而不利于水分传输，进而水化反应速度也随之降低。因此，在 28 d 的水化龄期内，多元体系不同水化龄期的硬化浆体内的平均开口孔的长宽比和中位开口孔的长宽比均呈波动降低趋势。

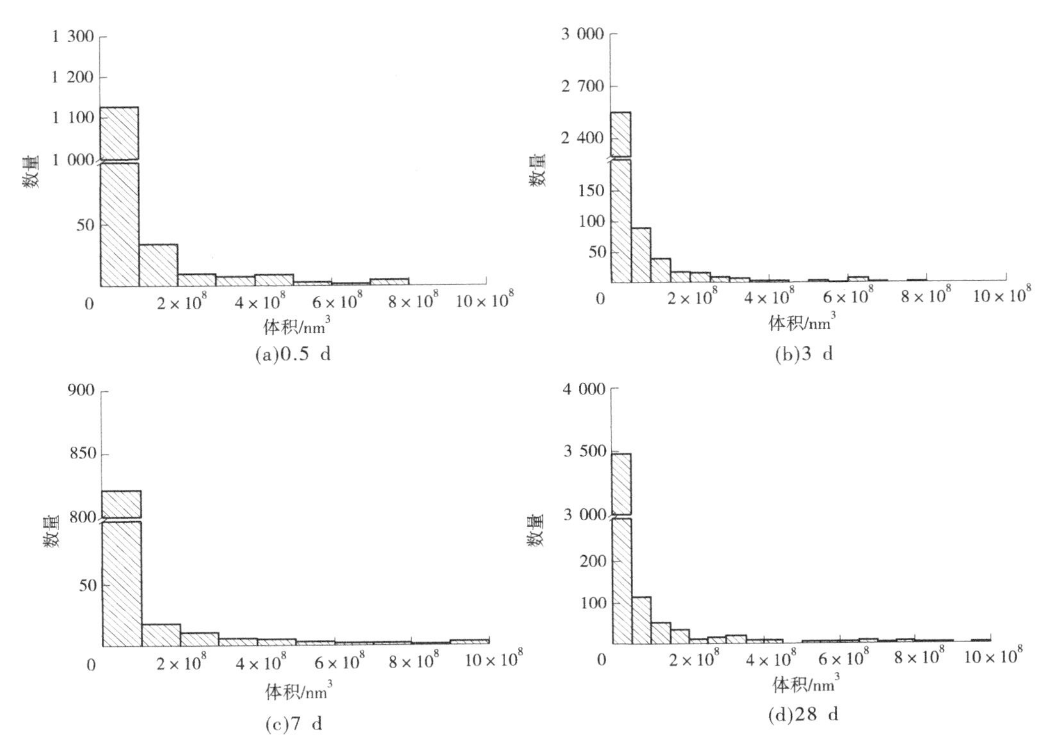

图6-9　多元体系硬化浆体的3D重建图像中开口孔的体积分布

表6-6　多元体系硬化浆体的3D重建图像中开口孔的长宽比

龄期/d	开口孔长宽比			
	最小值	平均值	中位值	最大值
0.5	1.6	6.9	6.3	40.6
3	1.4	3.9	3.7	11.0
7	1.3	2.9	2.7	9.8
28	1.3	3.6	3.5	14.2

图6-10为多元体系不同水化龄期的硬化浆体3D重建图像中开口孔长宽比的统计分布。

在水化龄期为0.5 d的硬化浆体3D重建图像中，98.0%的开口孔的长宽比处于3以上，长宽比处于2以下的比例为0.2%，大部分开口孔的长宽比处于6.3左右，具有较好的伸长性，从而便于水分在浆体中的传输。在水化龄期为3 d的硬化浆体重建图像中，74.0%的开口孔的长宽比处于3以上，长宽比处于2以下的比例为3.1%，大部分开口孔的长宽比处于3.7左右。在水化龄期为7 d的硬化浆体重建图像中，36.7%的开口孔的长宽比处于3以上，长宽比处于2以下的比例为18.9%，大部分开口孔的长宽比处于2.7左右。在水化龄期为28 d的硬化浆体重建图像中，65.4%的开口孔的长宽比处于3以

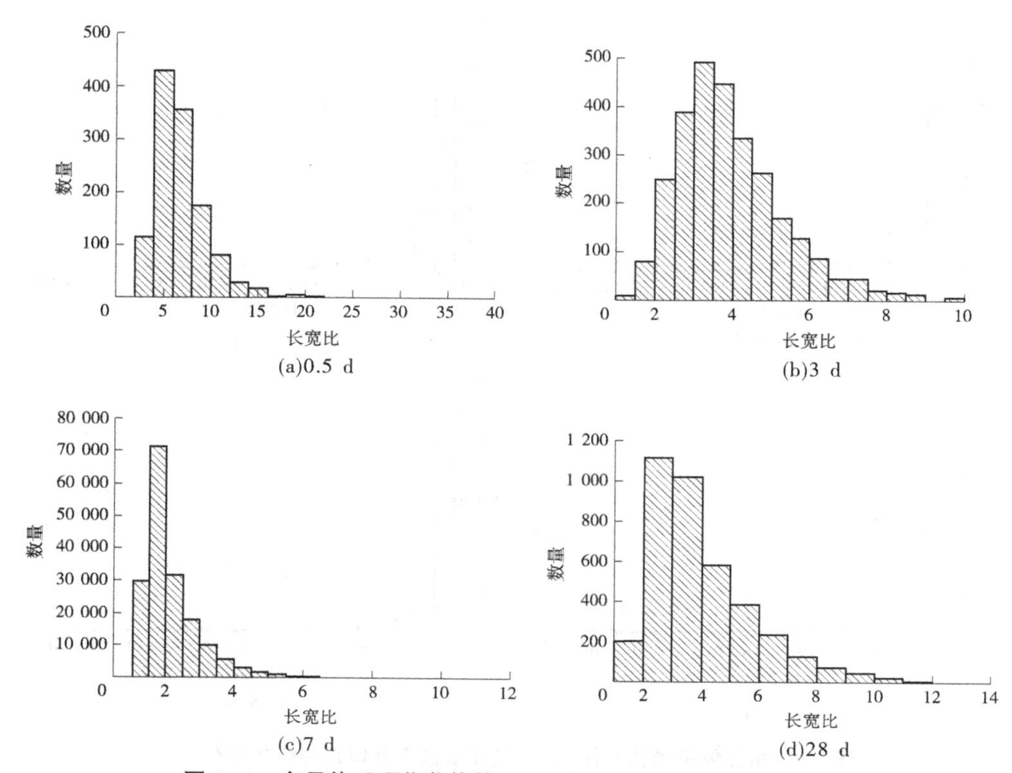

图 6-10　多元体系硬化浆体的 3D 重建图像中开口孔的长宽比分布

上，长宽比处于 2 以下的比例为 5.3%，大部分开口孔的长宽比处于 3.7 左右。随着水化反应的进行，开口孔的伸长度和连通性变差，其水分传输能力变弱。

6.2.2.4　闭口孔直径分析

由表 6-7 可知，多元体系不同水化龄期的硬化浆体的 3D 重建图像中可识别的最小闭口孔的直径均为 40 nm。多元体系不同水化龄期可识别的最大闭口孔直径处于 2.1～4.2 μm，波动范围较大，这与样品分析选择的目标对象有直接关系。多元体系不同水化龄期的硬化浆体的闭口孔平均直径及中位直径均随着水化龄期的增大呈波动降低趋势。当多元体系硬化浆体的水化龄期为 0.5 d 时，0.03%的闭口孔直径大于 1 μm；当水化龄期为 3 d 时，0.02%的闭口孔直径大于 1 μm；当水化龄期为 7 d 时，0.03%的闭口孔直径大于 1 μm；当水化龄期为 28 d 时，0.02%的闭口孔直径大于 1 μm。

表 6-7　多元体系硬化浆体的 3D 图像中闭口孔的直径

龄期/d	闭孔直径/nm			
	最小值	平均值	中位值	最大值
0.5	40	132	118	2.1×10^3
3	40	121	105	4.1×10^3
7	40	106	94	4.2×10^3
28	40	108	95	3.3×10^3

图 6-11 为多元体系不同水化龄期的硬化浆体的 3D 重建图像中，直径小于 1 μm 的闭口孔直径分布图。对于水化龄期为 0. 5 d 的硬化浆体，89. 7%的闭口孔直径位于 200 nm 以内；对于水化龄期为 3 d 的硬化浆体，91. 2%的闭口孔直径位于 200 nm 以内；对于水化龄期为 7 d 的硬化浆体，92. 6%的闭口孔直径位于 200 nm 以内；对于水化龄期为 28 d 的硬化浆体，94. 4%的闭口孔直径位于 200 nm 以内。因此，随着水化反应的进行，直径小于 200 nm 的闭口孔数量在总的闭口孔中所占的比例呈现增大趋势。

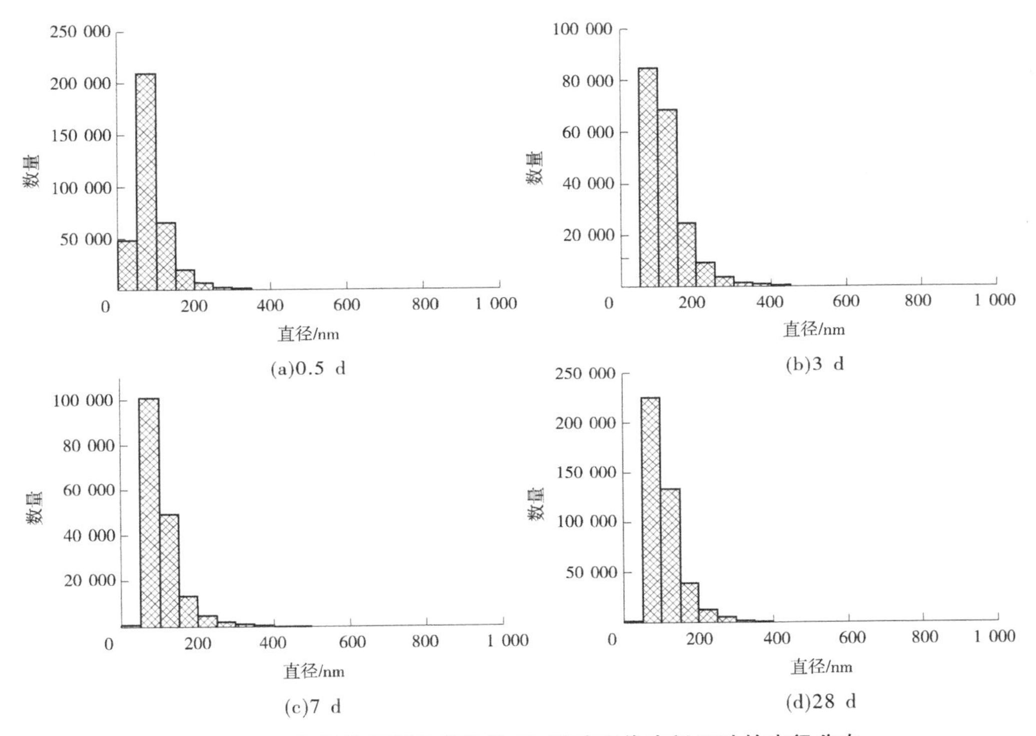

图 6-11　多元体系硬化浆体的 3D 重建图像中闭口孔的直径分布

6. 2. 2. 5　闭口孔体积分析

由表 6-8 可知，多元体系不同水化龄期硬化浆体的 3D 重建图像中可识别的最小闭口孔的体积为 3.3×10^4 nm³。多元体系硬化浆体不同水化龄期可识别的最大闭口孔体积处于 5. 5～40 μm³，波动范围较大，这与样品分析选择的视阈有直接关系，因为大颗粒在重建图像中的比例非常低，因此其具体值的大小具有随机性。不同水化龄期硬化浆体中闭口孔体积的平均值和中位值随水化龄期的增大不断减小。

表 6-8　多元体系硬化浆体的 3D 重建图像中闭口孔的体积

龄期/d	闭口孔体积/nm³			
	最小值	平均值	中位值	最大值
0. 5	3.3×10^4	3.3×10^6	8.5×10^6	5.5×10^9
3	3.3×10^4	2.9×10^6	6.6×10^6	3.6×10^{10}

续表 6-8

龄期/d	闭口孔体积/nm^3			
	最小值	平均值	中位值	最大值
7	3.3×10^4	2.5×10^6	5.1×10^5	4.0×10^{10}
28	3.3×10^4	2.0×10^6	4.8×10^5	1.8×10^{10}

对于不同水化龄期的硬化浆体，体积大于 1 μm^3 的闭口孔在总的闭口孔中所占的比例均不足 0.1%。图 6-12 为不同水化龄期的硬化浆体的 3D 重建图像中体积位于 1 μm^3 以下的闭口孔体积的统计分布图。对于多元体系不同水化龄期的硬化浆体的 3D 重建图像，其中体积位于 0.1 μm^3 以下的闭口孔体积数量占总量的 99%以上，并且随着水化龄期的增大而呈现增大趋势。这是因为一些体积较大的开口孔会因为水化产物的填充而发展为多个体积较小的闭口孔，因此体积较小的闭口孔会随着水化龄期的增大而呈现增大趋势。

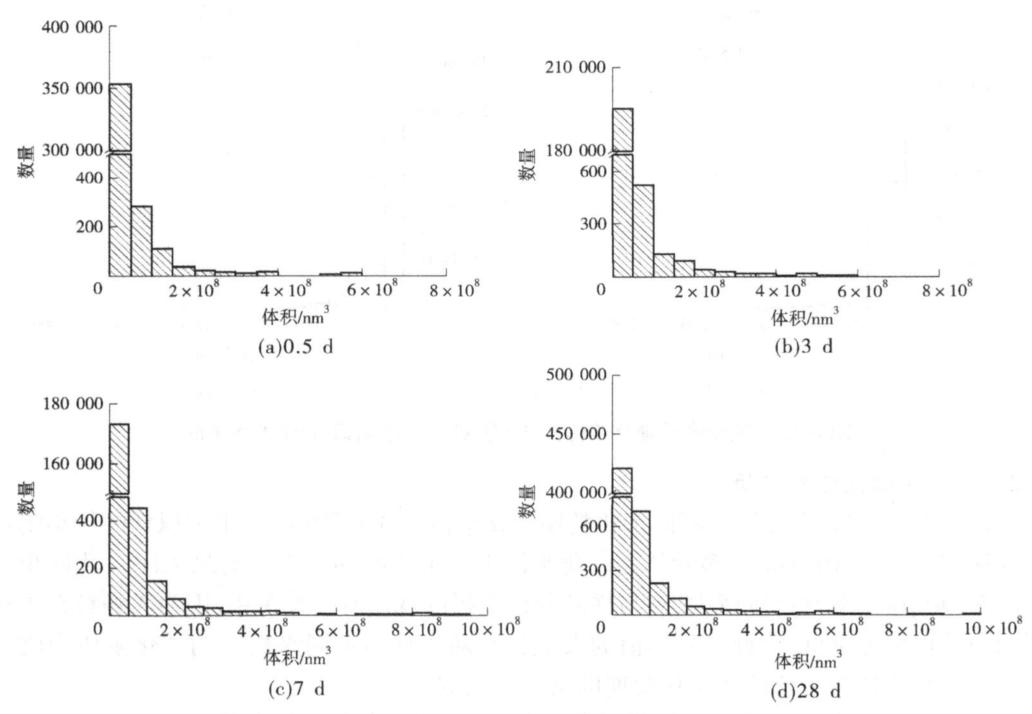

图 6-12 多元体系硬化浆体的 3D 重建图像中闭口孔的体积分布

6.2.2.6 闭口孔长宽比分析

通过 SBFSEM 测试获取的连续切片图像重建的多元体系不同水化龄期硬化浆体的 3D 图像中，闭口孔的最小长宽比、最大长宽比、平均长宽比及中位长宽比的情况分别如表 6-9 所示。对比多元体系不同水化龄期硬化浆体中的闭口孔的平均长宽比和中位长宽比可以发现，在水化龄期为 0.5 d 时，多元体系硬化浆体中的闭口孔的平均长宽比和中位长宽比分别为 3. 6 和 3. 3,趋于长条棒状形。当多元体系硬化浆体的水化龄期分别为 3 d、7 d 及 28 d 时,其闭口孔的平均长宽比和中位长宽比均为 2. 2 或者 2. 6 左右,呈椭球形。说明随着水化反应的进行,多元体系硬化浆体中的大部分闭口孔隙也会逐步由长条状向椭球形转变。其中,多元体系硬化浆体中的闭口孔的中位直径则和平均直径一样,均随着水化龄期的增大而呈波动降低趋势。

表 6-9　多元体系硬化浆体的 3D 图像中闭口孔的长宽比

龄期/d	闭口孔长宽比			
	最小值	平均值	中位值	最大值
0. 5	1	3. 6	3. 3	26. 0
3	1	2. 6	2. 2	16. 4
7	1	2. 2	1. 9	11. 6
28	1	2. 0	2. 0	19. 0

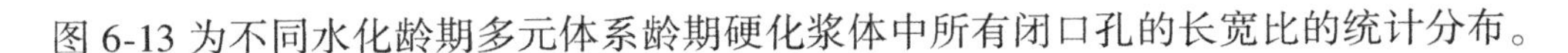
图 6-13 为不同水化龄期多元体系龄期硬化浆体中所有闭口孔的长宽比的统计分布。

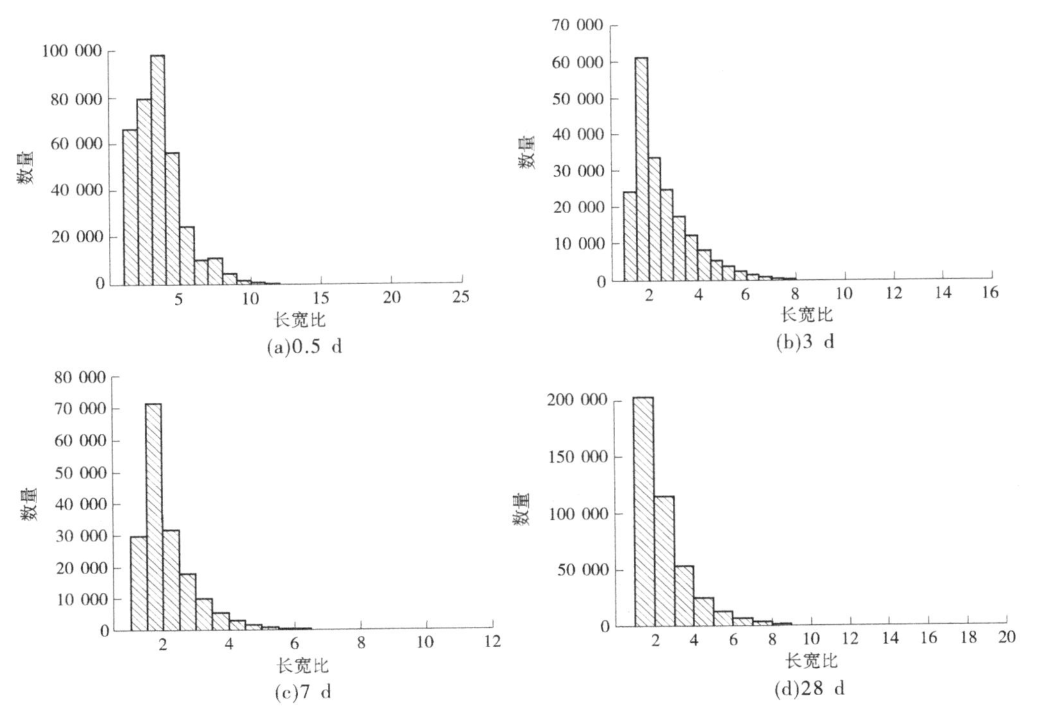

图 6-13　多元体系硬化浆体的 3D 重建图像中闭口孔的长宽比分布

由图 6-13 可知,在水化龄期为 0. 5 d 的多元体系硬化浆体的 3D 重建图像中,高达 58. 8%的闭口孔的长宽比大于 3,其中大部分闭口孔的长宽比位于 3. 3 左右,长宽比位于 2 以内的闭口孔占比为 18. 7%。在水化龄期为 3 d 的多元体系硬化浆体的 3D 重建图像中,26. 7%的闭口孔的长宽比大于 3,长宽比位于 2 以内的闭口孔占比为 43. 6%,其中大部分闭口孔的长宽比位于2.2。在水化龄期为7 d的多元体系硬化浆体的3D重建图像中,13.2%的闭口孔的长宽比大于3,长宽比位于2以内的闭口孔占比为58.2%,大部分闭口孔的长宽比位于1.9左右。在水化龄期为28 d的多元体系硬化浆体的3D重建图像中,20.7%的闭口孔的长宽比大于3,其中长宽比位于2以内的闭口孔占比为53.8%,大部分闭口孔的长宽比位于2.0左右。随着多元体系硬化浆体的水化反应的进行,由其硬化浆体连续切片图像重建的3D图像中大部分闭口孔的形状会由最初始的长条棒状结构向椭球形转变。多元体系硬化浆体的水化程度越高,其闭口孔的球形度越好。

6.2.2.7 总孔的直径分析

由表6-10可知,由SBFSEM测试获取的连续切片图像重建的不同水化龄期的多元体系硬化浆体的3D图像中可识别的最小孔的直径均为40 nm。不同水化龄期的多元体系硬化浆体的3D重建图像中可识别的最大闭口孔直径处于6.6~17 nm,并且可识别的最大孔隙的直径随水化龄期的增大不断减小。不同水化龄期多元体系硬化浆体的孔的平均直径及中位直径均随着水化龄期的增大呈现递减趋势。随着水化反应的进行,多元体系硬化浆体中可识别的孔的尺寸会随着水化产物的填充不断减小,从而其平均值和中位值也随着水化龄期的增大而不断减小。

表6-10 多元体系硬化浆体的3D图像中总孔的直径

龄期/d	孔隙直径/nm			
	最小值	平均值	中位值	最大值
0.5	40	129	124	1.7×10^4
3	40	111	107	1.6×10^4
7	40	108	96	1.4×10^4
28	40	105	94	6.6×10^3

对于多元体系不同水化龄期的硬化浆体的3D重建图像,直径小于1 μm的孔均占孔总数量的99%以上。图6-14统计分析了直径小于1 μm的孔的直径分布情况。在该尺寸范围内,对于水化龄期为0.5 d的多元体系硬化浆体,81.7%的孔直径位于200 nm以内;对于水化龄期为3 d的硬化浆体,90.8%的孔直径位于200 nm以内;对于水化龄期为7 d的硬化浆体,94.2%的孔直径位于200 nm以内;对于水化龄期为28 d的硬化浆体,94.1%的孔直径位于200 nm以内。因此,随着水化反应的进行,直径位于200 nm以内的孔隙比例呈增长趋势。

6.2.2.8 总孔的体积分析

由表6-11可知,多元体系不同水化龄期硬化浆体的3D重建图像中可识别的最小孔的体积为3.3×10^4 nm^3。而最大孔体积则随着多元体系硬化浆体的水化龄期的增长呈下降趋势。孔的平均直径和中位直径均随水化龄期的增大而不断减小。对于不同水化龄期的硬化浆体,体积大于1 μm^3的孔占总孔数量的比例均低于0.1%。

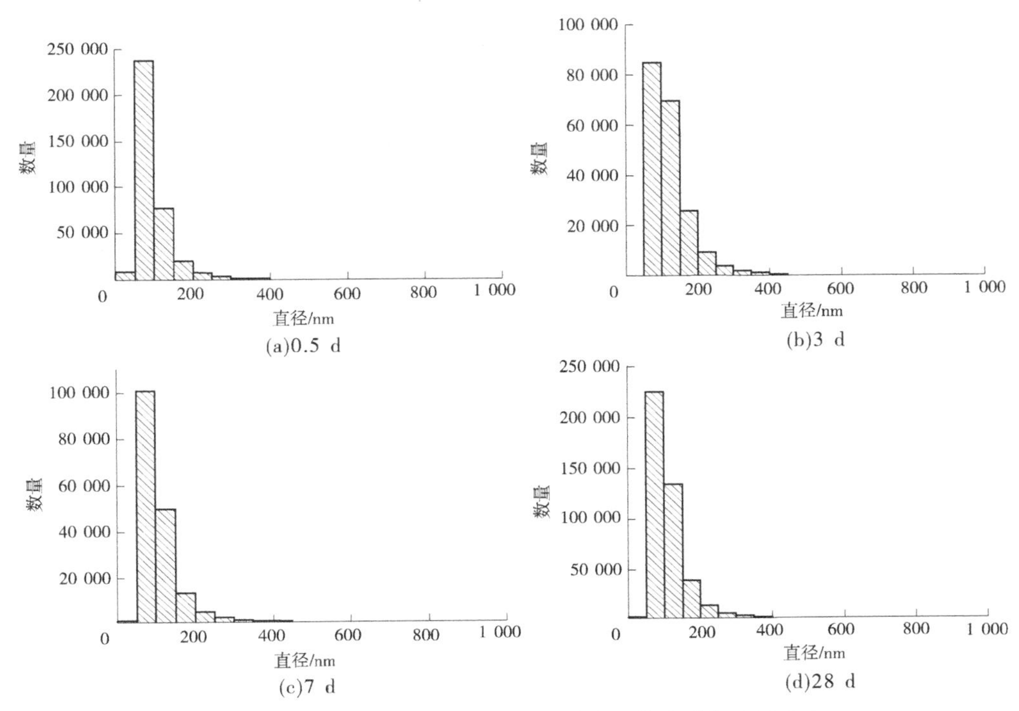

图 6-14　多元体系硬化浆体的 3D 重建图像中孔的直径分布

表 6-11　多元体系硬化浆体的 3D 重建图像中孔的体积

龄期/d	孔隙体积/nm^3			
	最小值	平均值	中位值	最大值
0.5	3.3×10^4	3.1×10^9	7.8×10^5	1.4×10^{12}
3	3.3×10^4	1.5×10^7	6.9×10^5	1.1×10^{12}
7	3.3×10^4	1.2×10^7	6.6×10^5	7.0×10^{11}
28	3.3×10^4	3.2×10^6	5.1×10^5	7.5×10^{10}

图 6-15 为不同水化龄期多元体系硬化浆体的 3D 重建图像中体积位于 1 μm^3 以下的孔体积的统计分布。对于水化龄期为 0.5 d 的多元体系硬化浆体的 3D 重建图像,其中体积位于 0.1 μm^3 以下的孔体积数量占孔总数量的 99%以上,其相应的体积含量占总体积的 28%。对于水化龄期为 3 d 的多元体系硬化浆体的 3D 重建图像,其中体积位于 0.1 μm^3 以下的孔体积数量占总数量的 99%以上,其相应的体积含量占总体积的 34%。对于水化龄期为 7 d 的多元体系硬化浆体的 3D 重建图像,其中体积位于 0.1 μm^3 以下的孔体积数量占总数量的 99%以上,其相应的体积含量占总体积的 36%。对于水化龄期为 28 d 的多元体系硬化浆体的 3D 重建图像,其中体积位于 0.1 μm^3 以下的孔体积数量占总数量的 99%以上,其相应的体积含量占总体积的 38%。

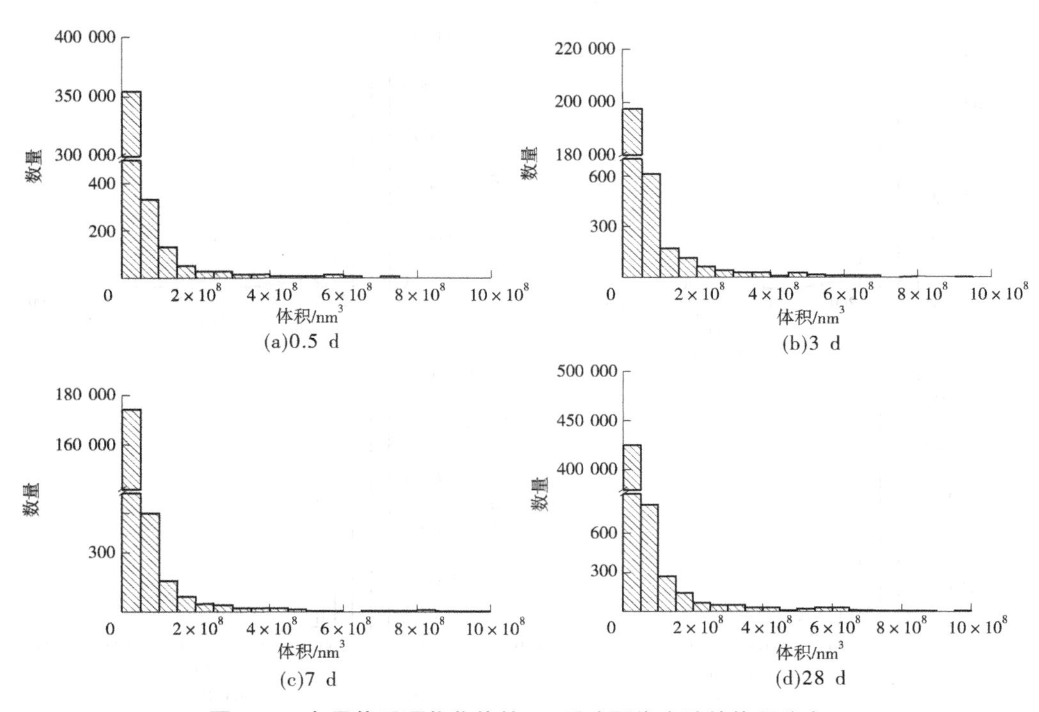

图 6-15　多元体系硬化浆体的 3D 重建图像中孔的体积分布

6.2.2.9　总孔的长宽比分析

由 SBFSEM 测试获取的连续切片图像重建的不同水化龄期多元体系的硬化浆体的 3D 图像中，孔的最小长宽比、最大长宽比、平均长宽比及中位长宽比的情况分别如表 6-12 所示。对比不同水化龄期孔的平均长宽比和中位长宽比可知，在水化龄期为 0.5 d 时孔的平均长宽比和中位长宽比分别为 3.6 和 3.3，趋于长条形，说明孔隙具有较好的连通性。当水化龄期分别为 3 d、7 d 及 28 d 时，孔的平均长宽比和中位长宽比均处于 1.8～2.6，呈椭球形。说明随着多元体系硬化浆体水化反应的进行，大部分孔隙会逐步由连通性较好的长条状孔向连通性较差的椭球形转变。

表 6-12　多元体系硬化浆体的 3D 重建图像中孔的长宽比

龄期/d	孔隙长宽比			
	最小值	平均值	中位值	最大值
0.5	1	3.6	3.3	40.0
3	1	2.6	2.2	16.4
7	1	2.2	1.9	11.6
28	1	2.1	1.8	19.2

图 6-16 为不同水化龄期多元体系硬化浆体中孔的长宽比的统计分布图。

在水化龄期为 0.5 d 硬化浆体的 3D 重建图像中，66.9%的孔的长宽比大于 3，其中大

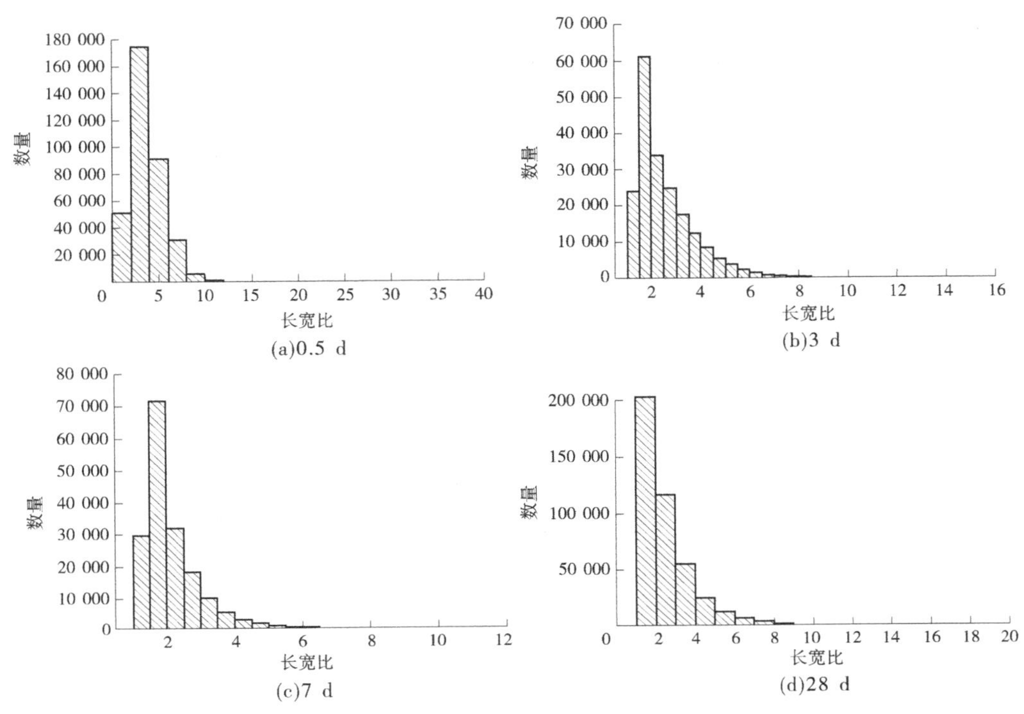

图 6-16　多元体系硬化浆体的 3D 重建图像中孔的长宽比分布

部分颗粒的长宽比位于 3.3 左右，即为针棒状，长宽比位于 2 以内的占比为 14.4%。在水化龄期为 3 d 硬化浆体的 3D 重建图像中，27.3%的孔的长宽比大于 3，其中长宽比位于 2 以内的占比为 43.0%，且大部分孔的长宽比位于 2.2 左右。在水化龄期为 7 d 硬化浆体的 3D 重建图像中，25.0%孔的长宽比小于 3，其中长宽比位于 2 以内的占比为 47.6%，且大部分孔的长宽比位于 1.9 左右。在水化龄期为 28 d 硬化浆体的 3D 重建图像中，13.3%孔的长宽比小于 3，其中长宽比位于 2 以内的占比为 58.0%，且大部分孔的长宽比位于 1.8 左右。随着水化反应的进行，大部分孔的形状由连通性较好的长条棒状结构演变为椭球形。在 28 d 水化龄期内，水化程度越高，孔的伸长度越差，即连通性越差。

6.2.2.10　孔隙率分析

由于 3D 重建的硬化浆体的总体积为 30 μm×30 μm×30 μm，如图 6-17 所示，其中浅黑色部分代表未水化颗粒，黑色部分代表开口孔，深黑色部分代表闭口孔，灰色部分代表水化产物。根据开口孔、闭口孔及总孔的体积与 3D 重建图像体积的比值即可计算不同水化龄期开口孔的孔隙率、闭口孔的孔隙率及总的孔隙率。其结果如图 6-18 所示。

图 6-18 展示了开口孔、闭口孔以及总孔的孔隙率随水化时间的变化。由图 6-18 可知，随着水化龄期的增加，总孔和开口孔的孔隙率不断减小，而闭口孔呈递增趋势。这是因为大部分情况下多元体系样品的水化是在样品的表面及开口孔中进行的，相对于闭口孔，大部分在开口孔中水化反应产生的固体水化产物会填充在开口孔的区域内，这不仅可以导致开口孔的体积减小，而且一些体积较大的开口孔因为水化产物的填充也可能因此转化为多个体积较小的闭口孔。所以随着水化反应的进行，开口孔和总孔的孔隙率会不

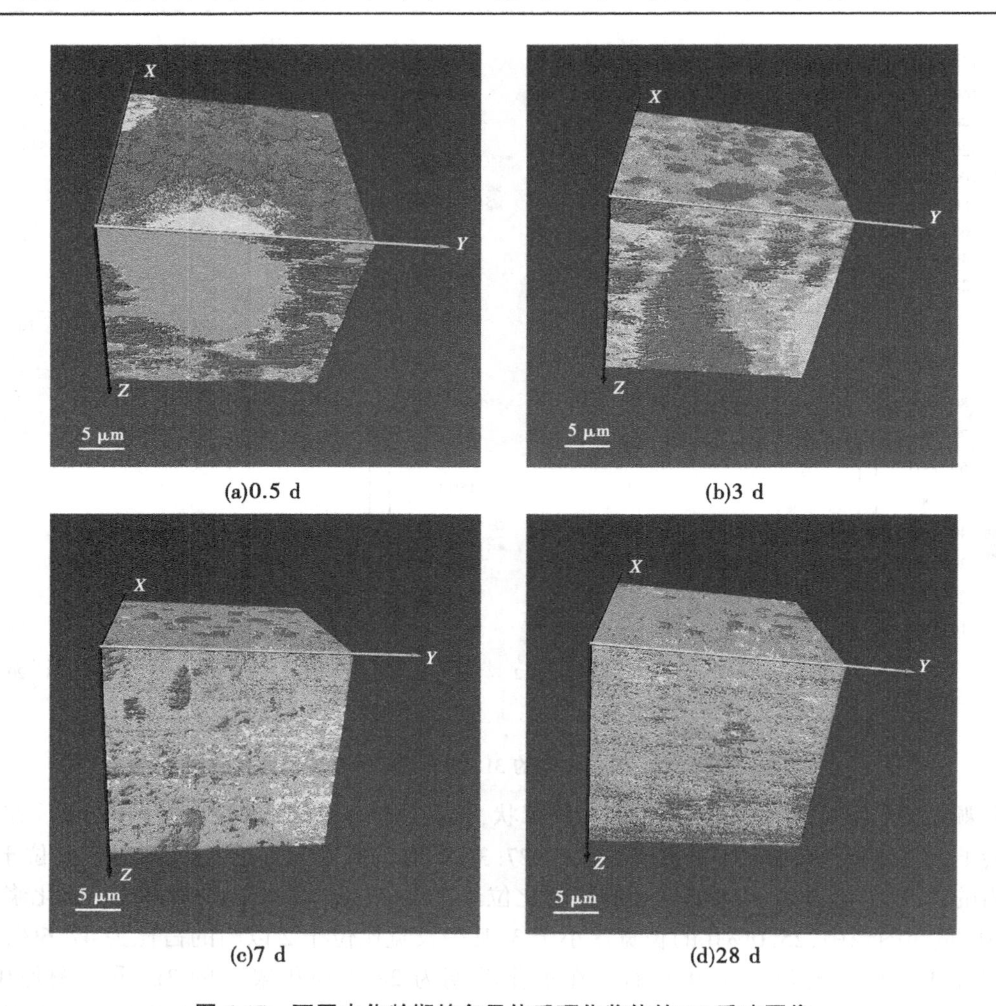

(a)0.5 d (b)3 d

(c)7 d (d)28 d

图 6-17 不同水化龄期的多元体系硬化浆体的 3D 重建图像

断降低,而闭口孔的孔隙率不断增加。

图 6-19 展示了多元体系不同水化时间的硬化浆体中不同尺寸孔的孔隙率的变化情况。通过对比图 6-19 中不同尺寸孔的孔隙率随水化龄期的增长而变化的情况可以看出,在水化过程中,直径在大于 200 nm 的孔的孔隙率随着水化龄期的增长持续下降,而在 50~200 nm 的较小孔的孔隙率随水化龄期的增长先增加后降低,即 0.5 d 时,该尺度范围内孔的孔隙率为 8.78%,当水化龄期为 3 d 时,其孔隙率有所增加,而后随着水化反应的进行而不断降低。在 20~50 nm 范围内的孔的孔隙率则随着水化龄期的增大不断增加。结果表明,随着水化反应的不断进行,水化产物不断填充在开口孔中,从而将大孔分离为数量较多的小孔,在多元体系的硬化浆体中产生更细的孔结构和更低的孔隙度,从而导致其微观结构变得更加密实。

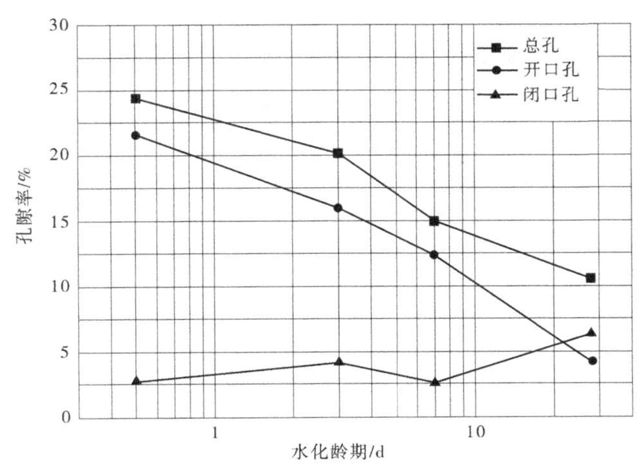

图 6-18　多元体系硬化浆体的总孔、开口孔及闭口孔的孔隙率在水化过程中的变化

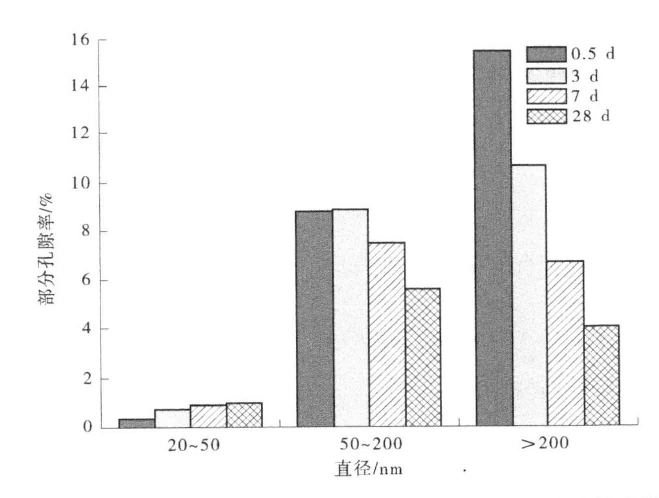

图 6-19　不同水化时间的多元体系硬化浆体中不同尺寸孔的孔隙率

6.3　抗压强度

图 6-20 分别是多元体系水化 0.5 d、3 d、7 d 及 28 d 硬化浆体的抗压强度及抗压强度与孔隙率、平均直径与平均长宽比之间关系的拟合曲线。由图 6-20(a)可知，随着养护时间的增加，其抗压强度随之增高。由 0.5 d 时的 5.05 MPa 增高到 28 d 的 29.61 MPa。根据抗压强度与孔隙率、平均直径及平均长宽比的拟合关系可知，表征孔不同参数的变量与抗压强度的曲线拟合相关性较好，多元体系不同水化龄期的抗压强度与相应孔隙率之间的拟合曲线的相关系数 $R^2=0.902$，与相应的平均直径的拟合曲线的相关系数 $R^2=0.988$，与相应的平均长宽比的拟合曲线的相关系数 $R^2=0.741$。由相关系数的大小可知，SBFSEM 连续切片成像并通过 3D 重建定量分析的孔的平均直径和孔隙率与抗压强度的相关性优于孔的平均长宽比与抗压强度的相关性。因此，针对 3D 重建分析的结果，不

同水化龄期的多元体系硬化浆体的孔隙率和平均直径能够更好地展示其微观结构和宏观力学性能之间的关系。

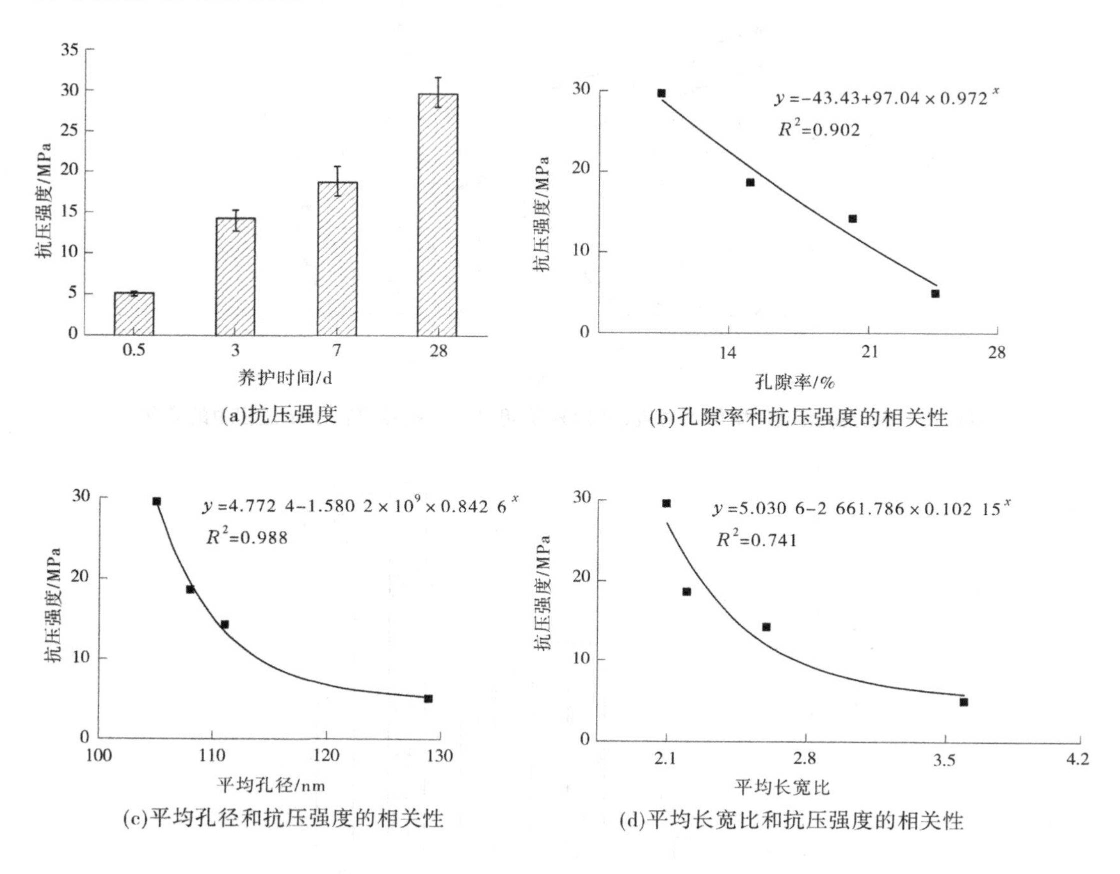

图 6-20 孔的抗压强度及其与孔隙率、平均直径和平均长宽比之间的关系

6.4 吸水率

图 6-21 分别是多元体系水化 0.5 d、3 d、7 d 及 28 d 硬化浆体的吸水率及吸水率与孔隙率、孔的平均直径及平均长宽比之间关系的拟合曲线。由图 6-21(a)可知，随着养护时间的增加，其质量吸水率随之降低，由 0.5 d 时的 28.7%降低到 28 d 的 18.6%。根据吸水率与孔隙率、孔的平均直径及平均长宽比的拟合关系可知，表征孔不同参数的变量与吸水率的曲线拟合相关性较好，多元体系不同水化龄期硬化浆体的吸水率与相应孔隙率之间的拟合曲线的相关系数 $R^2=0.794\ 9$，与相应的平均直径的拟合曲线的相关系数 $R^2=0.996$，与相应的平均长宽比的拟合曲线的相关系数 $R^2=0.888$。由相关系数的大小可知，SBFSEM 连续切片成像并通过 3D 重建定量分析的孔的平均直径、平均长宽比与吸水率的相关性优于孔隙率与吸水率之间的相关性。因此，针对 3D 重建分析的结果，不同水化龄期的多元体系硬化浆体的平均直径和平均长宽比能更好地展示其微观结构和宏观吸

水率之间的关系。

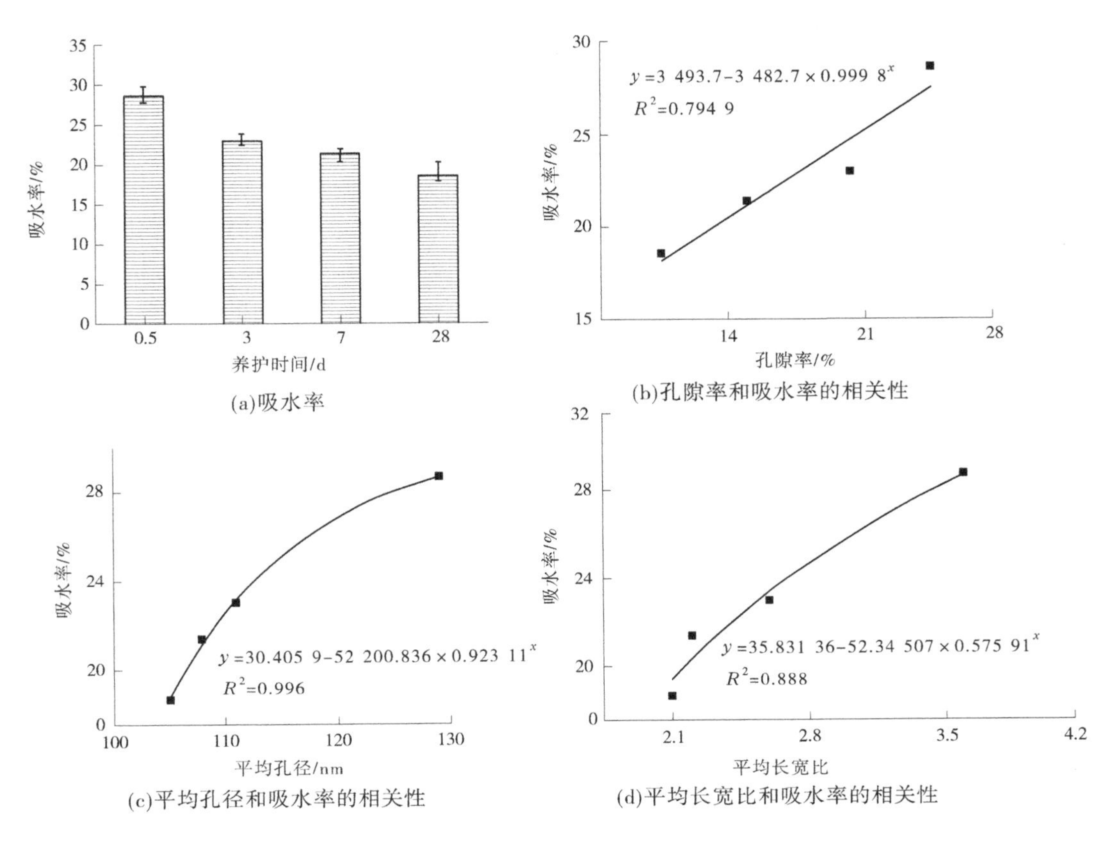

(a)吸水率

(b)孔隙率和吸水率的相关性

(c)平均孔径和吸水率的相关性

(d)平均长宽比和吸水率的相关性

图 6-21　吸水率及其与孔隙率、平均直径和平均长宽比之间的关系

6.5　本章小结

通过 SBFSEM 对不同水化龄期的多元体系硬化浆体进行连续切片成像，并进行 3D 重建分析可知，随着水化反应的进行，多元体系中未水化颗粒的直径逐渐递减，但是直径小于 200 nm 的未水化颗粒的数量比随水化龄期的增大而不断提高。未水化颗粒的形貌随着水化龄期的增大也逐渐由条棒状向椭球形转变。根据未水化颗粒的体积含量，通过图像法计算多元体系的水化程度会随水化龄期的增大而不断提高，并且随着水化反应程度的加深，其水化反应速率会逐渐降低。

随着水化反应的进行，多元体系硬化浆体开口孔的平均直径及中位直径呈降低趋势，并且其整体的伸长度也随着水化龄期的增大而波动性减小，趋于椭球形，开口孔的孔隙率随着水化龄期的增大而不断减小。总孔和闭口孔的平均直径及中位直径随着水化龄期的增大而不断减小，同时总孔的孔隙率随着水化龄期的增大不断减小，但是闭口孔的孔隙率随着水化龄期的增大而不断增大。

由直径不同的孔的孔隙率分析可知，随着水化反应的进行，200 nm 以上孔的孔隙率持续性降低,50~200 nm 的孔的孔隙率波动性降低,而 20~50 nm 的孔的孔隙率则不断增大。

通过 SBFSEM 测试分析的水化 0.5 d、3 d、7 d 及 28 d 的硬化浆体的孔隙率、平均直径和平均长宽比与相应水化龄期的多元体系硬化浆体的抗压强度和吸水率进行曲线拟合,结果证明,SBFSEM 连续切片成像并通过 3D 重建定量分析的孔的平均直径和孔隙率与抗压强度的相关性优于孔的平均长宽比与抗压强度的相关性。因此,针对 3D 重建分析的结果,不同水化龄期的多元体系硬化浆体的孔隙率和平均直径能够更好地展示其微观结构与宏观力学性能之间的关系。SBFSEM 连续切片成像并通过 3D 重建定量分析的孔隙的平均直径和平均长宽比与吸水率的相关性优于孔隙率与吸水率之间的相关性。因此,针对 3D 重建分析的结果,不同水化龄期的多元体系硬化浆体的平均直径和平均长宽比能更好地展示其微观结构与宏观吸水率之间的关系。

第 7 章　结论与展望

7.1　结　论

本书基于硅酸盐水泥熟料单矿物对 SBFSEM 测试方法及相应的图像处理分析技术进行系统性探索研究，其主要内容包括样品的制备、测试条件的优化及基于水泥单矿物硬化浆体图像处理的精度控制等，并将该测试分析技术应用于单矿物 C_3S、C_3A 及 $C_3S-C_2S-C_3A-C_4AF-2H_2O\cdot CaSO_4$ 多元体系的水化程度及微观结构的定性和定量研究分析，可得出如下结论：

（1）确定了适合水泥单矿物原料及其硬化浆体的制备方法。

水泥基样品在进行测试前通过环氧树脂包埋固定，不仅便于 SBFSEM 测试时样品的固定，而且可以有效避免其在 SFBFSEM 切割成像过程中发生结构破坏。环氧树脂包埋的水泥样品需修整成上表面直径约为 0.7 mm、下表面尺寸为 1.5~2 mm 的金字塔形状。

样品包埋前，适当增加样品在真空空间的时间，可以使得包埋样品的稳定性进一步提高，并能够在一定程度上提高后期切片图像的质量，同时包埋过程中添加环氧树脂结束后要尽快释放真空。

在环氧树脂中添加导电性能好的石墨烯粉末可以降低测试过程中的放电现象，但是也破坏了环氧树脂的整体稳定性及与钻石刀的粘贴性能。

（2）阐明了基于水泥单矿物硬化浆体的测试条件。

高真空状态下并且 EHT 为 1 kV 时，不同水化龄期硬化浆体的连续切片图像质量满足 3D 重建分析的要求。对于环氧树脂包埋的水泥材料样品，在进行连续切片成像的过程中，可选用的切片速度为 0.6 mm/s，切片厚度为 20~30 nm，像素扫描时间为 2 μs。通过 SBFSEM 连续切片成像获取的 *XY* 平面图像的最高分辨率为 0.4 nm，*Z* 轴方向的分辨率为 20~30 nm。

（3）分析了基于水泥单矿物硬化浆体的数据处理方法。

对图像进行阈值分割时需要通过观察法和切线法来进行，对于图像的漂移问题可以通过 Align Slices 来改善，通过 median filter，non-local means filter 和 unsharp masking 等进行 2D 图像的降噪平滑处理。图像分割的前期可以通过 interactive thresholding 进行整体的自动化分割，后期通过手动法进行局部修正。最后需要基于形态学方法运用 fill holes 对二值化处理的图像进一步优化。针对 3D 重建的目标对象可以通过 label analysis 进行定量分析计算。

（4）验证了 SBFSEM 测试分析技术定量分析的精确性。

与传统的通过 CH 含量计算水化程度对比，SBFSEM 定量分析方法计算的水化程度相关性较好，其结果受图像分辨率的影响，分辨率越高，则相关性和精确性越好。

与 X 射线 CT 测试分析方法相比,SBFSEM 测试分析结果能够更精确地对硬化浆体的水化程度和孔结构特征参数进行定性和定量表征。

与传统的 MIP 孔测试方法相比,SBFSEM 测试分析技术不仅可以直观地观察孔在 3D 空间的分布情况、形貌特征,而且可以在其分辨率允许的范围内对开口孔、闭口孔等不同特征孔的参数直接进行定量分析计算。

(5)初步探索了 SBFSEM 在 C_3S 和 C_3A 硬化浆体研究中的应用。

随着水化的进行,硬化浆体中的未水化 C_3S 和 C_3A 颗粒的直径逐渐递减,而 C_3S 和 C_3A 颗粒的形貌特征分别趋于椭球形和条棒状;同时其水化反应速率均会逐渐降低。

随着水化反应的进行,C_3S 硬化浆体中的平均孔径会呈现降低趋势,直径小于 200 nm 孔的数量比呈现增大趋势,孔的伸长度变差;总孔、开口孔和闭口孔的孔隙率均呈现降低趋势,但是闭口孔的孔隙率降低幅度最小;直径大于 200 nm 的孔的孔隙率持续性降低,直径位于 50~200 nm 的孔的孔隙率波动性降低,直径位于 20~50 nm 的孔的孔隙率率波动性增大。

随着水化反应的进行,C_3A 硬化浆体中的平均孔径会呈现降低趋势,直径小于 200 nm 的孔的数量比基本不变;总孔和开口孔的孔隙率呈现递减趋势,闭口孔的孔隙率呈现递增趋势;直径大于 200 nm 的孔的孔隙率持续性降低,直径位于 50~200 nm 的孔的孔隙率波动性降低,直径位于 20~50 nm 的孔的孔隙率不断增大。

(6)初步探索了 SBFSEM 在多元体系硬化浆体研究中的应用。

随着水化反应的进行,多元体系中未水化颗粒的直径逐渐递减,直径小于 200 nm 的未水化颗粒的数量比不断增大,未水化颗粒的形貌趋于椭球形;随着水化的进行,水化反应速率会逐渐减小。

随着水化反应的进行,多元体系硬化浆体中开口孔的平均直径及中位直径呈降低趋势,其整体的伸长度趋于椭球形,开口孔的孔隙率不断减小;总孔和闭口孔的平均直径和中位直径不断减小,同时总孔的孔隙率不断减小,而闭口孔的孔隙率不断增大;直径大于 200 nm 的孔的孔隙率持续性降低,直径位于 50~200 nm 的孔的孔隙率波动性降低,直径位于 20~50 nm 的孔的孔隙率不断增大。

SBFSEM 连续切片成像并通过 3D 重建定量分析的孔的平均直径和孔隙率与抗压强度的相关性优于孔的平均长宽比与抗压强度的相关性,因此针对 3D 重建分析的结果,不同水化龄期的多元体系硬化浆体的孔隙率和平均直径能够更好地展示其微观结构和宏观力学性能之间的关系;孔的平均直径及平均长宽比与吸水率的相关性优于孔隙率与吸水率之间的相关性,因此针对 3D 重建分析的结果,不同水化龄期的多元体系硬化浆体的平均直径和平均长宽比能更好地展示其微观结构和宏观吸水率之间的关系。

7.2 展 望

SBFSEM 测试分析方法在水泥单矿物的水化性能方面的研究具有独特的优势,是一种具有应用前景的 3D 可视化测试分析方法,可以用于研究水泥基材料的微观结构和宏观性能之间的关系,其在水泥基材料研究领域具有广阔的前景。

在本书的研究中，借助于水泥单矿物硬化浆体，对该技术在水泥样品的制备、成像及数据分析中的运用做了系统性探索，确定了一条通过该技术研究水泥基材料微观结构的思路，并且通过不同单矿物及其多元体系硬化浆体的 3D 重建分析，研究了其 3D 空间微观结构的变化特点，搭建了其微观结构参数与宏观力学性能和吸水率等的关系，进一步验证了该方法的适用性。

考虑到商业水泥中杂质会在连续切片成像过程中对钻石刀造成一定的损伤，因此尚未对商业水泥展开研究，后续可以针对实验室制备通用水泥进行试验研究，并且可以将通过 SBFSEM 重建的模型导入有限元软件，模拟其真实微观结构状态下的抗压强度、吸水率和抗渗性等。

参考文献

[1] Holland T C. Use of silica fume concrete to repair abrasionerosion damage on the rizana dam stilling basin [C]. 2th Cement/ACI International Conference of Fly Ash, Silica Fume, Slag and Natural Pozzolans in Concrete, 1986.

[2] Taylor H F W. Cement Chemistry[M]. 2nd ed. London:Thomas Telford Publishing, 1997.

[3] Gartner E M, Gaidis J M. Hydration Mechanisms, Ⅰ; in Materials Science of Concrete. Edited by J. Skalny[J]. American Ceramic Society, Westerville, OH, 1989, 1: 95-125.

[4] Lothenbach B, Winnefeld F, Alder C, et al. Effect of temperature on the pore solution, microstructure and hydration products of Portland cement pastes[J]. Cement and Concrete Research, 2007, 37(4): 483-491.

[5] Bullard J W, Jennings H M, Livingston R A, et al. Mechanisms of cement hydration[J]. Cement and Concrete Research, 2011, 41(12): 1208-1223.

[6] Kearsley E, Wainwright P. The effect of porosity on the strength of foamed concrete[J]. Cement and Concrete Research, 2002, 32(2): 233-239.

[7] Odler I, Rossler M. Investigations on the relationship between porosity, structure and strength of hydrated Portland cement pastes. Ⅱ. Effect of pore structure and of degree of hydration[J]. Cement and Concrete Research, 1985, 15(3): 401-410.

[8] Odler I, Abdulmaula S. Investigations on the relationship between porosity structure and strength of hydrated portland cement pastes Ⅲ. Effect of clinker composition and gypsum addition[J]. Cement and Concrete Research, 1987, 17(1): 22-30.

[9] Bui D D, Hu J, Stroeven P. Particle size effect on the strength of rice husk ash blended gap-graded Portland cement concrete[J]. Cement and Concrete Composites, 2005, 27(3): 357-366.

[10] Chen X, Wu S, Zhou J. Influence of porosity on compressive and tensile strength ofcement mortar[J]. Construction and Building Materials, 2013, 40: 869-874.

[11] Lian C, Zhuge Y, Beecham S. The relationship between porosity and strength for porous concrete[J]. Construction and Building Materials, 2011, 25(11): 4294-4298.

[12] Poon C S, Kou S C, Lam L. Compressive strength, chloride diffusivity and pore structure of high performance metakaolin and silica fume concrete [J]. Construction and Building Materials, 2006, 20(10): 858-865.

[13] Poon C S, Shui Z H, Lam L. Effect of microstructure of ITZ on compressive strength of concrete prepared with recycled aggregates[J]. Construction and Building Materials, 2004, 18(6): 461-468.

[14] Ben Haha M, Le Saout G, Winnefeld F, et al. Influence of activator type on hydration kinetics, hydrate assemblage and microstructural development of alkali activated blast-furnace slags [J]. Cement and Concrete Research, 2011, 41(3): 301-310.

[15] Lothenbach B, Matschei T, Möschner G, et al. Thermodynamic modelling of the effect of temperature on the hydration and porosity of Portland cement[J]. Cement and Concrete Research,2008, 38(1): 1-18.

[16] Tam V W Y, Gao X F, Tam C M. Microstructural analysis of recycled aggregate concrete produced from two-stage mixing approach[J]. Cement and Concrete Research, 2005, 35(6): 1195-1203.

[17] Lanas J, Alvarez-Galindo J I. Masonry repair lime-based mortars: factors affecting the mechanical

behavior[J]. Cement and Concrete Research, 2003, 33(11): 1867-1876.

[18] Shi C. Strength, pore structure and permeability of alkali-activated slag mortars[J]. Cement and Concrete Research, 1996, 26(12): 1789-1799.

[19] Alford N, Rahman A. An assesment of porosity and pore sizes in hardened cement pastes[J]. Journal of materials science, 1981, 16(11): 3105-3114.

[20] Kumar R, Bhattacharjee B. Porosity, pore size distribution and in situ strength of concrete[J]. Cement and Concrete Research, 2003, 33(1) 155-164.

[21] Pipilikaki P, Beazi-Katsioti M. The assessment of porosity and pore size distribution of limestone Portland cement pastes[J]. Construction and Building Materials, 2009, 23(5): 1966-1970.

[22] 吴中伟. 混凝土科学技术近期发展方向的探讨[J]. 硅酸盐学报,1979, 7(3): 262-270.

[23] Pandey S, Sharma R. The influence of mineral additives on the strength and porosity of OPC mortar[J]. Cement and Concrete Research, 2000, 30(1): 19-23.

[24] Wang Y, Diamond S. A fractal study of the fracture surfaces of cement pastes and mortars using a stereoscopic SEM method[J]. Cement and Concrete Research, 2001, 31(10): 1385-1392.

[25] Chen J J, Sorelli L, Vandamme M, et al. A Coupled Nanoindentation/SEM-EDS Study on Low Water/Cement Ratio Portland Cement Paste: Evidence for C-S-H/$Ca(OH)_2$ Nanocomposites[J]. Journal of the American Ceramic Society. 2010, 93(5): 1484-1493.

[26] Durdziński P T, Dunant C F, Haha M B, et al. A new quantification method based on SEM-EDS to assess fly ash composition and study the reaction of its individual components in hydrating cement paste [J]. Cement and Concrete Research, 2015, 73: 111-122.

[27] Esteves L P. On the hydration of water-entrained cement-silica systems: Combined SEM, XRD and thermal analysis in cement pastes[J]. Thermochimica Acta, 2011, 518(1-2): 27-35.

[28] Igarashi S, Kawamura M, Watanabe A. Analysis of cement pastes and mortars by a combination of backscatter-based SEM image analysis and calculations based on the Powers model[J]. Cementand Concrete Composites, 2004, 26(8): 977-985.

[29] Ylmén R, Jäglid U, Steenari B M I. et al. Early hydration and setting of Portland cement monitored by IR, SEM and Vicat techniques[J]. Cement and Concrete Research, 2009, 39(5): 433-439.

[30] Huang L, Yu L, Zhang H, et al. Composition and microstructure of 50-year lightweight aggregate concrete (LWAC) from Nanjing Yangtze River bridge (NYRB)[J]. Construction and Building Materials, 2019, 216: 390-404.

[31] Lothenbach B, Le Saout G, Gallucci E, et al. Influence of limestone on the hydration of Portland cements[J]. Cement and Concrete Research, 2008, 38(6): 848-860.

[32] Lothenbach B, Winnefeld F. Thermodynamic modelling of the hydration of Portland cement[J]. Cement and Concrete Research, 2006, 36(2): 209-226.

[33] Qing Y, Zenan Z, Deyu K, et al. Influence of nano-SiO_2 addition on properties of hardened cement paste as compared with silica fume[J]. Construction and Building Materials, 2007, 21(3): 539-545.

[34] Hesse C, Goetz-Neunhoeffer F, Neubauer J. A new approach inquantitative in-situ XRD of cement pastes: Correlation of heat flow curves with early hydration reactions[J]. Cement and Concrete Research, 2011, 41(1): 123-128.

[35] Jansen D, Goetz-Neunhoeffer F, Lothenbach B, et al. The early hydration of Ordinary Portland Cement (OPC): An approach comparing measured heat flow with calculated heat flow from QXRD[J]. Cement and Concrete Research, 2012, 42(1): 134-138.

[36] Jansen D, Neubauer J, Goetz-Neunhoeffer F, et al. Change in reaction kinetics of a Portland cement caused by a superplasticizer: Calculation of heat flow curves from XRD data[J]. Cement and Concrete Research, 2012, 42(2): 327-332.

[37] Diamond S. Mercury porosimetry-An inappropriate method for the measurement of pore size distributions in cement-based materials[J]. Cement and Concrete Research, 2000, 30(10): 1517-1525.

[38] Ye G, Liu X, De Schutter G, et al. Influence of limestone powder used as filler in SCC on hydration and microstructure of cement pastes[J]. Cement and Concrete Composites, 2007, 29(2): 94-102.

[39] Yuan Q, Shi C, De Schutter G, et al. Chloride binding of cement-based materials subjected to external chloride environment-A review[J]. Construction and Building Materials, 2009, 23(1): 1-13.

[40] Zankel A, Wagner J, Poelt P. Serial sectioning methods for 3D investigations in materials science[J]. Micron, 2014, 62: 66-78.

[41] 袁润章. 胶凝材料学[M]. 武汉: 武汉理工大学出版社, 1996.

[42] 李高明. 调凝剂对水泥水化历程的调控及作用机理研究[D]. 武汉:武汉理工大学, 2011.

[43] 史才军, 元强. 水泥基材料测试分析方法[M]. 北京:中国建筑工业出版社, 2018.

[44] Tadros M E, Skalny J, Kalyoncu R S. Early hydration of tricalcium silicate[M]. Journal of the American Ceramic Society, 1976, 59(7): 344-348.

[45] Richardson I. The nature of C-S-H in harden cements[M]. Cement and Concrete Research, 1999, 29: 1131-1147.

[46] Stein H N. Thermodynamics consideration on hydration mechanism of Ca_3SiO_5, and on $C_3Al_2O_6$[J]. Cement and Concrete Research, 1968, 3: 362-370.

[47] Collepardi M, Baldini G, Pauri M. Retardation of tricalcium aluminate hydration by calcium sulfate[J]. Journal of the American Ceramic Society, 1979, 68(12): 33-36.

[48] 吴中伟. 混凝土科学技术的反思[J]. 混凝土及加筋混凝土, 1988(6):4-6.

[49] 廉慧珍. 建筑材料物相研究基础[M]. 北京: 清华大学出版社, 1996.

[50] 黄士元. 混凝土科学[M]. 北京: 中国建筑工业出版社, 1986.

[51] 吴中伟, 张鸿直. 膨胀混凝土[M]. 北京: 中国铁道出版社, 1990.

[52] 吴中伟. 混凝土的耐久性问题[J]. 混凝土及建筑构件, 1982(2):2-10.

[53] 郭剑飞. 混凝土孔结构与强度关系理论研究[D]. 杭州:浙江大学, 2004.

[54] 鲍俊玲. 水泥基材料力学性能和微观孔结构研究[D]. 北京:北京工业大学, 2010.

[55] Baroghel-Bouny V. Water vapour sorption experiments on hardened cementitious materials[J]. Cement and Concrete Research, 2007, 37(3): 414-437.

[56] Aligizaki K K. Pore Structure of Cement-Based Materials[M]. Routledge, 2005.

[57] Washburn E W. Note on a method of determining the distribution of pore sizes in porous materials[J]. PNAS, 1921, 7: 115-116.

[58] Bossa N, Chaurand P, Vicente J, et al. Micro-and nano-X-ray computed-tomography: A step forward in the characterization of the pore network of a leached cement paste[J]. Cement and Concrete Research, 2015, 67: 138-147.

[59] Plessis A, Boshoff W P. A reviewof X-ray computed tomography of concrete and asphalt construction materials[J]. Construction and Building Materials, 2019, 199: 637-651.

[60] Rifai H, Staude A, Meinel D, et al. In-situ pore size investigations of loaded porous concrete with non-destructive methods[J]. Cement and Concrete Research,2018, 111: 72-80.

[61] Yu F, Sun D, Hu M, et al. Study on the pore characteristics and permeability simulation of pervious

concrete based on 2D/3D CT images[J]. Construction and Building Materials, 2019, 200: 687-702.

[62] Yu F, Sun D, Wang J, et al. Influence of aggregate size on compressive strength of pervious concrete [J]. Construction and Building Materials, 2019, 209: 463-475.

[63] 陆平. 水泥材料科学导论[M]. 上海: 同济大学出版社, 1991.

[64] Koudriavtsev A B, Danchev M D, Hunter G, et al. Application of 19F NMR relaxometry to the determination of porosity and pore size distribution in hydrated cements and other porous materials[J]. Cement and Concrete Research, 2006, 36(5): 868-878.

[65] Head M K, Buenfeld N R. Confocal imaging of porosity in hardened concrete. Cement and Concrete Research[J], 2006, 36(5): 896-911.

[66] Lafhaj Z, Goueygou M, Djerbi A, et al. Correlation between porosity, permeability and ultrasonic parameters of mortar with variable water/cement ratio and water content [J]. Cement andConcrete Research, 2006, 36(4): 625-633.

[67] Hernández M G, Anaya J J, Ullate L G, et al. Application of a micromechanicalmodel of three phases to estimating the porosity of mortar by ultrasound[J]. Cement and Concrete Research,2006, 36(4): 617-624.

[68] Wang P, Li N, Xu L. Hydration evolution and compressive strength of calcium sulphoaluminate cement constantly cured over the temperature range of 0 to 80 ℃[J]. Cement and Concrete Research, 2017, 100: 203-213.

[69] Li N, Xu L L, Wang R, et al. Experimental study of calcium sulfoaluminate cement-based self-leveling compound exposed to various temperatures and moisture conditions: Hydration mechanism and mortar properties[J]. Cement and Concrete Research, 2018, 108: 103-115.

[70] Mosquera M J, Silva B, Prieto B, et al. Addition of cement to lime-based mortars: Effect on pore structure and vapor transport[J]. Cement and Concrete Research, 2006, 36(9): 1635-1642.

[71] Head M K, Buenfeld N R. Measurement of aggregate interfacial porosity in complex, multi-phase aggregate concrete: Binary mask production using backscattered electron, and energy dispersive X-ray images[J]. Cement and Concrete Research, 2006, 36(2): 337-345.

[72] Igarashi S, Watanabe A, Kawamura M. Evaluation of capillary pore size characteristics in high-strength concrete at early ages[J]. Cement and Concrete Research,2005, 35(3): 513-519.

[73] Tanaka K, Kurumisawa K. Development of technique for observing pores in hardened cement paste[J]. Cement and Concrete Research, 2002, 32(9): 1435-1441.

[74] Wanner A, Kirschmann M A, Genoud C. Challenges of microtome-based serial block-face scanning electron microscopy in neuroscience[J]. Journal of Microscopy, 2015, 259(2): 137-142.

[75] Titze B, Genoud C. Volume scanning electron microscopy for imaging biological ultrastructure[J]. Biology of the cell, 2016, 108(11): 307-323.

[76] Miranda K, Girard-Dias W, Attias M, et al. Three-dimensional reconstruction by electron microscopy in the life sciences: An introduction for cell and tissue biologists [J]. Molecular Reproduction & Development, 2015, 82(7-8): 530-547.

[77] Lipke E, Hornschemeyer T, Pakzad A, et al. Serial block-face imaging and its potential for reconstructing diminutive cell systems: a case study from arthropods[J]. Microscopy and Microanalysis, 2014, 20(3): 946-955.

[78] Hughes L, Hawes C, Monteith S, et al. Serial block face scanning electron microscopy:the future of cell ultrastructure imaging[J]. Protoplasma,2014, 251(2):395-401.

[79] Kittelmann M, Hawes C, Hughes L. Serial block face scanning electron microscopy and the reconstruction of plant cell membrane systems[J]. Journal of Microscocpy, 2016, 263(2): 200-211.

[80] Kubota Y. New developments in electron microscopy for serial image acquisition of neuronal profiles[J]. Microscopy, 2015, 64(1): 27-36.

[81] Friedrich F,Matsumura Y, Pohl H, et al. Insect morphology in the age of phylogenomics: innovative techniques and its future role in systematics[J]. Entomological Science, 2014, 17(1): 1-24.

[82] Ohta K, Sadayama S, Togo A, et al. Beam deceleration for block-face scanning electron microscopy of embedded biological tissue[J]. Micron, 2012, 43(5): 612-620.

[83] Wipfler B, Pohl H, Yavorskaya M I, et al. A review of methods for analysing insect structures-the role of morphology in the age of phylogenomics[J]. Current Opinion in Insect Science, 2016, 18: 60-68.

[84] Leighton S B. SEM images of block faces, cut by a miniature microtome within the SEM-a technical note [J]. Scanning Electron Microscopy, 1981, 2: 73-76.

[85] Kuzirian A M, Leighton S B. Oxygen plasma etching of entire block faces improves the resolution and usefulness of serial scanning electron microscopic images[J]. Scanning Electron Microscopy, 1983, 4: 1877-1885.

[86] Denk W, Horstmann H. Serial block-face scanning electron microscopy to reconstruct three-dimensional tissue nanostructure[J]. Plos Biology, 2004, 2(11): e329.

[87] Buesse S, Hornschemeyer T, Fischer C. Three-dimensional reconstruction on cell level: case study elucidates the ultrastructure of the spinning apparatus of Embia sp (Insecta: Embioptera)[J]. Royal Society Open Science, 2016, 3(10): 160563.

[88] Chen B, Yusuf M, Hashimoto T, et al. Three-dimensional positioning and structure of chromosomes in a human prophase nucleus[J]. Science Advances, 2017, 3(7):e1602231.

[89] Briggman K L, Helmstaedter M, Denk W. Wiring specificity in the direction-selectivity circuit of the retina[J]. Nature, 2011, 471(7337): 183-188.

[90] Lang S, Drouvelis P, Tafaj E, et al. Fast extraction of neuron morphologies from large-scale SBFSEM image stacks[J]. Journal of computational neuroscience, 2011, 31(3): 533-545.

[91] Macke J H, Maack N, Gupta R, et al. Contour-propagation algorithms for semi-automated reconstruction of neural processes[J]. Journal of Neuroscience Methods, 2008, 167(2): 349-357.

[92] Jurrus E, Hardy M, Tasdizen T, et al. Axon tracking in serial block-face scanning electron microscopy [J]. Med Image Anal,2013, 13(1): 180-188.

[93] Almutairi Y, Cootes T, Kadler K. Analysing the Structure of Collagen Fibres in SBFSEM Images. Proceedings of 29th IEEE Conference on Computer Vision and Pattent Recognition Workshops, 2016: 1342-1349.

[94] Zankel A, Kraus B, Poelt P, et al. Ultramicrotomy in the ESEM,a versatile method for materials and life sciences[J]. Journal of Microscopy, 2009, 233(1): 140-148.

[95] Mullner T, Zankel A, Mayrhofer C, et al. Reconstruction and characterization of a polymer-based monolithic stationary phase using serial block-face scanning electron microscopy[J]. Langmuir, 2012, 28(49): 16733-16737.

[96] Reingruber H, Zankel A, Mayrhofer C, et al. Quantitative characterization of microfiltration membranes by 3D reconstruction[J]. Journal of Membrane Science, 2011, 372(1-2): 66-74.

[97] Koku H, Maier R S, Czymmek K J, et al. Modeling of flow in a polymeric chromatographic monolith [J]. Journal of Chromatogr A, 2011, 1218(22): 3466-3475.

[98] Hashimoto T, Curioni M, Zhou X, et al. Investigation of dealloying by ultra-high-resolution nanotomography [J]. Surface and Interface Analysis, 2013, 45(10): 1548-1552.

[99] Chen B, Hashimoto T, Vergeer F, et al. Three-dimensional analysis of the spatial distribution of iron oxide particles in a decorative coating by electron microscopic imaging [J]. Progress in Organic Coatings, 2014, 77(6): 1069-1072.

[100] Yang F, Liu X, Zhao Y, et al. Investigation of Three-Dimensional Microstructure of Tricalcium Silicate (C3S) by Electron Microscopy[J]. Materials (Basel),2018, 11(7): 1110.

[101] 杨飞, 刘贤萍, 赵永娟, 等. 连续切片扫描电子显微镜在硅酸三钙研究中的初步应用[J]. 电子显微学报, 2018, 37(4): 355-360.

[102] Li Y, Wong C P. Recent advances of conductive adhesives as a lead-free alternative in electronic packaging: Materials, processing, reliability and applications. Materials Science and Engineering[J]: Reports, 2006, 51(1-3): 1-35.

[103] Zhang X, Alloul O, Zhu J, et al. Iron-core carbon-shell nanoparticles reinforced electrically conductive magnetic epoxy resin nanocomposites with reduced flammability[J]. RSC Advances, 2013, 3(24): 9453.

[104] Marcq F, Demont P, Monfraix P, et al. Carbon nanotubes and silver flakes filled epoxy resin for new hybrid conductive adhesives[J]. Microelectronics Reliability, 2011, 51(7): 1230-1234.

[105] Puertas F, Goñi S, Hernández M S, et al. Comparative study of accelerated decalcification process among C3S, grey and white cement pastes[J]. Cement and Concrete Composites, 2012, 34(3): 384-391.

[106] 王培铭, 丰曙霞, 刘贤萍. 背散射电子图像分析在水泥基材料微观结构研究中的应用[J]. 硅酸盐学报, 2011, 39(10): 1659-1665.

[107] Schneider C A, Rasband W S, Eliceiri K W. NIH Image to ImageJ: 25 years of image analysis[J]. Nature methods, 2012, 9(7): 671-675.

[108] Schindelin J, Arganda-Carreras I, Frise E, et al. Fiji: an open-source platform for biological-image analysis[J]. Nature methods, 2012, 9(7): 676-682.

[109] Krebs M P. Using Vascular Landmarks to Orient 3D Optical Coherence Tomography Images of the Mouse Eye[J]. Current protocols in mouse biology, 2017, 7(3): 176-190.

[110] 胡曙光, 袁盼, 王发洲, 等. 背散射电子图像分析法在水泥基材料孔结构研究中的应用[J]. 建筑材料学报, 2017, 20(2): 316-320.

[111] Scrivener K L, Crumbie A K, Laugesen, P. The Interfacial Transition Zone (ITZ) Between Cement Paste and Aggregate in Concrete[J]. Interface Science, 2004, 12(4): 411-421.

[112] Zhang M, He Y, Ye G, et al. Computational investigation on mass diffusivity in Portland cement paste based on X-ray computed microtomography (μCT) image[J]. Construction and Building Materials, 2012, 27(1): 472-481.

[113] Bird M B, Butler S L, Hawkes C D, et al. Numerical modeling of fluid and electrical currents through geometries based on synchrotron X-ray tomographic images of reservoir rocks using Avizo and COMSOL [J]. Computers & Geosciences, 2014, 73: 6-16.

[114] Houston A N, Otten W, Falconer R, et al. Quantification of the pore size distribution of soils: Assessment of existing software using tomographic and synthetic 3D images[J]. Geoderma, 2017, 299: 73-82.

[115] Jain J, Neithalath N. Analysis of calcium leaching behavior of plain and modified cement pastes in pure

water[J]. Cement and Concrete Composites, 2009, 31(3): 176-185.

[116] Feng X, Garboczi E J, Bentz D P, et al. Estimation of the degree of hydration of blended cement pastes by a scanning electron microscope point-counting procedure[J]. Cement and Concrete Research, 2004, 34(10): 1787-1793.

[117] Mounanga P, Khelidj A, Loukili A, et al. Predicting Ca(OH)$_2$ content and chemical shrinkage of hydrating cement pastes using analytical approach[J]. Cement and Concrete Research, 2004, 34(2): 255-265.

[118] Sha W, O'Neill E, Guo Z. Differential scanning calorimetry study of ordinary Portland cement[J]. Cement and Concrete Research, 1999, 29(9): 1487-1489.

[119] Wang A, Zhang C, Sun W. Fly ash effects-Ⅱ. The active effect of fly ash[J]. Cement and Concrete Research, 2004, 34(11): 2057-2060.

[120] 王培铭, 丰曙霞, 刘贤萍. 水泥水化程度研究方法及其进展[J]. 建筑材料学报, 2005, 8(6): 646-652.

[121] Cnudde V, Cwirzen A, Masschaele B, et al. Porosity and microstructure characterization of building stones and concretes[J]. Engineering Geology, 2009, 103(3-4): 76-83.

[122] Provis J L, Myers R J, White C E, et al. X-ray microtomography shows porestructure and tortuosity in alkali-activated binders[J]. Cement and Concrete Research, 2012, 42(6): 855-864.

[123] Gallucci E, Scrivener K, Groso A, et al. 3D experimental investigation of the microstructure of cement pastes using synchrotron X-ray microtomography (μCT)[J]. Cement and Concrete Research, 2007, 37(3): 360-368.

[124] Chen X, Wu S. Influence of water-to-cement ratio and curing period on pore structure of cement mortar[J]. Construction and Building Materials, 2013, 38: 804-812.

[125] Zeng Q, Li K, Fen-chong T, et al. Pore structure characterization of cement pastes blended with high-volume fly-ash[J]. Cement and Concrete Research, 2012, 42(1): 194-204.

[126] Washburn E W. Note on a method of determining the distribution of pore sizes in a porous material[J]. PNAS, 1921, 7: 115-116.